普通高等教育机械类系列教材

SolidWorks 2022 中文版 从入门到精通

SolidWorks 2022 ZHONGWENBAN CONG RUMEN DAO JINGTONG

主　编　冯翠云　秦国华

副主编　王述宇　张向东

陈克鹏　杨小英

西安电子科技大学出版社

内 容 简 介

本书从 SolidWorks 2022 软件的基本操作入手，深入浅出地讲解了草图绘制、特征建模、零件图设计、装配体设计、工程图设计、钣金设计以及运动仿真等知识点。本书共 10 章，通过实例讲解，不仅介绍了 SolidWorks 2022 软件的各项功能，还包含详细的操作步骤和技巧，帮助读者从基础知识开始逐步掌握高级技巧。每章后还配备了丰富的习题，使读者能够在实践中巩固所学知识，提高实际操作能力。无论是初学者还是有一定基础的读者，都能从本书中找到适合自己的学习路径，提升软件操作技能。

本书既可以作为高校学生学习 SolidWorks 2022 软件的教材，也可作为企业员工的培训教材以及广大工程技术人员的自学教材和参考书。

图书在版编目（CIP）数据

SolidWorks 2022 中文版从入门到精通 / 冯翠云，秦国华主编.
西安：西安电子科技大学出版社, 2025. 8. -- ISBN 978-7-5606-7650-0

Ⅰ. TH122

中国国家版本馆 CIP 数据核字第 2025Y0B645 号

策　　划　　秦志峰
责任编辑　　明政珠
出版发行　　西安电子科技大学出版社（西安市太白南路 2 号）
电　　话　　（029）88202421　88201467　　　邮　　编　　710071
网　　址　　www.xduph.com　　　　　　　电子邮箱　　xdupfxb001@163.com
经　　销　　新华书店
印刷单位　　陕西天意印务有限责任公司
版　　次　　2025 年 8 月第 1 版　　　　　　2025 年 8 月第 1 次印刷
开　　本　　787 毫米×1092 毫米　1/16　　　印　　张　　20.5
字　　数　　487 千字
定　　价　　55.00 元
ISBN 978-7-5606-7650-0
XDUP 7951001-1
*** 如有印装问题可调换 ***

前　言

PREFACE

SolidWorks 是一款由法国达索公司开发的三维计算机辅助设计软件，其功能全面、操作使用便捷，在机械产品设计领域有着广泛的应用。

本书旨在通过全面教学，帮助读者掌握 SolidWorks 软件的核心技能，为工程技术实践奠定坚实基础。但技术的掌握不应止步于工具使用，作为新时代技术人才，我们肩负着推动社会进步、服务国家的重任。因此，在提升技能的同时，我们更注重思想政治素质的培养，贯彻技术服务于人民、造福于社会的宗旨。

本书介绍了 SolidWorks 2022 的基本功能和操作方法。每章的前半部分为软件功能介绍，后半部分以一个综合应用实例对本章所学知识点进行综合实操训练，进而帮助读者提高软件实操能力；在每章最后配有习题，以巩固所学知识。本书内容由浅入深、条理清晰，各章内容既相对独立又前后关联。书中详述了 SolidWorks 2022 界面、工具栏及菜单命令，助力读者快速掌握操作精髓。通过精选实例，深入剖析草图绘制、特征建模、装配体构建等核心模块，展示多实体建模、系列零件图设计等高级技巧。针对机械传动系统的复杂性，本书通过气缸组件与凸轮机构等实例，解析了关键组件装配技巧与运动仿真生成流程。同时，结合工程图纸需求，讲解视图生成、尺寸标注等专业技能。

本书的主要特点如下：

(1) 内容由浅入深。本书以初、中级读者为对象，首先从 SolidWorks 2022 软件使用基础知识讲起，再辅以工程中的实际应用案例，帮助读者尽快掌握使用 SolidWorks 2022 的技能。本书以机械零件设计为核心，详细讲述了 SolidWorks 2022 在三维设计领域的强大功能，从基础建模到高级装配，再到工程图设计和运动仿真，内容循序渐进。

(2) 设计实例多样。书中包含了大量的设计实例，如气缸体的 2D 草图设计，弹簧的 3D 草图设计，连杆、涡轮箱体等零件的设计，气缸组件的装配体设计和电机座的工程图设计等，通过这些实例演练加深读者对软件基本功能的理解。

(3) 实例操作步骤详尽。本书每个实例都提供了详细的操作步骤和技巧提示，读者可以按照书中的操作过程完成最终的设计效果图，逐步掌握设计方法和技巧。

(4) 图文并茂。本书采用图文并茂的形式详细介绍了 SolidWorks 2022 各个功能模块的常用设置和使用技巧，可以帮助初学者快速入门。

(5) 理论与实践相结合。本书既讲授基础知识，又注重实际操作。读者通过本书的学习，不仅能掌握 SolidWorks 2022 软件的基本技能，还能培养解决实际问题的能力。

希望读者在学习本书内容过程中，坚持正确的世界观、人生观和价值观，将个人成长与国家命运紧密相连，勇于担当，敢于创新，积极探索新技术与新方法；培养职业道德和社会责任感，确保技术成果惠及人类，促进社会和谐。

本书由桂林信息科技学院的冯翠云和秦国华担任主编，王述宇、张向东、陈克鹏和杨小英担任副主编。其中，冯翠云编写了第 1、8 章，杨小英编写了第 2 章，秦国华编写了第 3～6 章，张向东编写了第 7 章，王述宇编写了第 9 章，陈克鹏编写了第 10 章。许多企业工程师对本书的编写提供了宝贵意见，在此一并表示感谢！

由于编者水平有限，书中可能还有不足之处，希望读者及各位同仁批评指正。

编　者

2025 年 4 月

目　　录

CONTENTS

第 1 章　SolidWorks 概述

知识要点

- 掌握 SolidWorks 图形界面的使用；
- 掌握 SolidWorks 环境设置；
- 掌握 SolidWorks 坐标系统；
- 掌握 SolidWorks 文件操作；
- 掌握 SolidWorks 常用工具命令；
- 掌握 SolidWorks 参考几何体的使用方法。

本章导读

SolidWorks 软件是世界上第一个基于 Windows 开发的三维 CAD 系统，采用微软用户熟悉的图形界面，具有功能强大、易学易用和技术创新三大特点，被广泛应用于机械、汽车和航空等领域。

SolidWorks 2022 的诸多功能从主流应用角度，可以分为四大模块，分别是零件模块、装配模块、工程图模块和分析模块。通过认识 SolidWorks 2022 中的模块，用户可以快速地了解其主要功能。

SolidWorks 2022 的零件模块包括草图设计、零件设计、曲面设计和钣金设计等小模块，用以实现实体建模、曲面建模、模具设计和钣金设计等；装配模块包括配合工具、零部件管理、装配体检查、爆炸视图等小模块，帮助用户高效地创建准确、可靠的装配体设计；工程图模块包括视图生成、尺寸标注、图纸管理等小模块，用于将三维模型转化为二维模型，清晰地展示产品的形状、结构和尺寸信息；分析模块包括结构分析、运动仿真、流体仿真等小模块，协助用户对产品进行模拟分析、优化设计等。

以上介绍的只是 SolidWorks 2022 中的一些主要模块，实际上它还有许多丰富的功能和工具等待用户去深入探索和应用。

1.1　SolidWorks 2022 使用环境

SolidWorks 公司的 SolidWorks 2022 在创新性、使用的便利性以及界面的人性化等方面都得到了增强，性能和质量也得到了大幅度的提升，同时还开发了更多 SolidWorks 新设计功能，使产品开发流程发生了根本性的变革；支持全球性的协作和连接，增强了项目的广泛合作。SolidWorks 2022 在用户界面、草图绘制、特征、评估、零件、装配体、产品数据管理(PDM)、仿真(Simulation)、运动算例、工程图、出详图、钣金设计、输出和输入以及网络协同等方面都得到了增强，用户使用更方便。下面介绍 SolidWorks 2022 的一些基本操作。

1.1.1 SolidWorks 2022 的启动

在 Windows 操作系统中，单击【开始】→【程序】→【SolidWorks 2022】按钮，或者双击桌面图标 ，即可打开 SolidWorks 2022 的启动界面，如图 1-1 所示。

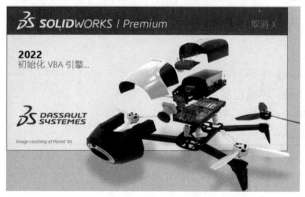

图 1-1　SolidWorks 2022 启动界面

启动画面消失后，系统进入 SolidWorks 2022 的初始界面，初始界面中只有菜单栏，如图 1-2 所示，用户可以根据设计需要设置其他工具栏。

图 1-2　SolidWorks 2022 初始界面

1.1.2　SolidWorks 2022 的退出

在文件编辑并保存完成后,可以退出 SolidWorks 2022。单击系统操作界面右上角的【关闭】按钮,或者选择菜单栏中的【文件】→【退出】命令,可以直接退出系统。

如果文件编辑后没有保存,或者操作过程中不小心执行了退出命令,则系统会弹出如图1-3 所示的提示框。如果要保存对文件的修改,则单击提示框中的【全部保存】选项,系统会保存修改后的文件,并退出 SolidWorks 2022;如果不保存对文件的修改,则单击提示框中的【不保存】选项,系统不保存修改后的文件,并退出 SolidWorks 2022。单击【取消】按钮,则取消【退出】操作,返回到原来的操作界面。

图 1-3　系统提示框

1.1.3　SolidWorks 2022 界面功能介绍

SolidWorks 2022 操作界面包含菜单栏、工具栏、视图区、特征管理设计树、任务窗格、状态栏、提示栏和坐标系等,图 1-4 显示了主窗口的各个组成部分。菜单栏包含了所有

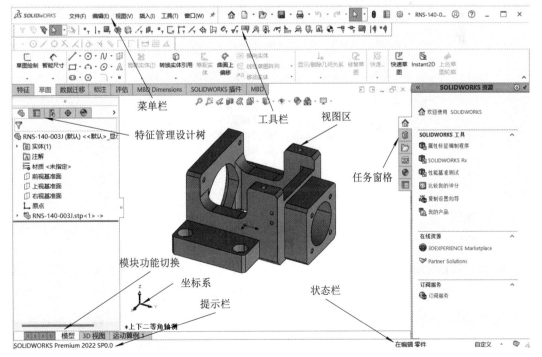

图 1-4　主窗口的各个组成部分

SolidWorks 2022 命令，工具栏可以根据不同模块(零件、装配体、工程图)来调用和自定义、放置并设定其显示状态，SolidWorks 2022 窗口底部的提示栏可以显示正在执行命令的有关功能的信息。

1. 菜单栏

菜单栏显示了所有可用的菜单，用户可以通过菜单操作调用 SolidWorks 2022 的各种功能。其中关键的功能集中在【插入】与【工具】菜单中。对应不同功能模块的工作环境，SolidWorks 2022 中相应的菜单及其中的选项会有所不同。当在不同功能模块下进行一定的任务操作时，不起作用的菜单命令会临时显示灰色，表示该菜单命令无法使用。

2. 工具栏

SolidWorks 2022 工具栏列出了菜单栏内的一些常用工具，方便用户调用，这些功能也可以通过菜单进行访问。工具栏包括标准主工具栏(🔍 💭 ⚙ 🗐 🎇 🗃 · 🗐 · 🔵 · 🌐 · 🐾 · 🖥 ·)和自定义工具栏(🗐 　 🐚 　 🎵 扫描)两部分。

自定义工具的调用方法：单击菜单栏中的【视图】→【工具栏】命令，或者在视图工具栏中单击鼠标右键，将弹出【工具栏】菜单项，如图 1-5 所示。

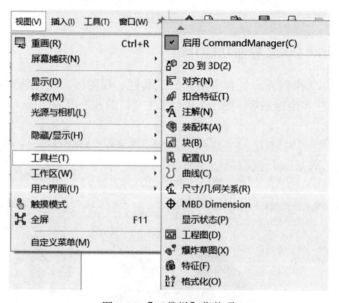

图 1-5 　【工具栏】菜单项

3. 视图区

SolidWorks 2022 通过画布上的视图区显示用户的模型。

4. 特征管理设计树

特征管理设计树区域是绘制 SolidWorks 图形时的特征、草图和基准实体的直接显示区域，主要包括特征管理设计树、属性管理器、配置管理器、尺寸公差管理器和外观管理器等，如图 1-6 所示。

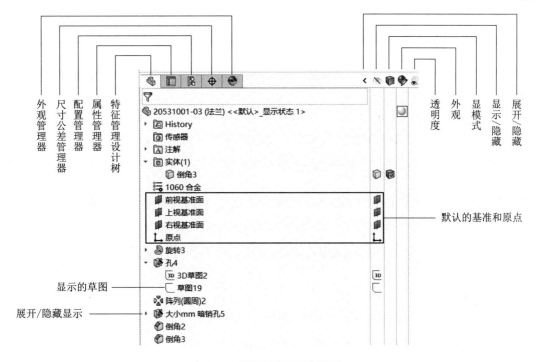

图 1-6　特征管理设计树区域

5. 任务窗格

图形区域右侧的任务窗格是与管理 SolidWorks 文件有关的一个工作窗口，它带有 SolidWorks 资源、设计库和文件探索器等标签，如图 1-7 所示。通过任务窗格，用户可以查找和使用 SolidWorks 文件。

图 1-7　任务窗格

6. 状态栏

状态栏位于图形区域底部，显示当前窗口中正在编辑的内容的状态以及鼠标指针位置坐标、草图状态等信息内容，如图 1-8 所示。

| 14.71mm | -8.75mm | 0mm 完全定义 | 在编辑 草图18 | 自定义 ▲ 🗇 |

图 1-8　状态栏

状态栏中常见的信息如下：

(1) 草图状态：在编辑草图的过程中，状态栏会出现完全定义、过定义、欠定义、没有找到解、发现无效的解 5 种状态。在草图绘制、标注尺寸退出草图之前最好使草图处在完全定义草图状态。

(2) 自定义：单击【自定义】后面的图标 ▲ 可以展开或者折叠所包含的单位设置选项内容。

1.2　SolidWorks 2022 的文件操作

1.2.1　新建文件

单击【菜单】→【新建】，或者在 SolidWorks 2022 的主窗口中单击窗口左上角的【新建】图标 📄，即可弹出如图 1-9 所示的【新建 SOLIDWORKS 文件】对话框，在该对话框中单击【零件】图标 🪲、【装配体】图标 🧊 或【工程图】图标 📑，即可进入对应的功能模块，软件即可进入 SolidWorks 2022 典型用户界面。

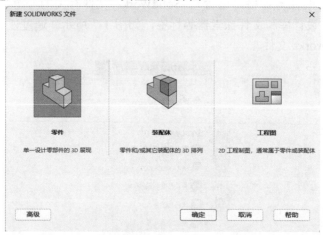

图 1-9　新建【SOLIDWORKS 文件】对话框(1)

SolidWorks 2022 软件主要分为零件、装配体和工程图 3 个模块，选择不同的功能模块，其文件类型后缀不相同，零件后缀为 ".SLDPRT"，装配体后缀为 ".SLDASM"，工程图后缀为 ".SLDDRW"。如果准备进入零件建模，则在【新建 SOLIDWORKS 文件】窗口中，单击【零件】图标 🪲，再单击【确定】按钮，即可打开空白的零件图文件，编辑创建零件模型后存盘时，系统默认的扩展名为列表框中的 ".SLDPRT"。

如果需要使用软件预定义的模板或者自定义的模板，则单击【高级】按钮，此时弹出新的【新建 SOLIDWORKS 文件】对话框，选择相应的模板即可，如图 1-10 所示。

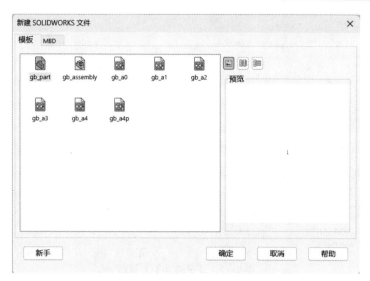

图 1-10　新建【SOLIDWORKS 文件】对话框(2)

1.2.2　打开文件

单击【标准】工具栏中的【打开】图标 ，可以打开已经存在的文件，并对其进行编辑操作，如图 1-11 所示。

图 1-11　【打开】对话框

在【打开】对话框里，系统会默认前一次读取的文件格式，如果要打开不同格式的文件，可以单击【文件类型】下拉列表进行筛选，然后选择适当的文件类型即可。

1.2.3　保存文件

单击【标准】工具栏中的【保存】图标 ，或者选择菜单【文件】→【保存】命令，在弹出的对话框中输入要保存的文件名称并设置文件保存的路径，单击【保存】按钮就可以保存当前文件。也可以选择【另存为】命令，弹出【另存为】对话框，如图 1-12 所示；在【另存为】对话框中更改将要保存的文件路径后，单击【保存】按钮，即可将创建好的文件保存到指定的文件夹中。

图 1-12　【另存为】对话框

【另存为】对话框参数设置说明如下：

【保存类型】：在下拉列表中选择一种文件的保存格式，包括以另一文件格式保存。

【说明】：在该选项后面的文本框中可以输入对文件提供模型的说明。

1.3　常用工具命令

1.3.1　【标准】工具栏

【标准】工具栏位于主窗口正上方，如图 1-13 所示。

图 1-13　【标准】工具栏

• 单击【新建】图标 ：打开【新建 SOLIDWORKS 文件】窗口，建立新的零件、装配体或工程图文件。

• 单击【打开】图标 ：在【打开】窗口打开已有的零件、装配体或工程图文件。

• 单击【保存】图标 ：将当前编辑中的文件按读取时的名称和路径存盘，如果文件是新建的文件，则系统会自动启用另存为新文件功能。

• 单击【打印】图标 ：可将指定范围内的图文资料送往打印机或绘图机，执行打印出图功能。

• 单击【撤销】图标 ：撤销本次或者上次的操作，返回到未执行操作前的状态，可重复返回多次。

• 单击【恢复】图标 ：重做上次逆转的操作，返回到未执行逆转前的状态，可逆转操作多次。

• 单击【选择】图标 ：进入选取像素对象的模式。

• 单击【重建模型】图标 ：使系统依照图文数据库中最新的资料，更新屏幕显示的模型图形。

- 单击【文件属性】图标 ▤：显示激活文档的摘要信息。
- 单击【选项】图标 ⚙：更改 SolidWorks 2022 选项设置。

1.3.2　【特征】工具栏

【特征】工具栏位于主窗口正上方，如图 1-14 所示。

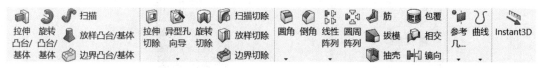

图 1-14　【特征】工具栏

- 单击【拉伸凸台/基体】图标 ▤：以一个或两个方向拉伸草图，或以绘制的草图轮廓生成一个实体。
- 单击【旋转凸台/基体】图标 ➋：将选取的草图轮廓图形，绕着指定的旋转中心生成实体模型。
- 单击【扫描】图标 ✈：沿开环或闭合路径通过扫描闭合轮廓来生成实体模型。
- 单击【放样凸台/基体】图标 ▮：在两个或多个轮廓之间添加材料，以生成实体特征。
- 单击【边界凸台/基体】图标 ▨：以两个方向在轮廓间添加材料，以生成实体特征。
- 单击【拉伸切除】图标 ▣：将当前的 3D 模型，扣除草图轮廓图形沿指定的拉伸方向切除实体模型，保留剩下的 3D 模型区域。
- 单击【异型孔向导】图标 ▨：利用预先定义的剖面插入孔。
- 单击【旋转切除】图标 ▨：使绘制的轮廓绕轴心旋转来切除实体模型。
- 单击【扫描切除】图标 ▨：沿开环或闭合路径通过扫描轮廓来切除实体模型。
- 单击【放样切除】图标 ▨：在两个或多个轮廓之间通过移除材质来切除实体模型。
- 单击【边界切除】图标 ▧：两个方向在轮廓之间移除材料来切除实体模型。
- 单击【圆角】图标 ▨：沿实体或曲面特征中的一条或多条边线生成圆形内部或外部面。
- 单击【倒角】图标 ◈：延边线、一串切边或顶点生成一倾斜的边线。
- 单击【线性阵列】图标 ▦：对一个或两个线性方向阵列特征、面及实体等。
- 单击【圆周阵列】图标 ✤：绕轴心阵列特征、面及实体等。
- 单击【筋】图标 ▨：对工作图文件里的 3D 模型，按照用户指定的断面图形，加入一个加强筋特征。
- 单击【拔模】图标 ▨：对工作图文件里 3D 模型的某个曲面或是平面，加入拔模倾斜面。
- 单击【抽壳】图标 ▨：对工作图文件里的 3D 实体模型，加入平均厚度薄壳特征。
- 单击【包覆】图标 ▨：将草图轮廓闭合到面上。
- 单击【相交】图标 ▨：通过相交实体、曲面或平面来修改现有几何体。
- 单击【镜向】图标 ▥：绕面或者基准面镜向特征、面及实体等。
- 单击【参考几何体】图标 ▨：弹出【参考几何体】组，如图 1-15 所示。根据需要选择不同的基准，然后在设定的基准上插入草图来编辑或更改零件图。

- 单击【曲线】图标 ʊ：弹出【曲线】组，如图 1-16 所示。
- 单击【Instant3D】图标 ：启用拖动控标、尺寸及草图来动态修改特征。

图 1-15　【参考几何体】组　　　　　　　图 1-16　【曲线】组

1.3.3　【草图】工具栏

【草图】工具栏位于主窗口正上方，如图 1-17 所示。

图 1-17　【草图】工具栏

- 单击【草图绘制】图标 ：在默认基准面或自己设定的基准上生成草图。
- 单击【3D 草图】图标 ：在工作基准面上或在 3D 空间的任意点生成 3D 草图实体。
- 单击【直线】图标 ：依序指定线段图形的起点及终点位置，可在工作图文件里生成一段绘制的直线。
- 单击【边角矩形】图标 ：依序指定矩形的两个对角点位置，可在工作图文件里生成一个矩形。
- 单击【圆】图标 ：用鼠标左键指定圆的圆心点位置后，拖动鼠标指针，可在工作图文件里生成一个圆形。
- 单击【圆心/起/终点圆弧】图标 ：依序指定圆弧图形的圆心点、半径、起点及终点位置，可在工作图文件里生成一个圆弧。
- 单击【多边形】图标 ：生成边数在 3～40 之间的等边多边形，可在多边形绘制好后更改边数。
- 单击【样条曲线】图标 ：依序指定曲线图形的每个"经过点"位置，可在工作图文件里生成一条不规则曲线。
- 单击【绘制圆角】图标 ：在交叉点切圆两个草图实体之角，从而生成切线弧。
- 单击【基准面】图标 ：插入基准面到 3D 草图。
- 单击【文字】图标 ：在面、边线及草图实体上绘制文字。
- 单击【点】图标 ：在工作图文件里生成一个星点。
- 单击【裁剪实体】图标 ：剪裁某直线、圆弧、椭圆、圆、样条曲线或中心线，直到它与另一直线、圆弧、圆、椭圆、样条曲线或中心线相交。

- 单击【转换实体引用】图标 ▢：将模型中的所选边线转换为草图实体。
- 单击【等距实体】图标 ⊏：通过一定距离等距面、边线、曲线或草图实体来添加草图实体。
- 单击【镜向实体】图标 ▣▢▣：将工作窗口里被选取的 2D 像素对称于某个中心线草图图形，进行镜向的操作。
- 单击【线性草图阵列】图标 ▦▦：使相应阵列的草图实体中的单元或模型边线生成线性草图阵列。
- 单击【移动实体】图标 ↗▫：移动一个或多个草图实体。
- 单击【显示/删除几何关系】图标 ⊥：在草图实体之间添加或删除重合、相切、同轴、水平、竖直等几何关系。
- 单击【修复草图】图标 🔧：找出草图错误，并修复部分错误。
- 单击【智能尺寸】图标 ✍下方的箭头：生成【尺寸】工具栏，如图 1-18 所示，选择 ✍ 可以为草图实体、其他对象或几何图形标注尺寸。

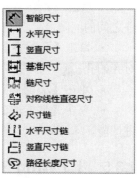

图 1-18 中，各图标功能如下。
- 单击【水平尺寸】图标 ⊢：在两个实体之间指定水平尺寸，水平方向以当前草图的方向来定义。
- 单击【竖直尺寸】图标 ⊐：在两点之间生成竖直尺寸，竖直方向由当前草图的方向定义。
- 单击【基准尺寸】图标 ▦：属于参考尺寸，不能更改其数值，或者使用其数值来驱动模型。

图 1-18　【尺寸】工具栏

- 单击【尺寸链】图标 ✧：一组在工程图或草图中从零坐标测量的尺寸，不能更改其数值，或者使用其数值来驱动模型。
- 单击【水平尺寸链】图标 ⊔：在激活的工程图或草图上生成水平尺寸链。
- 单击【竖直尺寸链】图标 ⊟：在激活的工程图或草图上生成竖直尺寸链。
- 单击【路径长度尺寸】图标 ⨂：精确测量草图中实体构成路径总长度。

1.3.4　【装配体】工具栏

【装配体】工具栏用于控制零部件的管理、移动和配合，如图 1-19 所示。
- 单击【插入零部件】图标 📂：插入零部件、现有零件或装配体。
- 单击【配合】图标 📎：指定装配中任意两个或多个零件的配合。
- 单击【线性零部件阵列】图标 ▦▦：以一个或两个方向在装配体中生成零部件线性阵列。
- 单击【智能扣件】图标 ▧：自动给装配体添加扣件(螺栓和螺钉)。

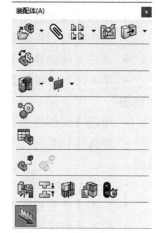

图 1-19　【装配体】工具栏

- 单击【移动零部件】图标 ▨：通过拖动来使零部件沿着设定的自由度移动。

- 单击【显示隐藏的零部件】图标 ：切换零部件的隐藏和显示状态，并随后在图形区域中选择隐藏的零部件以使其显示。
- 单击【装配体特征】图标 ：生成各种装配体特征，如图 1-20 所示。
- 单击【新建运动算例】图标 ：新建一个装配体模型运动的图形模拟。
- 单击【材料明细表】图标 ：新建一个材料明细表。
- 单击【爆炸视图】图标 ：生成和编辑装配体的爆炸视图。
- 单击【干涉检查】图标 ：检查装配体中是否有干涉的情况。
- 单击【间隙验证】图标 ：检查装配体中所选零部件之间的间隙。
- 单击【孔对齐】图标 ：检查装配体中是否存在未对齐的孔。

图 1-20　装配体特征

- 单击【装配体直观】图标 ：按自定义属性直观装配体零部件。
- 单击【性能评估】图标 ：分析装配体的性能，并建议采取一些可行的操作来改进性能。

1.3.5　【工程图】工具栏

【工程图】工具栏用于工程图的绘制，如图 1-21 所示。

图 1-21　【工程图】工具栏

- 单击【模型视图】图标 ：将一个模型视图插入工程图文件中。
- 单击【投影视图】图标 ：从任意正交视图插入投影的视图。
- 单击【辅助视图】图标 ：垂直于现有视图中的参考边线来展开视图。
- 单击【剖面视图】图标 ：用一条剖切线来分割父视图，在工程图中生成一个剖面视图。
- 单击【局部视图】图标 ：显示一个视图的某个部分(通常是以放大比例显示)。
- 单击【标准三视图】图标 ：为所显示的零件或装配体生成 3 个相关的默认正交视图。
- 单击【断开的剖视图】图标 ：通过绘制一个轮廓在工程视图上生成断开的剖视图。
- 单击【断裂视图】图标 ：将工程图视图用较大比例显示在较小的工程图纸上。
- 单击【剪裁视图】图标 ：隐藏除所定义区域之外的所有内容，而集中于工程图视图的某部分。

• 单击【交替位置视图】图标 ：通过在不同位置进行显示而表示装配体零部件的运动范围。

1.3.6　【视图】工具栏

【视图】工具栏控制三维模型的显示，位于模型显示区正上方，如图 1-22 所示。

图 1-22　【视图】工具栏

• 单击【整屏显示全图】图标 ：将目前工作窗口中的 3D 模型图形及相关的图文资料，以可能的最大显示比例全部纳入绘图区的图形显示区域之内。

• 单击【局部放大】图标 ：按住鼠标左键不放，可将指定的矩形范围内的图文资料放大后显示在整个绘图范围内。

• 单击【上一视图】图标 ：显示上一视图。

• 【剖面视图】图标 ：先在工作图文件里单击某个参考平面，再单击【剖面视图】，可以对工作图文件里的 3D 模型图表产生一个瞬时性质的剖面视图。

• 单击【视图定向】图标 ：更改当前视图定向或视窗数。

• 单击【带边线上色】图标 ：以带边线上色模式显示工作图文件里的 3D 模型图形。

• 单击【隐藏/显示项目】图标 ：在图形区域中更改项目的显示状态。

• 单击【编辑外观】图标 ：在模型中编辑实体的外观，并可将颜色、材料外观和透明度应用到零件和装配体零部件。

• 单击【应用布景】图标 ：循环使用或应用特定的布景。

• 单击【视图设定】图标 ：切换各种视图设定，例如 Real View、阴影及透视图。

1.3.7　【插件】工具栏

选择【工具】→【插件】菜单命令，打开【插件】对话框，如图 1-23 所示，勾选需要打开的插件功能前面的复选框，即可打开相应的插件工具。

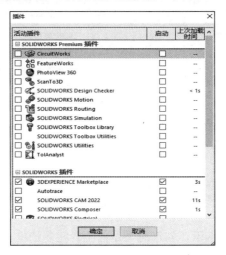

图 1-23　【插件】工具栏

1.4 操作环境设置

1.4.1 工具栏的设置

工具栏里包含了所有菜单命令的快捷方式。使用工具栏可以大大提高 SolidWorks 2022 的设计效率。合理利用自定义工具栏设置，既可以使操作方便快捷，又不会使操作界面过于复杂。SolidWorks 2022 的一大特色就是提供了所有可以自己定义的工具栏按钮。

1. 自定义工具栏

用户可根据文件类型(零件、装配体或工程图)来放置工具栏，并设定其显示状态，即可选择想显示的工具栏，并清除想隐藏的工具栏。自定义设置操作步骤如下：

(1) 选择【工具】→【自定义】菜单命令，或者在工具栏区域单击鼠标右键，选择【自定义】命令，系统弹出【自定义】对话框，如图 1-24 所示。

图 1-24 【自定义】工具栏

(2) 在【工具栏】选项卡下，勾选想显示的工具栏复选框，同时取消选择想隐藏的工具栏复选框。

(3) 如果显示的工具栏位置不理想，可以将鼠标指针指向工具栏上按钮之间空白的地方，然后拖动工具栏到想要的位置。例如，将工具栏拖到 SolidWorks 2022 窗口的边缘，工具栏就会自动定位在该边缘。

2. 自定义命令

(1) 选择【工具】→【自定义】菜单命令，或者在工具栏区域单击鼠标右键，在弹出的菜单中选择【自定义】命令，系统弹出【自定义】对话框，单击【命令】标签，打开【命令】选项卡，如图 1-25 所示。

图 1-25　【命令】选项卡

(2) 在【工具栏】框中选择要改变的工具栏，对工具栏中的所有按钮进行重新安排。

(3) 移动工具栏中的工具按钮：在【命令】选项卡中找到需要的命令，单击要使用的命令按钮，将其拖放到工具栏上的新位置。

(4) 删除工具栏中的工具按钮：单击要删除的按钮，并将其从工具栏拖回图形区域中即可。

1.4.2　鼠标的使用

鼠标按键如图 1-26 所示，使用方法见表 1-1。

图 1-26　鼠标按键

表 1-1 鼠标使用方法

按 键	作 用	操 作 说 明
左键	用于选择菜单命令和实体对象、工具按钮，绘制几何图元等放大或缩小	直接单击鼠标左键
滚轮	放大或缩小	按 Shift + 滚轮并上下移动光标，可以放大或缩小视图
		直接滚动滚轮，同样可以放大或缩小视图
	平移	按 Ctrl + 滚轮并移动光标，可将模型按鼠标移动的方向平移
	旋转	按住鼠标滚轮不放并移动光标，可旋转模型
右键	弹出快捷菜单	直接单击鼠标右键

1.5 参 考 坐 标 系

SolidWorks 2022 使用带原点的坐标系统。当用户选择基准面或者打开一个草图并选择某一面时，将生成一个新的原点，与基准面或者所选面对齐。原点可以用作草图实体的定位点，并有助于定向轴心透视图。原点有助于 CAD 数据的输入与输出、电脑辅助制造、质量特征的计算等。

1.5.1 原点

零件原点显示为蓝色，代表零件的(0，0，0)坐标。当草图处于激活状态时，草图原点显示为红色，代表草图的(0，0，0)坐标。尺寸标注和几何关系可以添加到零件原点中，但不能添加到草图原点中。原点有以下几种：

(1) ↳ (蓝色)为零件原点，每个零件均有 1 个零件原点。

(2) ↳ (红色)为草图原点，每个草图均有 1 个草图原点。

(3) ⼈ 表示零件和装配体文件中的视图引导。

1.5.2 参考坐标系属性设置

单击【参考几何体】工具栏中的【坐标系】按钮，或者选择【插入】→【参考几何体】→【坐标系】菜单命令，在【属性管理器】中弹出【坐标系】属性管理器，如图 1-27 所示。

(1) 【原点】：定义原点。单击其选择框，在图形区域中选择零件或者装配体中的 1 个顶点、点、中点或者默认的原点。

(2) 【X 轴】、【Y 轴】、【Z 轴】：定义各轴。单击其选择框，在图形区域中按照以下方法之一定义所选轴的方向。

- 单击顶点、点或者中点，则轴与所选点对齐。
- 单击线性边线或者草图直线，则轴与所选的边线或者直线平行。

- 单击非线性边线或者草图实体，则轴与选择的实体上所选位置对齐。
- 单击平面，则轴与所选面的垂直方向对齐。

图 1-27　【坐标系】属性管理器

(3) 单击【反转轴方向】图标 ，可反转轴的方向。

1.5.3　参考坐标系的显示和修改

1. 将参考坐标系平移到新的位置

在【特征管理器设计树】中，用鼠标右键单击已生成的坐标系图标，在弹出的菜单中选择【编辑特征】命令，在【属性管理器】中弹出【坐标系】属性管理器，在【选择】选项组中，单击【原点】选择框，在图形区域中单击想将原点平移到的点或者顶点处，再单击【确定】图标 ✓，原点即被移动到指定的位置上。

2. 切换参考坐标系的显示

要切换坐标系的显示，可以选择【视图】→【坐标系】菜单命令。菜单命令左侧的按钮下沉，表示坐标系可见。

1.6　参 考 基 准 轴

在生成草图几何体或者圆周阵列时常使用参考基准轴，其用途概括起来为以下 3 项：
(1) 基准轴可以作为圆柱体、圆孔、回转体的中心线。
(2) 作为参考轴，可辅助生成圆周阵列等特征。

(3) 将基准轴作为同轴度特征的参考轴。

1.6.1 临时轴

每一个圆柱和圆锥面都有一条轴线。临时轴是由模型中的圆锥和圆柱隐含生成的，临时轴常被设置为基准轴，可以设置隐藏或者显示所有临时轴。选择【视图】→【临时轴】菜单命令，此时菜单命令左侧的按钮下沉，如图 1-28 所示，表示临时轴可见。

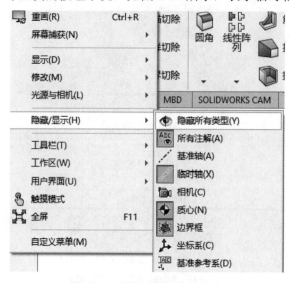

图 1-28   【临时轴】菜单命令

1.6.2 基准轴

单击【参考几何体】工具栏中的【基准轴】按钮，或者选择【插入】→【参考几何体】→【基准轴】菜单命令，在【PropertyManager】中弹出【基准轴】属性管理器，如图 1-29 所示。

图 1-29   【基准轴】属性管理器

在【选择】选项组中，不同的选择可以生成不同类型的基准轴，选项有如下 5 个：

- 单击【一直线/边线/轴】图标 ：可以选择一条草图直线或者边线作为基准轴。
- 单击【两平面】图标 ：可以选择两个平面，利用两个面的交叉线作为基准轴。

- 单击【两点/顶点】图标 ✎：可以选择两个顶点、两个点或者中点之间的连线作为基准轴。
- 单击【圆柱/圆锥面】图标 ⊞：可以选择一个圆柱或者圆锥面，利用其轴线作为基准轴。
- 单击【点和面/基准面】图标 ⚓：可以选择一个平面，然后再选择一个顶点，由此所生成的轴通过所选择的顶点垂直于所选的平面。

1.6.3　显示参考基准轴

选择【视图】→【基准轴】菜单命令，可以看到菜单命令左侧的按钮下沉，表示基准轴可见。若再次选择该命令，则该按钮恢复为关闭基准轴的显示。

1.7　参　考　基　准　面

在【FeatureManager 设计树】中默认提供前视、上视及右视基准面，除默认的基准面外，还可以生成参考基准面，其用途如下：

(1) 参考基准面可作为草图绘制平面。
(2) 参考基准面可作为视图定向参考面。
(3) 参考基准面可作为装配时零件相互配合的参考面。
(4) 参考基准面可作为尺寸标注的参考面。
(5) 参考基准面可作为模型生成剖面视图的参考面。
(6) 参考基准面可作为拔模特征的参考面。

参考基准面的属性设置方法：单击【参考几何体】工具栏中的【基准面】按钮，或者选择【插入】→【参考几何体】→【基准面】菜单命令，在【属性管理器】中弹出【基准面】属性管理器，如图 1-30 所示。

图 1-30　【基准面】属性管理器

在【第一参考】选项组中，选择需要生成的基准面类型及项目。其选项主要有如下几种：
- 【平行】◢：通过模型的表面生成一个基准面。
- 【重合】◿：通过一个点、线和面生成基准面。
- 【两面夹角】◥：通过一条边线(或者轴线、草图线等)与一个面(或者基准面)以一定夹角生成基准面。
- 【等距距离】◈：在平行于一个面(或者基准面)的指定距离生成等距基准面。首先选择一个平面(或者基准面)，然后设置"距离"数值。
- 【垂直】⊥：生成垂直于一条边线、轴线或者平面的基准面。
- 【反转等距】▢：在相反的方向生成基准面。

1.8　参　考　点

SolidWorks 2022 可以生成多种类型的参考点以用作构造对象，还可以在彼此间已指定距离分割的曲线上生成指定数量的参考点。

单击【参考几何体】工具栏中的【点】按钮，或者选择【插入】→【参考几何体】→【点】菜单命令，在【属性管理器】中弹出【点】属性管理器，如图 1-31 所示。

【选择】选项组中包含以下选项：
- 【参考实体】◨：在图形区域中选择用以生成点的实体。
- 【圆弧中心】◉：按照选中的圆弧中心来生成点。
- 【面中心】▣：按照选中的面中心来生成点。
- 【交叉点】✕：按照交叉的点来生成点。
- 【投影】⟟：按照投影的点来生成点。
- 【在点上】╱：在某个点上生成点。

图 1-31　【点】属性管理器

- 【沿曲线距离或多个参考点】⁂：沿边线、曲线或者草图线段生成一组参考点，输入距离或者百分比数值即可。

1.9　新　增　功　能

1.9.1　显示已翻译的特征名称

用户可使用系统选项在特征树中显示已翻译的特征名称，其操作方法为：选择在 FeatureManager 设计树中显示已翻译的特征名称，依次单击菜单栏【工具】→【选项】→【系统选项】→【FeatureManager】选项，然后选择语言，特征名称将会发生改变，如图 1-32 所示。

图 1-32　在 FeatureManager 设计树显示已翻译的特征名称

1.9.2　可折叠的命令管理器

用户可折叠命令管理器仅显示选项卡，这样可以得到更大的绘图区域。单击图 1-33(a) 中的图标 即可折叠命令管理器，如图 1-33(b)所示。在折叠的视图中，单击任意一个选项卡可以展开命令管理器并访问工具，如图 1-33(c)所示。

(a) 命令管理器折叠前

(b) 命令管理器折叠后

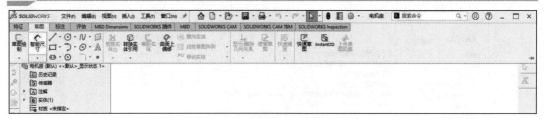

(c) 展开命令管理器

图 1-33　折叠命令管理器

1.9.3　3MF 文件

SolidWorks 2022 提供对 3MF 文件的扩展图形支持。3MF 是一个行业联盟，用于定义 3D 打印格式，让设计应用程序能够将全保真 3D 模型发送到其他应用程序、平台、服务和打印机中。当用户导入 3MF 文件时，表 1-2 的图形项目将出现在 SolidWorks 2022 中。

表 1-2　3MF 图形项目

项　目	图形实体	网格 BREP(开放或闭合)	经典 BREP(实体或开放)
按顶点着色	是	否	否
按分面着色	是	否	是
贴图	是	否	否
纹理	是	否	否
透明度	是	是	是

1.9.4　导出干涉检查结果

用户可以将干涉检查结果导出到 Microsoft Excel@ 电子表格中。导出干涉检查结果的方法如下。

(1) 选择【工具】→【评估】→【干涉检查】菜单命令，单击【计算】按钮。

(2) 单击【保存结果】按钮。

(3) 输入文件名并选择缩略图。

(4) 单击【保存】按钮。

1.10　建立参考几何体范例

1.10.1　生成参考坐标系

(1) 启动中文版 SolidWorks 2022 软件，单击【标准】工具栏中的【打开】按钮，弹出【打开】属性管理器，选择【电机座.SLDPRT】；单击【打开】按钮，在图形区域中显示出模型，如图 1-34 所示。

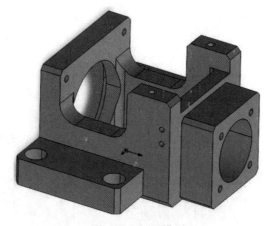

图 1-34　打开模型

(2) 生成坐标系。单击【参考几何体】工具栏中的【坐标系】按钮，在【属性管理器】中弹出【坐标系】属性管理器。

(3) 定义原点。在图形区域中单击模型的一个顶点，则点的名称会显示在【原点】上。

(4) 定义各轴。单击【X 轴】、【Y 轴】、【Z 轴】选择框，在图形区域中选择线性边线，指示轴的方向与所选的边线平行，如图 1-35 所示，单击【确定】图标 ✓，生成参考坐标系 1。

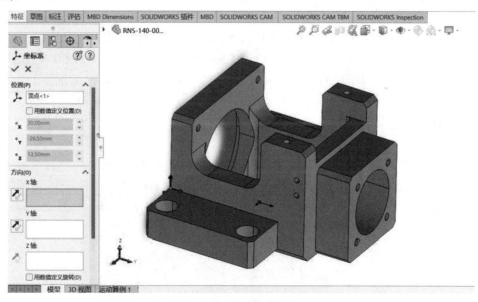

图 1-35　生成参考坐标系 1

1.10.2　生成参考基准轴

(1) 单击【参考几何体】栏中的【基准轴】按钮，在【属性管理器】中弹出【基准轴】属性管理器。

(2) 单击【圆柱/圆锥面】按钮，选择模型的曲面，检查【参考实体】选择框中列出的项目，如图 1-36 所示，单击【确定】图标 ✓，生成参考基准轴 1。

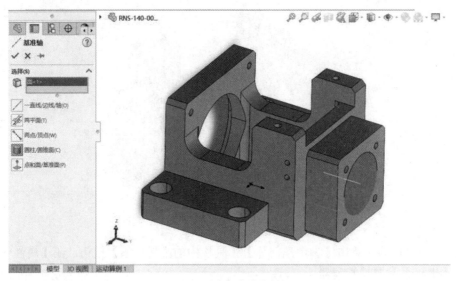

图 1-36 生成参考基准轴 1

1.10.3 生成参考基准面

(1) 单击【参考几何体】工具栏中的【基准面】按钮，在【属性管理器】中弹出【基准面】属性管理器。

(2) 单击【两面夹角】按钮，在图形区域中选择模型的右侧面及其上边线，在【参考实体】选择框中显示出选择的项目名称，设置【角度】为"45.00 度"，如图 1-37 所示，在图形区域中显示出新的基准面的预览，单击【确定】图标 ✓，生成参考基准面 1。

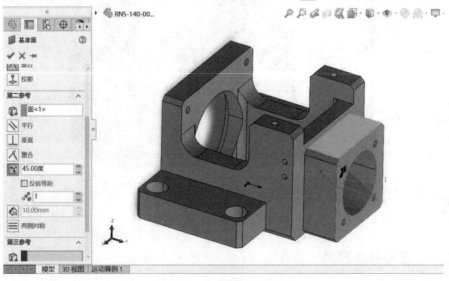

图 1-37 生成参考基准面 1

1.10.4 生成配合参考

(1) 选择【插入】→【参考几何体】→【配合参考】菜单命令。

(2) 弹出【配合参考】属性管理器，在【主要参考实体】选项组中选择圆柱面，如图 1-38 所示。

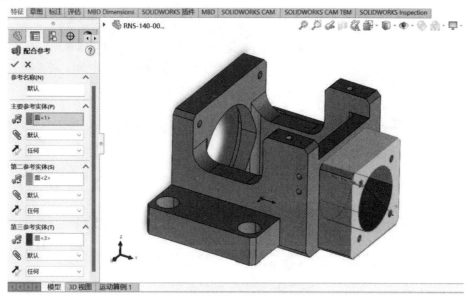

图 1-38　【配合参考】属性管理器

(3) 单击【确定】图标 ✓ ，生成一个配合参考，在 FeatureManager 设计树中显示有一个配合参考，如图 1-39 所示。

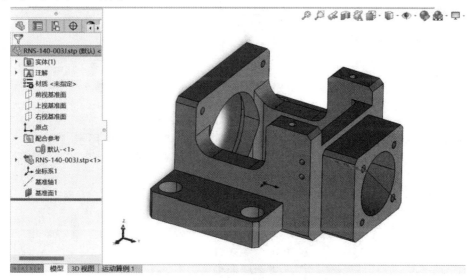

图 1-39　生成配合参考

1.10.5　生成网格系统

(1) 单击【上视基准面】按钮，选择【插入】→【参考几何体】→【网格系统】菜单命令。

(2) 在模型的上表面绘制一个草图，如图 1-40 所示。

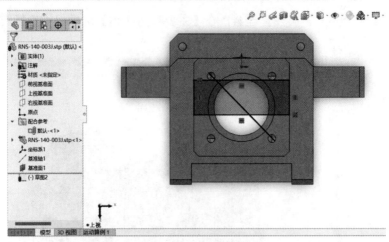

图 1-40　绘制草图

(3) 单击【退出草图】图标 ■，退出绘图状态，弹出【网格系统】属性管理器；在层数参数中，将【层数】 ■ 设为"3"，【高度】 ■ 设为"100.00 mm"，如图 1-41 所示。

图 1-41　【网格系统】属性管理器

(4) 单击【退出草图】图标 ■，生成一个网格系统，如图 1-42 所示。

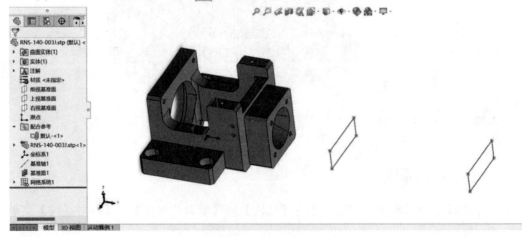

图 1-42　生成网格系统

（5）在 FeatureManager 设计树中显示一个网格系统，该文件夹中包含了每一个层次的草图和内容，如图 1-43 所示。

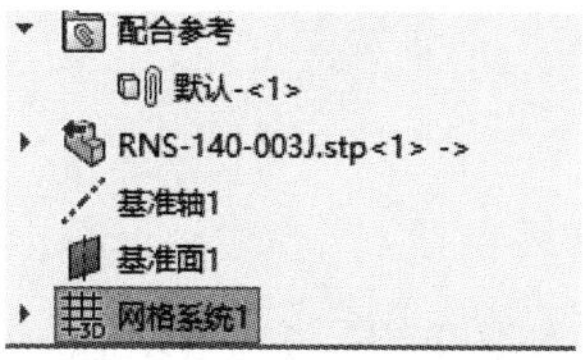

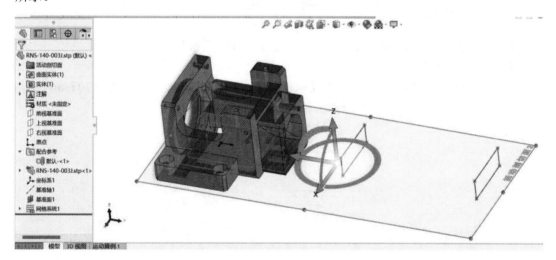

图 1-43　【网格系统】文件夹

1.10.6　生成活动剖切面

（1）选择【插入】→【参考几何体】→【活动剖切面】菜单命令，系统提示选择一个基准面作为初始基准面，在设计树中选择【前视基准面】。

（2）在零件中出现三重轴，拖动三重轴的控标可以动态生成模型的剖面，如图 1-44 所示。

图 1-44　显示三重轴

（3）单击绘图区的空白区域，活动剖切面即被取消激活，且该平面的控标消失，基准面三重轴也会消失，如图 1-45 所示。

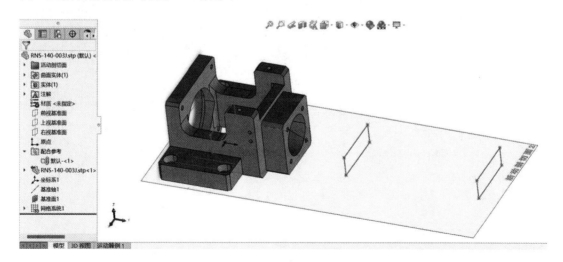

图 1-45　生成活动剖切面

本 章 小 结

本章介绍了 SolidWorks 2022 的基本知识，主要包括软件的启动、文件操作、常用工具命令，以及如何建立参考几何体，包括坐标系、基准轴和基准面等，最后通过范例详细讲解了电机座的参考几何体的建立过程，使读者进一步熟悉 SolidWorks 2022 软件的基本操作过程。

习   题

1. 根据文件类型的不同，零件、装配体、工程图的后缀分别是什么？
2. 简述鼠标滚轮的作用。
3. 在 SolidWorks 2022 中，生成与【前视基准面】平行的基准面，距离为 70 mm，并利用该基准面和【上视基准面】生成基准轴，如图 1-46 所示。

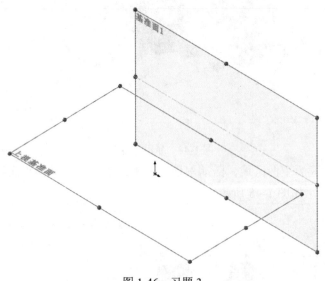

图 1-46   习题 3

第2章　草图绘制

知识要点

- 掌握 SolidWorks 2022 草图的创建；
- 掌握 SolidWorks 2022 草图绘制命令；
- 掌握 SolidWorks 2022 草图实体绘制工具命令；
- 掌握 SolidWorks 2022 草图编辑工具命令；
- 掌握 SolidWorks 2022 智能尺寸标注命令；
- 掌握 SolidWorks 2022 标注几何关系命令。

本章导读

　　本章主要介绍 SolidWorks 2022 草图绘制的基本操作，主要包括：草图创建、草图绘制命令、草图编辑工具、尺寸标注、添加几何约束、编辑约束等。任何复杂的 SolidWorks 三维模型都是从简单的草图开始构建的，就像盖房子需要先打好地基一样，草图绘制就是构建三维模型这个"大厦"的地基。例如要创建一个实体的机械零件，首先要绘制出零件的二维草图轮廓，然后通过拉伸、旋转等特征操作将草图转换为三维实体。因此，草图绘制质量直接影响后续模型的质量。准确、完整的草图能够确保三维模型在形状、尺寸等方面符合设计要求，减少模型构建过程中的错误和修改次数。

2.1　草图的创建

　　本节主要介绍如何创建草图，熟悉【草图】控制面板。

2.1.1　新建二维草图

　　绘制二维草图时首先进入草图绘制状态。草图必须在平面上绘制，这个平面可以是基准面，也可以是三维模型上的平面。由于开始进入草图绘制状态时，没有三维模型，因此必须选定基准面。

绘制草图前须认识草图绘制工具，如图 2-1 所示为常用的【草图】绘制工具。绘制草图时可以先选择绘制命令，也可以先选择草图绘制的平面。下面通过案例分别介绍两种方式的操作步骤。

图 2-1　【草图】绘制工具

1. 选择草图绘制命令

以选择草图绘制命令的方式进入草图绘制状态的操作步骤如下：

(1) 选择菜单栏中的【插入】→【草图绘制】命令，或者单击【草图】控制面板中的【草图绘制】图标，或者直接单击【草图】工具栏中要绘制的草图命令，此时图形区显示的是系统默认基准面，如图 2-2 所示。

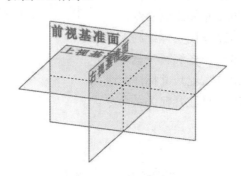

图 2-2　系统默认基准面

(2) 选择图形区 3 个基准面中的一个，确定要在哪个平面上绘制草图实体。

(3) 单击【前导视图】工具栏中的【正视于】图标，旋转基准面，方便绘制草图。

2. 选择草图绘制基准面

以选择草图绘制基准面的方式进入草图绘制状态的操作步骤如下：

(1) 在特征管理区中选择要绘制的基准面，即前视基准面、右视基准面和上视基准面中的一个面。

(2) 单击【前导视图】工具栏中的【正视于】图标，旋转基准面。

(3) 单击【草图】控制面板中的【草图绘制】图标，或者单击要绘制的草图实体，进入草图绘制状态。

2.1.2　在零件的面上绘制草图

对于已完成建模的零件，且需要以该零件的某个位置建立草图，具体的操作步骤如下：

(1) 在已完成建模的零件上选择具体位置，选中部位将变成蓝色，单击【正视于】图标，旋转选中位置，便于绘制草图。

(2) 单击【草图】控制面板中的【草图绘制】图标，或者单击要绘制的草图命令，进入草图绘制状态。

2.1.3 从现有的草图中派生新的草图

SolidWorks 2022 的派生草图是将一个原始 2D 草图复制到一个基准面,在原有的草图里面选择部分草图得到的部分。它的属性与原始草图一致,只是派生的草图不能编辑。

(1) 派生草图可以从属于同一零件的另一草图,也可以从同一装配体中的另一草图派生出来。

(2) 从现有草图派生草图时,这两个草图将保持相同的特性。对原始草图所作的更改将反映到派生草图中。

(3) 如果删除一个用来派生新草图的草图,系统会提示所有派生的草图将自动解除派生关系。

(4) 在派生的草图中无法添加或删除几何体,其形状总是与父草图相同(不可再标注形状尺寸),但是可以使用尺寸或几何关系重新定位该草图。

(5) 当更改原来的草图时,派生的草图自动更新。

(6) 可以解除派生草图与其父草图的链接。链接解除之后,如果对原来的草图(父草图)进行了更改,派生的草图不会再自动更新。这时可以对派生出来的草图进行形状尺寸和定位尺寸的标注。

具体的派生草图步骤为:选中一个草图,按住 Ctrl 键,再选中一个基准面(或平面位置),放开 Ctrl 键,然后单击菜单栏中的【插入】→【派生草图】命令,如图 2-3 所示。

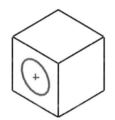

图 2-3　派生草图的过程

2.2　基本图形的绘制

本节主要介绍【草图】控制面板中草图绘制命令的使用方法。由于 SolidWorks 2022 中大部分特征都需要先建立草图轮廓,因此本节的学习非常重要。

2.2.1 草图命令

【草图】控制面板如图 2-4 所示,一共包含以下模块:

(1) 草图绘制命令;

(2) 尺寸标注命令;

(3) 实体绘制工具命令;

(4) 草图编辑工具命令;

(5) 标注几何关系命令。

图 2-4 【草图】控制面板

2.2.2 绘制直线

绘制直线的方式有两种：拖动式和单击式。拖动式就是在要绘制直线的起点，按住鼠标左键开始拖动鼠标，直到直线终点放开。单击式就是在绘制直线的起点处单击一下，在直线的终点处再单击一下。下面以绘制如图 2-5 所示的中心线和直线为例，介绍中心线和直线的绘制步骤。

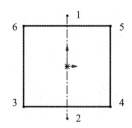

图 2-5 绘制中心线和直线

(1) 在草图绘制状态下，选择菜单栏中的【工具】→【草图绘制实体】→【中心线】命令，或者单击【草图】控制面板中的【中心线】图标 ，开始绘制中心线。

(2) 在图形区单击确定中心线起点 1，然后移动光标到图中合适的位置，由于图 2-5 中的中心线为竖直直线，所以当光标附近出现符号"｜"时，单击确定中心线的终点 2。

(3) 按 Esc 键，或者在图形区右击，在弹出的快捷菜单中选择【选择】命令，退出中心线的绘制。

(4) 选择菜单栏中的【工具】→【草图绘制实体】→【直线】命令，或者单击【草图】控制面板中的【直线】图标 ，开始绘制直线。

(5) 在图形区单击确定直线的起点 3，然后移动光标到图中合适的位置，由于直线 34 为水平直线，所以当光标附近出现符号"—"时，单击确定直线 34 的终点 4。

(6) 重复以上绘制直线的步骤绘制其他直线段，在绘制过程中要注意光标的形状，以确定是水平、竖直或者任意直线。

(7) 按 Esc 键，或者在图形区右击，在弹出的快捷菜单中选择【选择】命令，退出直线的绘制。绘制的直线和中心线如图 2-5 所示。

注意： 在执行绘制直线命令时，系统会弹出【插入线条】属性管理器，如图 2-6 所示。在【方向】选项中有 4 个单选按钮，选中不同的单选按钮，绘制直线的类型不同。

单击已绘制好的直线，会弹出【线条属性】属性管理器，其中【选项】选项组中有两个复选框，如图 2-7 所示，选中不同的复选框，可以分别绘制构造线和无限长直线。

图 2-6　【插入线条】属性管理器　　　　图 2-7　【线条属性】属性管理器

在【线条属性】属性管理器的【参数】选项组中有两个文本框，如图 2-7 所示，分别是长度和角度文本框。通过设置这两个参数可以绘制一条直线。

2.2.3　绘制圆

当执行绘制圆的命令时，系统会弹出【圆】属性管理器，如图 2-8 所示。从属性管理器中可以知道绘制圆的两种方式：一种是绘制基于中心的圆，另一种是绘制基于周边的圆。下面分别介绍绘制圆的两种方法。

1. 绘制基于中心的圆

(1) 在草图绘制状态下，选择菜单栏中的【工具】→【草图绘制实体】→【圆】命令，或者单击【草图】控制面板中的【圆】图标 ⊙，开始绘制圆。

(2) 在图形区选择一个点，单击确定圆的圆心。

(3) 移动光标拖出一个圆，在合适的位置单击，确定圆的半径，或者在光标下文本框中输入尺寸，如图 2-9(a)所示。

图 2-8　【圆】属性管理器

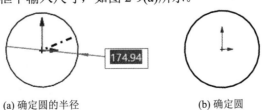

(a) 确定圆的半径　　　　　　　(b) 确定圆

图 2-9　基于中心的圆的绘制过程

(4) 单击【圆】属性管理器中的【确定】图标 ✔，完成圆的绘制，如图 2-9(b)所示。图 2-9 即基于中心的圆的绘制过程。

2. 绘制基于周边的圆

(1) 在草图绘制状态下，选择菜单栏中的【工具】→【草图绘制实体】→【圆周边】命令，或者单击【草图】控制面板中的【圆周边】图标 ◯，开始绘制圆。

(2) 在图形区选择点 1 单击，确定圆周边上的一点，如图 2-10(a)所示。

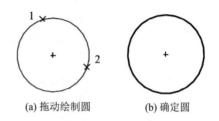

(a) 拖动绘制圆　　　　(b) 确定圆

(3) 移动光标拖出一个圆，然后单击确定周边上的另一点 2，如图 2-10(a)所示。

(4) 完成拖动时，光标变为如图 2-10(b)所示的样式，右击确定圆。

(5) 单击【圆】属性管理器中的【确定】图标 ✔，完成圆的绘制。

图 2-10　基于周边的圆的绘制过程

圆绘制完成后，可以通过拖动修改圆的草图。通过鼠标左键拖动圆的周边可以改变圆的半径，拖动圆的圆心可以改变圆的位置。同时，也可以通过如图 2-8 所示的【圆】属性管理器修改圆的属性，通过属性管理器中的【参数】选项组修改圆心坐标和圆的半径。

2.2.4　绘制圆弧

绘制圆弧的方法有 4 种，即圆心/起/终点画弧、切线弧、三点圆弧与【直线】命令绘制圆弧。下面分别介绍这 4 种绘制圆弧的方法。

1. 圆心/起/终点画弧

圆心/起/终点画弧方法是先指定圆弧的圆心，然后按顺序拖动光标，指定圆弧的起点和终点，确定圆弧的大小和方向。具体步骤如下：

(1) 在草图绘制状态下，选择菜单栏中的【工具】→【草图绘制实体】→【圆心/起/终点画弧】命令，或者单击【草图】控制面板中的【圆心/起/终点画弧】图标 ◠，开始绘制圆弧。

(2) 在图形区单击，确定圆弧的圆心。

(3) 在图形区合适的位置单击，确定圆弧的起点，如图 2-11(a)所示。

(4) 拖动光标确定圆弧的角度和半径，并单击确认，如图 2-11(b)所示。

(5) 单击【圆弧】属性管理器中的【确定】图标 ✔，完成圆弧的绘制。

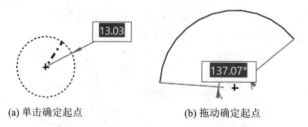

(a) 单击确定起点　　　　　　(b) 拖动确定起点

图 2-11　圆心/起/终点画弧方法绘制圆弧的过程

圆弧绘制完成后，可以在【圆弧】属性管理器中修改其属性。

2. 切线弧

切线弧是指生成一条与草图实体相切的弧线，草图实体可以是直线、圆弧、椭圆和样条曲线等。具体步骤如下：

(1) 在草图绘制状态下，选择菜单栏中的【工具】→【草图绘制实体】→【切线弧】命令，或者单击【草图】控制面板中的【切线弧】图标 ⌒，开始绘制切线弧。

(2) 在已经存在的草图实体的端点处单击，系统弹出【圆弧】属性管理器，如图 2-12 所示。此时光标变为 ⌒ 形状。

(3) 拖动光标确定绘制圆弧的形状，并单击确认。

(4) 单击【圆弧】属性管理器中的【确定】图标 ✔，完成切线弧的绘制。如图 2-13 所示为绘制的直线的切线弧。

图 2-12　【圆弧】属性管理器　　　图 2-13　直线的切线弧

提示：绘制切线弧时，光标拖动的方向会影响绘制圆弧的样式，因此在绘制切线弧时，光标最好沿着产生圆弧的方向拖动。

3. 三点圆弧

三点圆弧是通过确定起点、终点与中点的方式绘制圆弧的。具体步骤如下：

(1) 在草图绘制状态下，选择菜单栏中的【工具】→【草图绘制实体】→【三点圆弧】命令，或者单击【草图】控制面板中的【三点圆弧】图标 ⌒，开始绘制圆弧。

(2) 在图形区单击，确定圆弧的起点 1，如图 2-14 所示。

(3) 拖动光标确定圆弧结束的位置，并单击确认点 2，如图 2-14 所示。

(4) 拖动光标确定圆弧的半径和方向，并单击确认点 3，如图 2-14 所示。

图 2-14　绘制三点圆弧的过程

(5) 单击【圆弧】属性管理器中的【确定】图标 ✔，完成三点圆弧的绘制。

选择绘制的三点圆弧，可以在【圆弧】属性管理器中修改其属性。

4. 【直线】命令绘制圆弧

【直线】命令除了可以绘制直线外，还可以绘制连接在直线端点处的切线弧，使用该命令，必须首先绘制一条直线，然后才可以绘制圆弧。具体步骤如下：

(1) 在草图绘制状态下，选择菜单栏中的【工具】→【草图绘制实体】→【直线】命令，或者单击【草图】控制面板中的【直线】图标 ／，首先绘制一条直线。

(2) 在不结束绘制直线命令的情况下，将光标稍微向旁边拖动，如图 2-15(a)所示。

(3) 将光标拖回至直线的终点，开始绘制圆弧，如图 2-15(b)所示。

(4) 拖动光标到图中合适的位置，并单击确认圆弧的大小，如图 2-15(c)所示。

  (a) 拖动鼠标   (b) 拖回至终点   (c) 确定圆弧

图 2-15 使用【直线】命令绘制圆弧的过程

要将直线转换为绘制圆弧的状态，必须先将光标拖回至所绘制直线的终点，然后再拖出，才能绘制圆弧。也可以在此状态下单击鼠标右键，系统弹出快捷菜单，选择【转到圆弧】命令即可绘制圆弧，如图 2-16 所示。同样在绘制圆弧的状态下，选择快捷菜单中的【转到直线】命令，即可绘制直线，如图 2-17 所示。

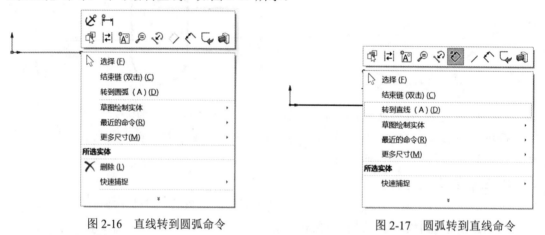

   图 2-16 直线转到圆弧命令   图 2-17 圆弧转到直线命令

2.2.5 绘制矩形

绘制矩形的方法主要有 5 种：边角矩形、中心矩形、三点边角矩形、三点中心矩形和平行四边形矩形命令绘制矩形。下面分别具体介绍绘制矩形的不同方法。

1. 【边角矩形】命令绘制矩形

【边角矩形】命令绘制矩形的方法是通过标注矩形草图绘制矩形，即指定矩形的左下与右上的端点确定矩形的长度和宽度。

以绘制如图 2-18 所示的矩形为例，采用【边角矩形】命令绘制矩形的操作步骤如下：

(1) 在草图绘制状态下，选择菜单栏中的【工具】→【草图绘制实体】→【边角矩形】命令，或者单击【草图】控制面板中的【边角矩形】图标 ▭。

(2) 在图形区单击，确定矩形的一个角点 1。

(3) 移动光标，单击确定矩形的另一个角点 2，矩形绘制完毕。

在绘制矩形时，既可以移动光标确定矩形的角点 2，也可以在确定第一个角点时不释放鼠标，直接拖动光标确定角点 2。

矩形绘制完毕后，按住鼠标左键拖动矩形的一个角点，可以动态地改变矩形的尺寸。【矩形】属性管理器如图 2-19 所示。

图 2-18　边角矩形　　　　图 2-19　【矩形】属性管理器

2. 【中心矩形】命令绘制矩形

【中心矩形】命令绘制矩形的方法是指定矩形的中心与右上的端点确定矩形的中心和 4 条边线。以绘制如图 2-20 所示的矩形为例，采用【中心矩形】命令绘制矩形的操作步骤如下：

图 2-20　中心矩形

(1) 在草图绘制状态下，选择菜单栏中的【工具】→【草图绘制实体】→【中心矩形】命令，或者单击【草图】控制面板中的【中心矩形】图标 ▣。

(2) 在图形区单击，确定矩形的中心点 1。

(3) 移动光标，单击确定矩形的一个角点 2，矩形绘制完毕。

3. 【三点边角矩形】命令绘制矩形

【三点边角矩形】命令是通过指定 3 个点来确定矩形的方法，前面两个点定义角度和一条边，第三个点确定另一条边。

下面以绘制如图 2-21 所示的矩形为例，说明采用【三点边角矩形】命令绘制矩形的操作步骤：

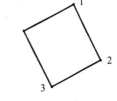

图 2-21　三点边角矩形

(1) 在草图绘制状态下，选择菜单栏中的【工具】→【草图绘制实体】→【三点边角矩形】命令，或者单击【草图】控制面板中的【三点边角矩形】图标 ◇。

(2) 在图形区单击，确定矩形的边角点 1。

(3) 移动光标，单击确定矩形的另一个边角点 2。

(4) 继续移动光标，单击确定矩形的第三个边角点 3，矩形绘制完毕。

4. 【三点中心矩形】命令绘制矩形

【三点中心矩形】命令也是通过指定 3 个点来确定矩形的方法。

下面以绘制如图 2-22 所示的矩形为例，说明采用【三点中心矩形】命令绘制矩形的操作步骤：

(1) 在草图绘制状态下，选择菜单栏中的【工具】→【草图绘制实体】→【三点中心矩形】命令，或者单击【草图】控制面板中的【三点中心矩形】图标 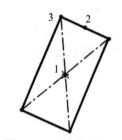。

(2) 在图形区单击，确定矩形的中心点 1。

(3) 移动光标，单击确定矩形一条边线的一半长度的一个点 2。

(4) 移动光标，单击确定矩形的一个角点 3，矩形绘制完毕。

图 2-22　三点中心矩形

平行四边形矩形命令绘制矩形此处略。

2.2.6　绘制平行四边形

【平行四边形】命令既可以生成平行四边形，也可以生成边线与草图网格线不平行或不垂直的矩形。

下面以绘制如图 2-23 所示的矩形为例，说明采用【平行四边形】命令绘制矩形的操作步骤：

(1) 在草图绘制状态下，选择菜单栏中的【工具】→【草图绘制实体】→【平行四边形】命令，或者单击【草图】控制面板中的【平行四边形】图标 ▱。

(2) 在图形区单击，确定矩形的第一点 1。

(3) 移动光标，在合适的位置单击，确定矩形的第二个点 2。

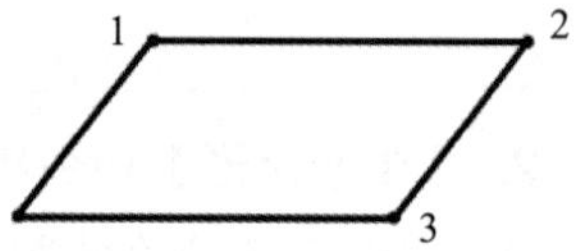

图 2-23　平行四边形之矩形

(4) 移动光标，在合适的位置单击，确定矩形的第三个点 3，矩形绘制完毕。

矩形绘制完毕后，按住鼠标左键拖动矩形的一个角点，可以动态地改变平行四边形的尺寸。

在绘制完矩形的点 1 与点 2 后，按住 Ctrl 键，移动光标可以改变平行四边形的形状，然后在合适的位置单击，可以完成任意形状的平行四边形的绘制。如图 2-24 所示为绘制的任意形状的平行四边形。

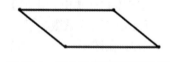

图 2-24　任意形状的平行四边形

2.2.7　绘制多边形

【多边形】命令用于绘制边数为 3～40 之间的等边多边形。

(1) 在草图绘制状态下，选择菜单栏中的【工具】→【草图绘制实体】→【多边形】命令，或者单击【草图】控制面板中的【多边形】图标 ⊙，弹出的【多边形】属性管理器如图 2-25 所示。

(2) 在【多边形】属性管理器中可以直接输入多边形的边数，也可以先接受系统默认的边数，绘制完多边形后再修改多边形的边数。

(3) 在图形区单击，确定多边形的中心。

(4) 移动光标，在合适的位置单击，确定多边形的形状。

(5) 在【多边形】属性管理器中选择是内切圆模式还是外接圆模式，然后修改多边形辅助圆直径及角度。

(6) 如果还要绘制另一个多边形，单击属性管理器中的【新多边形】按钮，然后重复步骤(2)～(5)即可。

绘制的多边形如图 2-26 所示。

图 2-25　【多边形】属性管理器

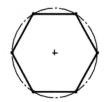

图 2-26　绘制的多边形

2.2.8　绘制椭圆和部分椭圆

椭圆是由中心点、长轴长度、短轴长度确定的，三者缺一不可。下面将分别介绍椭圆和部分椭圆的绘制方法。

1. 绘制椭圆

绘制椭圆的操作步骤如下：

(1) 在草图绘制状态下，选择菜单栏中的【工具】→【草图绘制实体】→【椭圆】命令，或者单击【草图】控制面板中的【椭圆】图标 ⊙ 。

(2) 在图形区合适的位置单击，确定椭圆的中心。

(3) 移动光标，在光标附近会显示椭圆的长半轴 R 和短半轴 r。在图中合适的位置单击，确定椭圆的长半轴 R。

(4) 移动光标，在图中合适的位置单击，确定椭圆的短半轴 r，此时弹出【椭圆】属性管理器，如图 2-27 所示。

(5) 在【椭圆】属性管理器中修改椭圆的中心坐标，以及长半轴和短半轴的参数。

(6) 单击【椭圆】属性管理器中的【确定】图标 ✔ ，完成椭圆的绘制，如图 2-28 所示。

图 2-27　【椭圆】属性管理器

图 2-28　绘制的椭圆

2. 绘制部分椭圆

部分椭圆即椭圆弧，绘制椭圆弧的操作步骤如下：

(1) 在草图绘制状态下，选择菜单栏中的【工具】→【草图绘制实体】→【部分椭圆】命令，或者单击【草图】控制面板中的【部分椭圆】图标 $\mathcal{C}$ 。

(2) 在图形区合适的位置单击，确定椭圆弧的中心。

(3) 移动光标，在光标附近会显示椭圆的长半轴 R 和短半轴 r。在图中合适的位置单击，确定椭圆的长半轴 R，如图 2-29(a)所示。

(4) 移动光标，在图中合适的位置单击，确定椭圆的短半轴 r，如图 2-29(b)所示。

(5) 绕圆周移动光标，确定椭圆弧的范围，此时会弹出【椭圆】属性管理器，根据需要设定椭圆弧的参数。

(6) 单击【椭圆】属性管理器中的【确定】图标 ✔，完成部分椭圆的绘制，如图 2-29(c)所示。

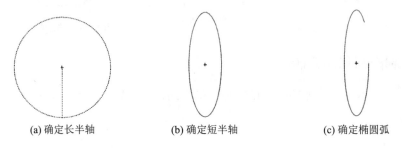

(a) 确定长半轴　　　　　　(b) 确定短半轴　　　　　　(c) 确定椭圆弧

图 2-29　绘制部分椭圆的过程

2.2.9　绘制抛物线

抛物线的绘制方法是，先确定抛物线的焦点，然后确定抛物线的焦距，最后确定抛物线的起点和终点。

(1) 在草图绘制状态下，选择菜单栏中的【工具】→【草图绘制实体】→【抛物线】命令，或者单击【草图】控制面板中的【抛物线】图标 $\cup$ 。

(2) 在图形区合适的位置单击，确定抛物线的焦点 1。

(3) 移动光标，在图形区合适的位置单击，确定抛物线的焦距 2。

(4) 移动光标，在图形区合适的位置单击，确定抛物线的起点 3。

(5) 移动光标，在图形区合适的位置单击，确定抛物线的终点 4，此时会弹出【抛物线】属性管理器，根据需要设置属性管理器中抛物线的参数。

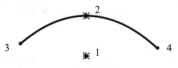

图 2-30　绘制抛物线的过程

(6) 单击【抛物线】属性管理器中的【确定】图标 ✔，完成抛物线的绘制，如图 2-30 所示。

2.2.10　绘制样条曲线

系统提供了强大的样条曲线绘制功能，绘制样条曲线至少需要两个点，并且可以在端点指定相切。

1. 【样条曲线】属性管理器

【样条曲线】属性管理器如图 2-31 所示，在【参数】选项组中可以对样条曲线的各种参数进行修改。

图 2-31 　【样条曲线】属性管理器

2. 样条曲线的绘制

绘制样条曲线的具体步骤如下：

(1) 在草图绘制状态下，选择菜单栏中的【工具】→【草图绘制实体】→【样条曲线】命令，或者单击【草图】控制面板中的【样条曲线】图标 ∿。

(2) 在图形区合适的位置单击，确定样条曲线的起点 1。

(3) 移动光标，在图中合适的位置单击，确定样条曲线上的第二点 2。

(4) 重复移动光标，确定样条曲线上的其他点。

(5) 按 Esc 键，或者双击退出样条曲线的绘制。如图 2-32 所示为绘制的样条曲线。

图 2-32 　绘制样条曲线的过程

3. 样条曲线的修改

选择要修改的样条曲线，此时样条曲线上会出现点，按住鼠标左键拖动这些点即可实现对样条曲线的修改，如图 2-33 所示为样条曲线的修改过程，图 2-33(a)为修改前的图形，图

2-33(b)为修改后的图形。

(a) 修改前的图形　　　　　　　　　　　　　(b) 修改后的图形

图 2-33　样条曲线的修改过程

2.2.11　在模型面上插入文字

在模型面上插入文字的步骤如下：

(1) 在建模完成的实体上，任选一面，单击鼠标右键，将其作为新建草图的基础，再右击【正视于】↧图标，进入草图绘制状态。

(2) 在草图绘制状态下，选择菜单栏中的【工具】→【草图绘制实体】→【文字】命令，或者单击【草图】控制面板中的【文字】图标 Ⓐ，系统会弹出【草图文字】属性管理器，如图 2-34 所示。

(3) 在弹出的窗口中输入文字，并设置文字的字体和样式。

(4) 绘好之后效果如图 2-35 所示。

(5) 也可使用拉伸或者拉伸切除来得到凸面的文字或者凹面的文字，如图 2-36 所示。

图 2-34　【草图文字】属性管理器　　　图 2-35　绘制的草图文字　　　图 2-36　拉伸切除后的草图文字

2.2.12　绘制圆角

【绘制圆角】工具是将两个草图实体的交叉处剪裁掉角部，生成一个与两个草图实体都相切的圆弧。具体方法为：

(1) 在草图绘制状态下，选择菜单栏中的【工具】→【草图绘制实体】→【圆角】命令，或者单击【草图】控制面板中的【圆角】图标 ⌐，此时系统会弹出【绘制圆角】属性管理器，如图 2-37 所示。

（2）在【绘制圆角】属性管理器中设置圆角的半径。如果顶点具有尺寸或者几何关系，选中【保持拐角处约束条件】复选框，将保留虚拟交点。如果不选中该复选框，且顶点具有尺寸或几何关系，将会询问是否想在生成圆角时删除这些几何关系。

（3）设置好【绘制圆角】属性管理器后，选择如图 2-38(a)所示的直线和直线的交点处。

（4）选中【标注每个圆角的尺寸】复选框，单击【绘制圆角】属性管理器中的【确定】图标 ✔，完成圆角的绘制，如图 2-38(b)所示。

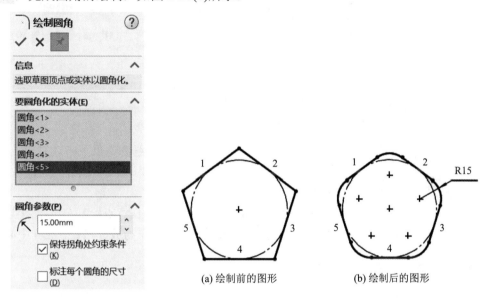

图 2-37　【绘制圆角】属性管理器　　　　　　　　图 2-38　绘制圆角的过程

2.2.13　绘制倒角

【绘制倒角】工具是将倒角应用到相邻的草图实体中，选取方法与圆角相同。【绘制倒角】属性管理器中提供了倒角的两种设置方式，分别是【角度距离】和【距离-距离】。具体步骤如下：

（1）在草图绘制状态下，选择菜单栏中的【工具】→【草图绘制实体】→【倒角】命令，或者单击【草图】控制面板中的【倒角】图标 ⌐，此时系统会弹出【绘制倒角】属性管理器，如图 2-39 所示。

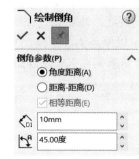

（2）在【绘制倒角】属性管理器中，选中【角度距离】单选按钮，按照图 2-39 所示的数值设置倒角方式和倒角参数，然后选择如图 2-40(a)所示的直线 1 和直线 4。

（3）在【绘制倒角】属性管理器中，选中【距离-距离】单选按钮，按照图 2-41 所示的数值设置倒角方式和倒角参数，然后选择如图 2-40(a)所示的直线 2 和直线 3。

图 2-39　【绘制倒角】属性管理器

（4）单击【绘制倒角】属性管理器中的【确定】图标 ✔，完成倒角的绘制，如图 2-40(b)所示。

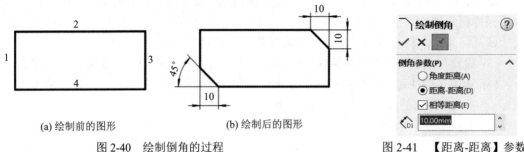

<table>
<tr><td>(a) 绘制前的图形</td><td>(b) 绘制后的图形</td></tr>
<tr><td>图 2-40   绘制倒角的过程</td><td>图 2-41   【距离-距离】参数</td></tr>
</table>

2.3   三维草图

本节简要介绍三维草图的一些基本操作，三维直线、曲线都是重点阐述对象，一般草图的升级在绘制复杂的不规则模型时发挥着重要作用。在学习曲线生成方式之前，首先要了解三维草图的绘制，它是生成空间曲线的基础。

SolidWorks 2022 可以直接在基准面上或者在三维空间的任意点绘制三维草图实体，绘制的三维草图既可以作为扫描路径、扫描的引导线，也可以作为放样路径、放样中心线等。

2.3.1   绘制三维空间直线

绘制三维空间直线的步骤如下：

(1) 新建一个文件。单击【前导视图】工具栏中的【等轴测】图标 ⬛，设置视图方向为等轴测方向。在该视图方向下，坐标 X、Y、Z 的 3 个方向均可见，可以比较方便地绘制三维草图。

(2) 选择菜单栏中的【插入】→【3D 草图】命令，或者单击【草图】控制面板中的【3D 草图】图标 ⬚，进入 3D 草图绘制状态。

(3) 单击【草图】控制面板中需要的草图命令，本例单击【直线】图标 ╱，开始绘制 3D 空间直线，注意此时在绘图区中出现了空间控标，如图 2-42 所示。

(4) 以原点为起点绘制草图，基准面为控标提示的基准面，方向由光标拖动决定，如图 2-43 所示为在 XY 基准面上绘制草图。

图 2-42   空间控标

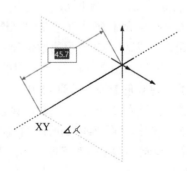

图 2-43   在 XY 基准面上绘制草图

(5) 步骤(4)是在 XY 基准面上绘制直线，当继续绘制直线时，控标会显示出来。按 Tab 键可以改变绘制的基准面，依次为 XY、YZ、ZX 基准面。如图 2-44 所示为在 YZ 基准面上绘制草图。继续按 Tab 键绘制 ZX 基准面上的草图，绘制完的 3D 草图如图 2-45 所示。

图 2-44　在 YZ 基准面上绘制草图　　　　图 2-45　在 ZX 基准面上绘制草图

(6) 再次单击【草图】控制面板中的【3D 草图】图标 [3D]，或者在绘制草图区单击鼠标右键，在弹出的快捷菜单中选择【退出草图】按钮，退出 3D 草图绘制状态。

提示：在绘制 3D 草图时，绘制的基准面要以控标显示为准，不要主观判断，通过按 Tab 键，变换视图的基准面。

2.3.2　三维草图实例——暖气管道

下面以绘制暖气管道为例说明绘制三维草图的步骤：

(1) 新建文件。启动 SolidWorks 2022，选择菜单栏中的【文件】→【新建】命令，或者单击快速访问工具栏中的【新建】图标 📄，在弹出的【新建 SOLIDWORKS 文件】对话框中单击【零件】图标 🧊，然后单击【确定】图标 ✔，创建一个新的零件文件。

(2) 绘制 3D 草图。选择菜单栏中的【插入】→【3D 草图】命令，或者单击【草图】控制面板中的【3D 草图】图标 [3D]，进入 3D 草图绘制状态。选择【草图】控制面板中需要的草图命令，单击【直线】图标 ✏，开始绘制 3D 空间直线。注意此时在绘图区中出现了空间控标，以原点为起点绘制草图，基准面为控标提示基准面，方向由光标拖动，按图 2-46 所示绘制草图。

(3) 标注尺寸。单击【草图】控制面板中的【智能尺寸】图标 ✦ 并标注尺寸，如图 2-47 所示。

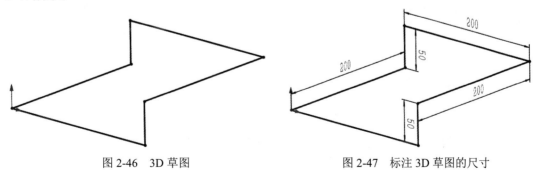

图 2-46　3D 草图　　　　　　　　　图 2-47　标注 3D 草图的尺寸

(4) 圆角标注。单击【草图】控制面板中的【绘制圆角】图标 ⌐，或者选择【工具】→

【草图工具】→【圆角】命令，弹出【绘制圆角】属性管理器，并在图 2-48 中依次选择圆角端点。

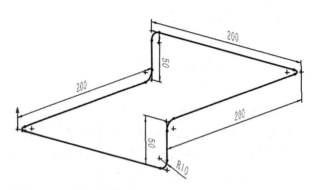

图 2-48　选择圆角端点

(5) 基准面设置。单击【参考几何体】工具栏中的【基准面】图标 ▦，或选择【插入】→【参考几何体】→【基准面】命令，弹出【基准面】属性管理器，在【第一参考】选项组中选择【右视基准面】，并输入距离为"20.00 mm"，如图 2-49 所示。

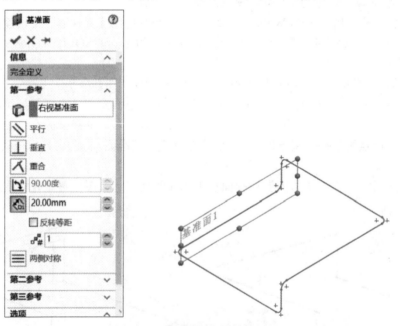

图 2-49　【基准面】属性管理器

(6) 绘制草图。在设计树中选择步骤(5)创建的【基准面 1】，单击【草图】控制面板中的【草图绘制】图标 ▦，新建一张草图。

(7) 绘制圆。单击【草图】控制面板中的【圆】图标⊙，绘制一个圆。

(8) 标注尺寸。单击【草图】控制面板中的【智能尺寸】图标 ✐ 并标注尺寸, 如图 2-50 所示。

图 2-50　草图标注

(9) 扫描设置。单击【特征】控制面板中的【扫描】图标 ✐, 或选择菜单栏中的【插入】→【凸台/基体】→【扫描】命令。弹出【扫描】属性管理器, 同时在右侧的图形区中显示生成的扫描特征, 如图 2-51 所示。

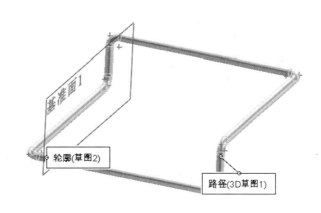

图 2-51　【扫描】属性管理器

(10) 隐藏基准面。在绘图区选择基准面 1, 单击鼠标右键, 在弹出的快捷菜单中单击【隐藏】图标 ◎, 如图 2-52 所示, 最终结果如图 2-53 所示。

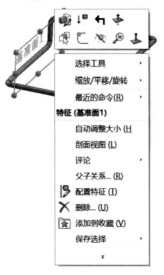

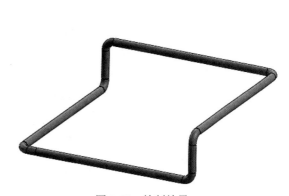

图 2-52　单击【隐藏】按钮　　　　　　　　　　　图 2-53　绘制结果

2.4　对草图实体的操作

2.4.1　转换实体引用

【转换实体引用】是指通过已有的模型或者草图，将其边线、环、面、曲线、外部草图轮廓、一组边线或者一组草图曲线投影到草图基准面。通过这种方式，可以在草图基准面上生成一个或多个草图实体。使用该命令，如果引用的实体发生更改，那么转换的草图实体也会相应地改变。操作步骤如下：

(1) 在特征管理器的树状目录中，选择要添加草图的基准面，本例选择基准面 1，然后单击【草图】控制面板中【草图绘制】图标 ⬚，进入草图绘制状态。

(2) 按住 Ctrl 键，选取如图 2-54(a)所示的矩形四条边线以及圆柱的圆弧。

(3) 选择菜单栏中的【工具】→【草图工具】→【转换实体引用】命令，或者单击【草图】控制面板中的【转换实体引用】图标 🗊，执行转换实体引用命令。

(4) 退出草图绘制状态，转换实体引用后的图形如图 2-54(b)所示。

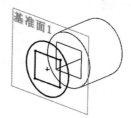

(a) 转换实体引用前的图形　　　　(b) 转换实体引用后的图形

图 2-54　转换实体引用过程

2.4.2　草图镜向

在绘制草图时，经常要绘制对称的图形，这时可以使用【镜向实体】命令来实现，【镜向】属性管理器如图 2-55 所示。

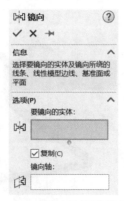

图 2-55　【镜向】属性管理器

下面以图 2-56 为例说明镜向草图的过程，操作步骤如下：

(1) 在草图绘制状态下，选择菜单栏中的【工具】→【草图工具】→【镜向】命令，或者单击【草图】控制面板中的【镜向实体】图标 ⬠ ，此时系统会弹出【镜向】属性管理器。

(2) 单击属性管理器中的【要镜向的实体】列表框，使其变为蓝色，然后在图形区中框选如图 2-56(a)所示的直线左侧图形。

(3) 单击属性管理器中的【镜向轴】列表框，使其变为蓝色，然后在图形区中选取如图 2-56(a)所示的对称中心线。

(4) 单击【镜向】属性管理器中的【确定】图标 ✓ ，草图实体镜向完毕，镜向后的图形如图 2-56(b)所示。

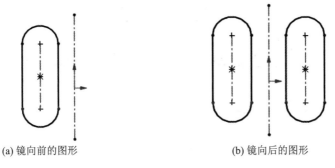

(a) 镜向前的图形　　　　　　　　　　(b) 镜向后的图形

图 2-56　镜向草图的过程

2.4.3　延伸和剪裁实体

1. 草图剪裁

【草图剪裁】是常用的编辑命令。执行草图剪裁命令，系统会弹出【剪裁】属性管理器，如图 2-57 所示。

图 2-57　【剪裁】属性管理器

下面以图 2-58 为例说明剪裁实体的过程，具体的操作步骤如下：

(1) 在草图绘制状态下，选择菜单栏中的【工具】→【草图工具】→【剪裁】命令，或者单击【草图】控制面板中的【剪裁实体】图标，在左侧特征管理器中会弹出【剪裁】属性管理器。

(2) 在【剪裁】属性管理器中选择【剪裁到最近端】选项。

(3) 依次单击如图 2-58(a)所示的 A 处和 B 处，剪裁图中的圆弧线。

(4) 单击【剪裁】属性管理器中的【确定】图标，完成草图实体的剪裁，剪裁后的图形如图 2-58(b)所示。

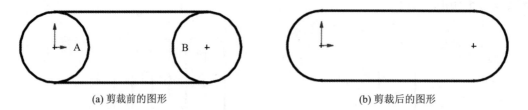

(a) 剪裁前的图形　　　　　　　　　　　(b) 剪裁后的图形

图 2-58　剪裁草图的过程

2. 草图延伸

【草图延伸】是常用的草图编辑工具。利用该工具可以将草图实体延伸至另一个草图实体。下面以图 2-59 为例说明草图延伸的过程，操作步骤如下：

(1) 在草图绘制状态下，选择菜单栏中的【工具】→【草图工具】→【延伸】命令，或者单击【草图】控制面板中的【延伸实体】图标，进入草图延伸状态。

(2) 单击图 2-59(a)所示的直线。

(3) 按 Esc 键，退出延伸实体状态，延伸后的图形如图 2-59(b)所示。

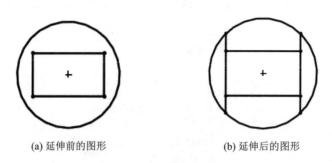

(a) 延伸前的图形　　　　　　　　　　　(b) 延伸后的图形

图 2-59　延伸草图的过程

2.4.4　等距实体

【等距实体】工具是按特定的距离等距一个或者多个草图实体、所选模型边线、模型面，例如样条曲线或者圆弧、模型边线组、环等草图实体。具体操作步骤为：

(1) 在草图绘制状态下，选择菜单栏中的【工具】→【草图工具】→【等距实体】命令，或者单击【草图】控制面板中的【等距实体】图标。

(2) 系统会弹出【等距实体】属性管理器，如图 2-60 所示，按照实际需要进行设置。

(3) 单击要进行等距的实体对象。

(4) 单击【等距实体】属性管理器中的【确定】图标 ✔，完成等距实体的绘制。

图 2-61 为按照图 2-60 所示的【等距实体】属性管理器进行设置后，选取中间草图实体中任意一部分得到的图形。

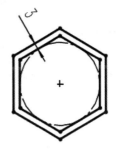

图 2-60　【等距实体】属性管理器　　　图 2-61　等距实体后的草图

图 2-62 为在模型面上添加草图实体的过程，图 2-62(a)为原始图形，图 2-62(b)为等距实体后的图形。执行过程为：先选择如图 2-62(a)所示的模型的上表面，进入草图绘制状态，再执行等距实体命令，设置参数为"单向等距距离"，距离为"25 mm"。

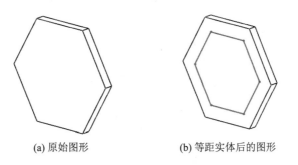

(a) 原始图形　　　　　　　(b) 等距实体后的图形

图 2-62　模型面等距实体的过程

2.4.5　构造几何线的生成

构造线是将实线转化为点划线，作为草图里面的构造元素，即辅助类型的线，参与建模但是不能是模型的轮廓。在 SolidWorks 2022 中，基本的实体绘制工具命令均可以转化为构造线。具体的操作步骤如下：

(1) 如图 2-63(a)所示，草图圆具备对称性特征，需要绘制其对称中心线，即细点划线。

(2) 选中直线，在弹出的如图 2-63(b)所示的【线条属性】属性管理器中，将【选项】→

【作为构造线】选中，效果如图 2-63(c)所示。

(3) 其他草图绘制的图形，生成构造线的过程重复第(2)步骤即可。

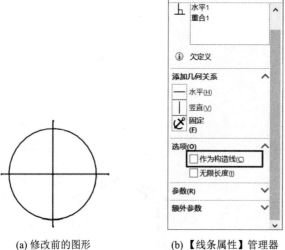
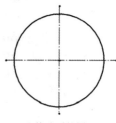

(a) 修改前的图形　　　　(b)【线条属性】管理器　　　　(c) 修改后的图形

图 2-63　构造线的生成过程

2.4.6　线性阵列

线性草图阵列是将草图实体沿一个或者两个轴复制生成多个排列图形。执行该命令时，系统会弹出【线性阵列】属性管理器，如图 2-64 所示。

图 2-64　【线性阵列】属性管理器

下面以图 2-65 为例说明线性阵列的过程，具体操作步骤如下：

(1) 在草图绘制状态下，选择菜单栏中的【工具】→【草图工具】→【线性阵列】命令，或者单击【草图】控制面板中的【线性草图阵列】图标 ⬚⬚。

(2) 此时系统会弹出【线性阵列】属性管理器，单击【要阵列的实体】列表框，然后在图形区中选取如图 2-65(a)所示的圆，其他设置如图 2-64 所示。

(3) 单击【线性阵列】属性管理器中的【确定】图标 ✔，阵列后的图形如图 2-65(b)所示。

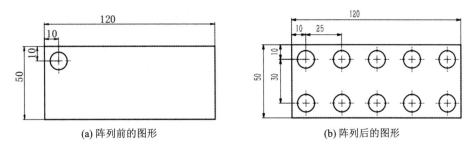

(a) 阵列前的图形　　　　　　　　　(b) 阵列后的图形

图 2-65　线性草图阵列的过程

2.4.7　圆周阵列

圆周草图阵列是指将草图沿一个指定大小的圆弧进行的环状阵列。执行该命令时，系统会弹出【圆周阵列】属性管理器，如图 2-66 所示。

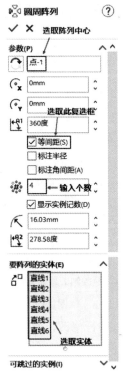

图 2-66　【圆周阵列】属性管理器

以图 2-67 为例说明线性阵列的过程，操作步骤如下：

(1) 在草图绘制状态下，选择菜单栏中的【工具】→【草图工具】→【圆周阵列】命令，或者单击【草图】控制面板中的【圆周草图阵列】图标 ⊞。此时系统会弹出【圆周阵列】属性管理器。

(2) 单击【圆周阵列】属性管理器中的【要阵列的实体】列表框，然后在图形区中选取如图 2-67(a)所示的圆弧外的 6 条直线，在【参数】选项组的文本框中选择圆弧的圆心，在【实列数】文本框中输入"4"。

(3) 单击【圆周阵列】属性管理器中的【确定】图标 ✓，阵列后的图形如图 2-67(b)所示。

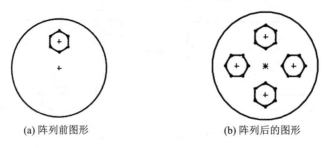

(a) 阵列前图形   (b) 阵列后的图形

图 2-67   圆周草图阵列的过程

2.4.8   修改草图工具的使用

对于正在建立中的草图是可以根据需要进行修改的，方法是：点击修改对象，如图 2-68(a)所示，出现对应的属性管理器如图 2-68(b)和图 2-68(c)所示，在对应的属性管理器中，按要求修改。

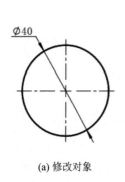

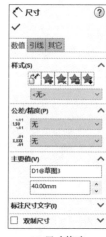

(a) 修改对象   (b) 绘制工具命令修改   (c) 尺寸修改

图 2-68   草图修改的过程

对于已经完成的草图，同样可以进行修改，具体的操作步骤如下：

(1) 选中完成的草图，显示蓝色高亮，单击鼠标右键，选择【编辑草图】，如图 2-69(a)所示。

(2) 进入草图编辑状态，如图 2-69(b)所示。

(3) 根据需求，按照建立中的草图修改步骤进行修改即可。

(4) 修改完成，单击如图 2-69(b)所示绘图区右上角的图标 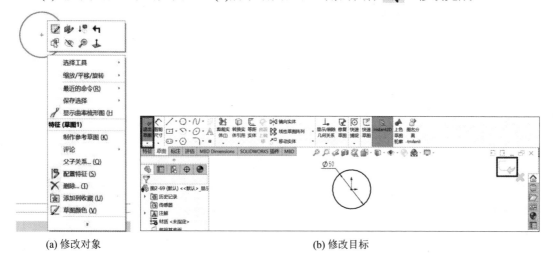，修改完成。

(a) 修改对象　　　　　　　　　　　　　(b) 修改目标

图 2-69　已完成的草图修改过程

2.4.9　伸展草图

【伸展实体】命令是通过基准点和坐标点对草图实体进行伸展。执行该命令时，系统会弹出【伸展】属性管理器，如图 2-70 所示。

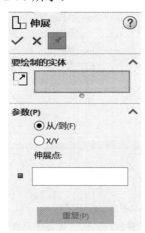

图 2-70　【伸展】属性管理器

下面以图 2-71 为例说明伸展实体的过程，操作步骤如下：

(1) 在草图绘制状态下，选择菜单栏中的【工具】→【草图工具】→【伸展实体】命令，或者单击【草图】控制面板中的【伸展实体】图标 ，此时系统会弹出【伸展】属性管理器。

(2) 单击【伸展】属性管理器中的【要绘制的实体】列表框，然后在图形区中选取如图 2-71(a)所示的矩形，在【伸展点】列表框中选取矩形的右下端点，单击基点图标 ，然后单击草图设置的基准点，拖动以伸展草图实体；当放开鼠标时，实体伸展到该点并且属性管理器关闭。

(3) 选中 X/Y 单选按钮，为 ΔX 和 ΔY 设定值以伸展草图实体，如图 2-71(b)所示，单击【重复】按钮以相同距离伸展实体。伸展后的结果如图 2-71(c)所示。

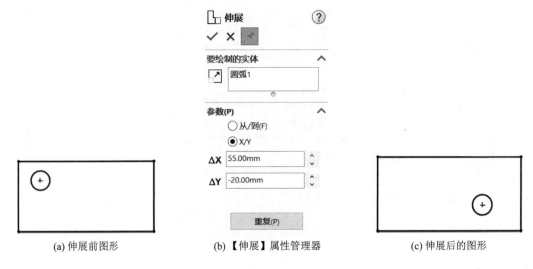

(a) 伸展前图形   (b)【伸展】属性管理器   (c) 伸展后的图形

图 2-71　伸展草图的过程

2.4.10　实例——气缸体截面草图

在本实例中，将利用草图绘制工具绘制如图 2-72 所示的气缸体截面草图。

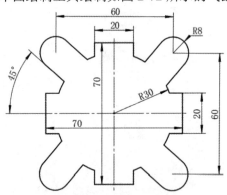

图 2-72　气缸体截面草图

由于图形关于两坐标轴对称，所以先绘制关于轴对称部分的实体图形，再利用镜向或者阵列方式进行复制，完成整个图形的绘制，绘制流程如图 2-73 所示。

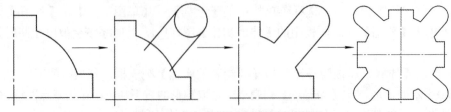

图 2-73　气缸体截面草图绘制流程图

具体操作步骤如下：

(1) 新建文件。启动 SolidWorks 2022，选择菜单栏中的【文件】→【新建】命令，或者单击快速访问工具栏中的【新建】图标，在弹出的【新建 SOLIDWORKS 文件】对话框中单击【零件】图标，然后单击【确定】图标，创建一个新的零件文件。

(2) 绘制截面草图。在设计树中选择前视基准面，单击【草图】控制面板中的【草图绘制】图标，新建一张草图。单击【草图】控制面板中的【中心线】图标和【圆心/起点/终点画弧】图标，绘制线段和圆弧。

(3) 标注尺寸。单击【草图】控制面板中的【智能尺寸】图标，标注尺寸 1，如图2-74 所示。

(4) 绘制圆和直线段。单击【草图】控制面板中的【圆】图标和【直线】图标，绘制一个圆和两条直线。

(5) 添加几何关系。按住 Ctrl 键选择其中一条直线和圆，几何关系添加为【相切】，两线段与圆均相切，如图 2-75 所示。

(6) 剪裁图形。单击【草图】控制面板中的【剪裁实体】图标，修剪多余圆弧和直线，结果如图 2-76 所示。

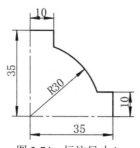

图 2-74　标注尺寸 1

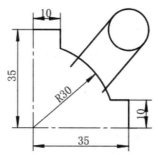

图 2-75　绘制直线和圆并添加几何关系

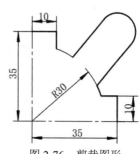

图 2-76　剪裁图形

(7) 标注尺寸。单击【草图】控制面板中的【智能尺寸】图标，标注尺寸 2，如图2-77 所示。

(8) 阵列草图实体(或者镜向草图实体)。单击【草图】控制面板中的【圆周草图阵列】图标，选择草图实体进行阵列，阵列数目为 4，阵列草图实体如图 2-78 所示。

(9) 保存草图。单击【退出草图】图标，单击快速访问工具栏中的【保存】图标，将文件保存为【气缸体截面草图.SLDPART】，最终生成气缸体截面草图，如图 2-79 所示。

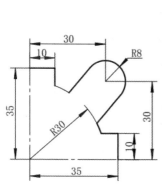

图 2-77　标注尺寸 2

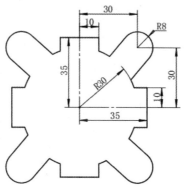

图 2-78　圆周阵列草图实体

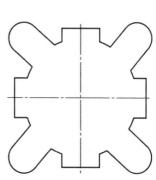

图 2-79　最终生成的气缸体截面草图

2.5　智　能　标　注

SolidWorks 2022 是一种尺寸驱动式系统，用户可以指定尺寸及各实体间的几何关系，更改尺寸改变零件的尺寸与形状。尺寸标注是草图绘制过程中重要的组成部分。SolidWorks 2022 虽然可以捕捉用户的设计意图，自动进行尺寸标注，但由于各种原因，有时自动标注的尺寸不理想，此时用户必须自己进行尺寸标注。

2.5.1　度量单位

在 SolidWorks 2022 中可以使用多种度量单位，包括埃、纳米、微米、毫米、厘米、米、英寸、英尺等。在建立草图之前，需要设置好系统的单位，系统默认的单位为 mm、g、s (毫米、克、秒)，可以使用自定义的方式设置其他类型的单位及长度等。

下面以修改长度单位的小数位数为例，说明设置单位的操作步骤：

(1) 选择菜单栏中的【工具】→【选项】命令。

(2) 系统弹出【文档属性-单位】对话框，选择该对话框中的【文档属性】选项卡，然后在左侧列表框中选择【单位】选项，如图 2-80 所示。

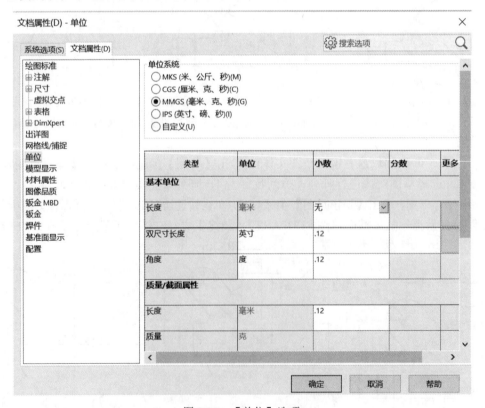

图 2-80　【单位】选项

(3) 将对话框中的【基本单位】选项组中【长度】选项的【小数】设置为"无"，然后单击【确定】按钮，图 2-81 为设置单位前后的图形比较。

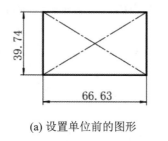

(a) 设置单位前的图形

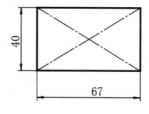

(b) 设置单位后的图形

图 2-81　设置单位前后图形的比较

2.5.2　线性尺寸的标注

线性尺寸用于标注直线段的长度或者两个几何元素间的距离。

1. 标注直线长度尺寸的操作步骤

(1) 单击【草图】控制面板中的【智能尺寸】图标 ✐ 。

(2) 将光标放到要标注的直线上，要标注的直线以红色高亮度显示。

(3) 单击，则标注尺寸线出现并随着光标移动，如图 2-82(a)所示。

(4) 将尺寸线移动到合适的位置后单击，则尺寸线被固定下来。

(5) 系统弹出【修改】对话框，在其中输入要标注的尺寸值，如图 2-82(b)所示。

(6) 在【修改】对话框中输入直线的长度，单击【确定】图标 ✔ ，完成标注。

(7) 此时，左侧出现【尺寸】属性管理器，如图 2-83 所示，可在【主要值】选项组中输入尺寸大小。

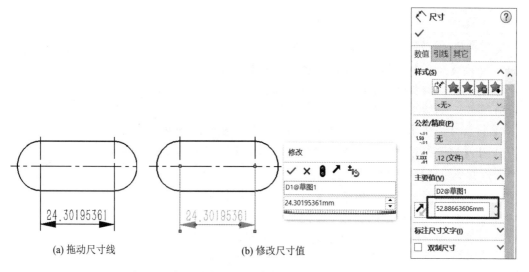

(a) 拖动尺寸线　　　　　　(b) 修改尺寸值

图 2-82　标注线性尺寸的过程

图 2-83　【尺寸】属性管理器

2. 标注两个几何元素间距离的操作步骤

(1) 单击【草图】控制面板中的【智能尺寸】图标 ✐ 。

(2) 单击拾取第一个几何元素，显示蓝色高亮。

(3) 标注尺寸线出现，继续单击拾取第二个几何元素，显示蓝色高亮。

(4) 这时标注尺寸线显示为两个几何元素之间的距离，移动光标到适当的位置，如图 2-84(a)所示。

(5) 单击标注尺寸线，将尺寸线固定下来，弹出【修改】对话框，如图 2-84(b)所示。

(6) 在【修改】对话框中输入两个几何元素间的距离，单击【确定】图标 ✔，完成标注，如图 2-84(c)所示。

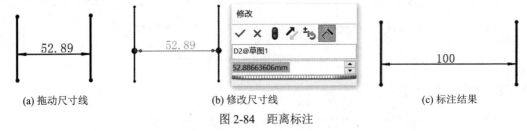

(a) 拖动尺寸线   (b) 修改尺寸线   (c) 标注结果

图 2-84　距离标注

2.5.3　直径和半径尺寸的标注

默认情况下，SolidWorks 2022 对圆标注直径尺寸、对圆弧标注半径尺寸，如图 2-85 所示。

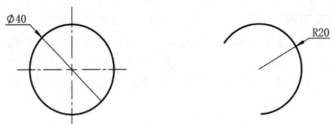

图 2-85　直径和半径尺寸标注

1. 对圆进行直径尺寸标注的操作步骤

(1) 单击【草图】控制面板中的【智能尺寸】图标 ✐。

(2) 将光标放到要标注的圆上，此时要标注的圆以红色高亮显示。

(3) 单击，则标注尺寸线出现，并随着光标移动。

(4) 将尺寸线移动到适当的位置后，单击将尺寸线固定下来。

(5) 在【修改】对话框中输入圆的直径，单击【确定】图标 ✔，完成标注。

2. 对圆弧进行半径尺寸标注的操作步骤

(1) 单击【草图】控制面板中的【智能尺寸】图标 ✐。

(2) 将光标放到要标注的圆弧上，此时要标注的圆弧以红色高亮显示。

(3) 单击需要标注的圆弧，则标注尺寸线出现，并随着光标移动。

(4) 将尺寸线移动到适当的位置后，单击将尺寸线固定下来。

(5) 在【修改】对话框中输入圆弧的半径，单击【确定】图标 ✔，完成标注。

2.5.4　角度尺寸的标注

角度尺寸标注用于标注两条直线的夹角或圆弧的圆心角。

1. 标注两条直线夹角的操作步骤

(1) 绘制两条相交的直线。

(2) 单击【草图】控制面板中的【智能尺寸】图标 ◄。

(3) 单击拾取第一条直线。

(4) 标注尺寸线出现，继续单击拾取第二条直线。

(5) 这时标注尺寸线显示为两条直线之间的角度，随着光标的移动，系统会显示 4 种不同类型的夹角角度，如图 2-86 所示。

图 2-86　角度尺寸的标注

(6) 单击，将尺寸线固定下来。

(7) 在【修改】对话框中输入夹角的角度值，单击【确定】图标 ✓，完成标注。

2. 标注圆弧圆心角的操作步骤

(1) 单击【草图】控制面板中的【智能尺寸】图标 ◄。

(2) 单击拾取圆弧的一个端点。

(3) 单击拾取圆弧的另一个端点，此时光标尺寸线显示这两个端点间的距离。

(4) 继续单击拾取圆心点，此时标注尺寸线显示圆弧两个端点间的圆心角。

(5) 将尺寸线移动适当的位置后，单击将尺寸线固定下来，标注圆弧的圆心角如图 2-87 所示。

(6) 在【修改】对话框中输入圆弧的角度值，单击【确定】图标 ✓，完成标注。

(7) 如果在步骤(4)中拾取的不是圆心点而是圆弧，则将标注两个端点间圆弧的长度。

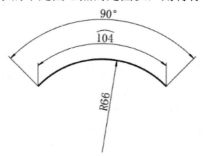

图 2-87　圆弧圆心角的标注

2.6　几 何 关 系

几何关系为草图实体之间或者草图实体与基准面、基准轴、边线或顶点之间的几何关系。表 2-1 说明了可为几何关系选择的实体及所产生的几何关系的特点。

表 2-1 几何关系约束说明

几何关系	要执行的实体	所产生的几何关系
水平或竖直	一条或多条直线，两个或多个点	直线会变成水平或竖直，而点会水平或竖直对齐
共线	两条或多条直线	实体位于同一条无限长的直线上
全等	两个或多个圆弧	实体会用相同的圆心或者半径
垂直	两条直线	两条直线相互垂直
平行	两条或多条直线	实体相互平行
相切	圆弧、椭圆和样条曲线，直线和圆弧，直线和曲面或三维草图中的曲面	两个实体保持相切
同心	两个或多个圆弧，一个点和一个圆弧	圆弧共用同一圆心
中点	一个点和一条直线	点位于线段的中点
交叉	两条直线和一个点	点位于直线的交叉点
重合	一个点和一条直线、圆弧或椭圆	点位于直线、圆弧、椭圆上
相等	两条或多条直线，两个或多个圆弧	直线长度或圆弧半径保持相等
对称	一条中心线和两个点、直线、圆弧或椭圆	实体保持与中心线相等距离，并位于一条与中心线垂直的直线上
固定	任何实体	实体的大小和位置被固定
穿透	一个草图点和一个基准点、边线、直线或样条曲线	草图点与基准轴、边线或曲线在草图基准面上穿透的位置重合
合并点	两个草图点或端点	两个点合并成一个点

2.6.1 添加几何关系

利用【添加几何关系】工具可以在草图实体之间或者草图实体与基准面、基准轴、边线或顶点之间生成几何关系。其操作步骤如下：

(1) 选择菜单栏中的【工具】→【几何关系】→【添加】命令，或者单击【草图】控制面板中的【添加几何关系】图标 ⊥，如图 2-88 所示，系统会弹出【添加几何关系】属性管理器，如图 2-89 所示。

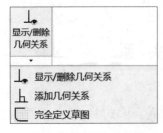

图 2-88 几何关系选择

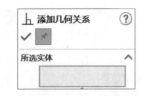

图 2-89 【添加几何关系】属性管理器

(2) 在弹出的【添加几何关系】属性管理器中对草图实体添加几何约束，设置几何关系。

2.6.2　自动添加几何关系

将自动添加几何关系作为系统默认设置的操作步骤如下：

(1) 选中菜单栏中的【工具】→【选项】命令，打开【系统选项-几何关系/捕捉】对话框。

(2) 在【系统选项】选项卡的左侧列表框中选择【几何关系/捕捉】选项，然后在右侧的区域中选中【自动几何关系】复选框，如图 2-90 所示。

(3) 单击【确定】按钮，关闭对话框。

图 2-90　自动添加几何关系

2.6.3　显示/删除几何关系

如果要显示/删除几个关系，其操作步骤如下：

(1) 单击【草图】控制面板中的【显示/删除几何关系】图标 ⊥，或者选择菜单栏中的【工具】→【几何关系】→【显示/删除几何关系】命令。

(2) 在弹出的【显示/删除几何关系】属性管理器的列表中执行显示几何关系，如图 2-91(a)所示。

(3) 在【几何关系】选项组中执行要显示的几何关系。在显示每个几何关系时，高亮显示相关的草图实体，同时还会显示其状态。在【实体】选项组中也会显示草图实体的名称、状态，如图 2-91(b)所示。

(a) 显示的几何关系   (b) 存在几何关系的实体状态

图 2-91   【显示/删除几何关系】属性管理器

(4) 选中【压缩】复选框，压缩或者解除压缩当前的几何关系。

(5) 单击【删除】按钮，删除当前的几何关系；单击【删除所有】按钮，删除当前执行的所有几何关系。

2.7 检查草图

在 SolidWorks 2022 中进行草图检查是一个重要的步骤，它有助于发现和修正草图中的错误，确保后续设计和操作的顺利进行。以下是 SolidWorks 2022 草图检查的一般步骤：

1. 打开草图并准备检查

(1) 打开 SolidWorks 2022 软件：启动 SolidWorks 2022 软件，并打开包含需要检查的草图的文件。

(2) 进入草图编辑模式：如果草图尚未处于编辑状态，在草图区域单击鼠标右键，选择【编辑草图】命令或单击相应的工具栏图标进入草图编辑模式。

2. 使用检查草图工具

(1) 访问检查草图工具：选择菜单栏中的【工具】→【草图工具】→【检查草图合理性】命令，启动草图检查工具。

(2) 选择检查类型：在检查草图合理性的对话框中，可能需要选择特定的检查类型，如

【剪切拉伸】、【凸台拉伸】等，这取决于用户希望检查草图与哪个特定特征之间的兼容性。如果是检查草图合法性，则通常不需要选择特定类型，而是直接进行全局检查。

(3) 执行检查：单击【检查】按钮执行草图检查。SolidWorks 2022 将分析草图，并显示所有发现的问题。

3. 查看并解决问题

(1) 查看问题报告：如果草图检查发现了问题，SolidWorks 2022 将显示一个对话框或高亮显示问题区域。仔细阅读问题报告，并了解具体的错误类型和位置。

(2) 放大并定位问题：使用 SolidWorks 2022 的缩放和平移工具，放大问题区域以便更清楚地查看。如果问题区域被高亮显示，确保理解高亮显示的含义。

(3) 修正问题：根据问题报告和错误类型，使用适当的工具和方法来修正草图。例如，如果问题是由于多余的线段或未闭合的轮廓引起的，可以使用【剪裁】工具删除多余的线段，或使用【修复草图】工具尝试自动修复问题。

(4) 重新检查：在修正问题后，重新执行草图检查以确保所有问题都已解决。

4. 完成草图检查

(1) 关闭检查工具：如果草图检查未再发现问题，关闭检查草图工具。

(2) 退出草图编辑模式：完成检查后，退出草图编辑模式，并保存工作。

(3) 继续后续操作：完成以上步骤便可以继续使用修正后的草图进行后续的设计和操作了。

2.8 综合实例——连接片截面草图

在本实例中，将利用草图绘制工具绘制如图 2-92 所示的连接片截面草图。

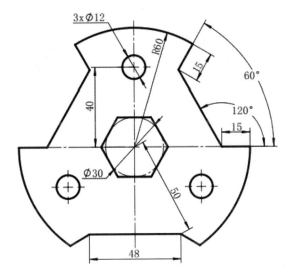

图 2-92 连接片截面草图

由于图形关于竖直坐标轴对称，所以先绘制除圆和多边形以外的关于轴对称部分的实体图形，利用镜向方式进行复制，用【圆】和【多边形】命令绘制圆和多边形，再将均匀分布的小圆进行环形阵列，尺寸的约束在绘制过程中完成，绘制流程如图 2-93 所示。

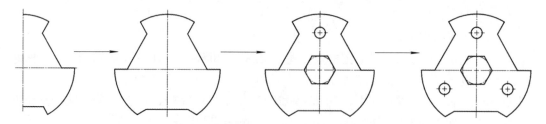

图 2-93   连接片截面草图的绘制流程

具体操作步骤如下：

(1) 新建文件。启动 SolidWorks 2022，选择菜单栏中的【文件】→【新建】命令，或者单击快速访问工具栏中的【新建】图标 ，在弹出的【新建 SOLIDWORKS 文件】对话框中单击【零件】图标 ，然后单击【确定】图标 ，创建一个新的零件文件。

(2) 设计基准面。在特征管理器中选择前视基准面，此时前视基准面变为蓝色。

(3) 绘制中心线。选择菜单栏中的【插入】→【草图绘制】命令，或者单击【草图】控制面板中的【草图绘制】图标 ，进入草图绘制界面。选择菜单栏中的【工具】→【草图绘制实体】→【中心线】命令，或者单击【草图】控制面板中的【中心线】图标 ，绘制水平和竖直中心线。

(4) 绘制草图 1。单击【草图】控制面板中的【直线】图标 和【圆】图标 ，绘制如图 2-94 所示的草图。

(5) 标注尺寸。单击【草图】控制面板中的【智能尺寸】图标 ，进行尺寸约束。单击【草图】控制面板中的【剪裁实体】按钮 ，修剪掉多余的圆弧线，尺寸标注如图 2-95 所示。

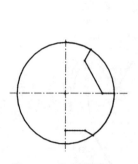

图 2-94   绘制草图 1

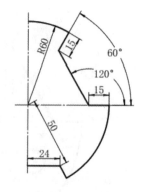

图 2-95   尺寸标注

(6) 镜向草图。单击【草图】控制面板中的【镜向实体】图标 ，选择竖直轴右侧的实体图形作为复制对象，镜向点为竖直中心线段，进行实体镜向，镜向实体图形如图 2-96 所示。

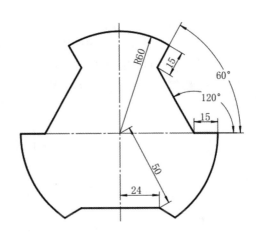

图 2-96 镜向实体图形

(7) 绘制圆草图。选择菜单栏中的【工具】→【草图绘制实体】→【圆】命令，或者单击【草图】控制面板中的【圆】图标 ⊙，绘制直径为 12 的圆，并单击【智能尺寸】图标 ◇，确定位置尺寸，如图 2-97 所示。

(8) 绘制多边形草图。选择菜单栏中的【工具】→【草图绘制实体】→【多边形】命令，或者单击【草图】控制面板中的【多边形】图标 ⊙，在弹出的【多边形】属性管理器中设置参数为 6、直径为 30 的内切圆，如图 2-97 所示。

(9) 圆周阵列草图。单击【草图】控制面板中的【圆周草图阵列】按钮 ✥，选择直径为 12 mm 的圆，阵列数目为 3，圆周阵列草图如图 2-98 所示。

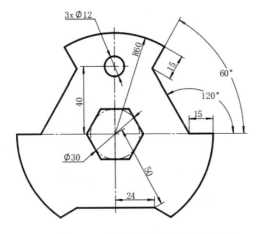

图 2-97 绘制圆草图和多边形草图

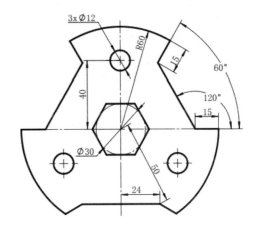

图 2-98 圆周阵列草图

(10) 保存草图。单击【退出草图】图标 ↩，单击快速访问工具栏中的【保存】图标 🖫，将文件保存为"连接片截面草图.SLDPART"。

本 章 小 结

　　本章主要讲解了草图的绘制方法，虽然 SolidWorks 2022 是三维绘图软件，但是二维的草图绘制在其中起着非常重要的作用。二维草图是三维实体的基础，三维实体可以被视为二维截面在第三度空间中的变化，因此在生成实体之前必须先绘制出实体模型的截面，再利用拉伸、旋转等命令生成三维实体模型。

习　　题

　　1. 基础练习：绘制如图 2-99 所示的截面草图。

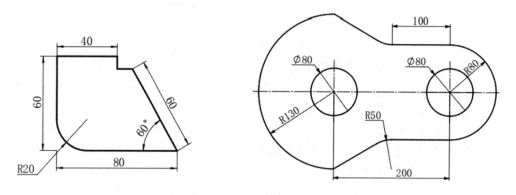

图 2-99　基础练习截面草图

　　2. 巩固练习：绘制如图 2-100 所示的截面草图。

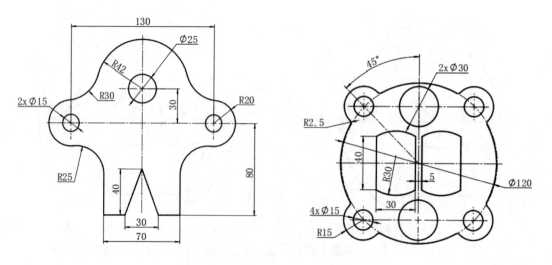

图 2-100　巩固练习截面草图

3. 强化练习：绘制如图 2-101 所示的截面草图。

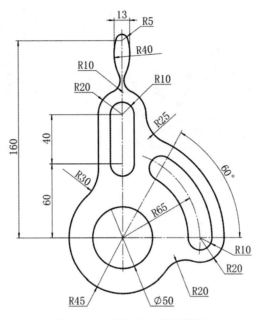

图 2-101　强化练习截面草图

第 3 章　　基于草图的特征建模

知识要点

- 选择最佳的草图轮廓；
- 选择适当的草图平面；
- 拉伸特征；
- 旋转特征；
- 扫描特征；
- 放样特征；
- 加强筋特征；
- 包覆特征。

本章导读

　　有些特征是由草图生成的，有些特征(如抽壳或圆角)是通过选择适当的工具或菜单命令，然后定义所需的尺寸或特性生成的。本书按照特征生成方法的不同，将构成零件的特征分为草绘特征和放置特征，本章主要介绍零件草绘特征。所谓零件草绘特征，是指在特征的创建过程中，设计者必须通过草绘特征截面才能生成特征。创建草绘特征是零件建模过程中的主要工作，包括拉伸特征、旋转特征、扫描特征以及放样特征等的创建。而放置特征是系统内部定义好的一些参数化特征，如孔、圆角等。放置特征将在本书第 4 章中详细介绍。

　　任何一个复杂的零件，都是由许多个简单特征经过相互之间的叠加、切割或相交组合而成的。对于 SolidWorks 2022 软件来说，其零件的建模过程，实际上就是许多个简单特征相互之间叠加、切割或相交的组合过程。

　　一般来说，不同的建模过程虽然能构造出同样的实体零件，但其造型过程及实体的图形结构却直接影响到实体模型的稳定性、可修改性及可理解性。因此，在技术要求允许的情况下，应尽量简化实体零件的特征结构。

3.1　零件建模的基本概念

从二维草图过渡到三维设计需要熟悉一些新的专业术语。用户在使用过程中，将逐渐熟悉 SolidWorks 2022 软件中的很多概念，其中很多是在设计和制造过程中常用的概念，例如切除和凸台。

1. 特征

用户在建模过程中创建的所有切除、凸台、基准面和草图都被称为特征。草图特征是指基于草图创建的特征(例如凸台和切除)，而应用特征是指基于模型的边或者表面创建的特征(例如圆角)。

2. 平面

平面是平坦而且无限延伸的，在屏幕上表示平面时，这些平面具有可见的边界。它们可用作创建凸台和切除特征的初始草图平面。

3. 拉伸

创建特征并形成实体的方法有很多，其中最典型的拉伸特征是把一个轮廓沿垂直于该轮廓平面的方向延伸一定的距离。轮廓沿着这条路径移动后，就形成一个实体模型。

4. 草图

在 SolidWorks 2022 系统中，把二维外形轮廓叫作草图。草图创建于平坦的表面和模型中的平面。尽管草图可以独立存在，但它一般用作凸台和切除的基础。

5. 凸台

凸台用于在模型上添加材料，模型中关键的第一个特征总是凸台。创建好第一个特征后，用户可以根据需要添加任意多个凸台来完成设计。作为基础，所有的凸台都是从草图开始的。

6. 切除

与凸台相反，切除用于在模型上去除材料。和凸台一样，切除也是从二维草图开始的，通过拉伸、旋转或者其他建模方法去除模型的材料。

7. 内圆角和外圆角

一般来说，内圆角和外圆角是添加到实体上而不是草图上的。根据所选边与表面连接的情况，系统将自动判断圆角过渡的类型，创建外圆角(去除尖角处的材料)或者内圆角(在夹角处增加材料)。

8. FeatureManager(设计树)

【FeatureManager 设计树】可显示出零件或装配体中的所有特征。当一个特征创建好后，就加入到【FeatureManager 设计树】中，因此，【FeatureManager 设计树】代表建模操作的时间顺序，用户可以通过【FeatureManager 设计树】编辑零件中包含的特征。设计树中的一些并列特征，可以改变上下顺序，即在设计树中【特征 1】和【特征 2】的上下位置可以调换。

3.2　零件三维实体建模的基本过程

用 SolidWords 2022 创建零件模型的方法十分灵活，主要有以下几种。

1. 【积木】式的方法

【积木】式的方法是大部分机械零件的实体三维模型创建方法。这种方法是先创建一个反映零件主要形状的基础特征，然后在这个基础特征上添加其他特征，如拉伸、旋转、倒角和圆角特征等。

2. 由曲面生成零件的实体三维模型的方法

由曲面生成零件的实体三维模型的方法是先创建零件的曲面特征，然后把曲面转换成实体模型。

3. 从装配体中生成零件的实体三维模型的方法

从装配体中生成零件的实体三维模型的方法是先创建装配体，然后在装配体中创建零件。

本章主要介绍第一种创建零件模型的方法的一般过程，其他方法将在后面的章节中陆续介绍。

3.3　零件特征的分析

用户要创建如图 3-1 所示的简单零件。这个零件包括两个主要的凸台特征、一些切除特征和圆角特征。该零件的两个主要的凸台特征，由不同平面上的两个轮廓生成。模型的第一个特征是由图 3-1 所示零件长方体底座底面的一个矩形草图创建的，这是创建零件第一个特征的最佳轮廓。拉伸该矩形为凸台特征，即可形成实体，再来创建上面的凸台，然后拉伸切除底面的槽，最后创建孔和圆角等特征，就可以完成零件的建模了。

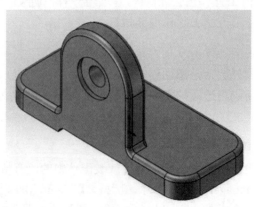

图 3-1　简单零件

3.4　拉　伸　特　征

拉伸特征由截面轮廓草图经过拉伸而成，适用于构造等截面的实体特征。图 3-2 展示了利用拉伸基体/凸台特征生成的零件。

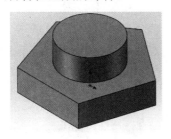

图 3-2　利用拉伸基体/凸台特征生成的零件

3.4.1　拉伸凸台/基体

拉伸特征是将一个二维平面草图按照给定的数值，沿与平面垂直的方向拉伸一段距离形成的特征。创建拉伸特征的操作步骤如下：

(1) 保持草图处于激活状态，如图 3-3 所示，单击【特征】控制面板中的【拉伸凸台/基体】图标 ，或选择菜单栏中的【插入】→【凸台/基体】→【拉伸】命令。

(2) 此时系统弹出【凸台-拉伸】属性管理器，如图 3-4 所示。

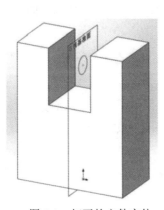

图 3-3　打开的文件实体　　　图 3-4　【凸台-拉伸】属性管理器

(3) 在【方向 1】选项组的终止条件下拉列表框中选择拉伸的终止条件，有以下几种：

- 给定深度：从草图的基准面拉伸到指定的距离平移处，以生成特征，如图 3-5(a)所示。
- 完全贯穿：从草图的基准面拉伸直到贯穿所有现有的几何体，如图 3-5(b)所示。
- 成形到下一面：从草图的基准面拉伸到下一面(隔断整个轮廓)，以生成特征，如图 3-5(c)所示，下一面必须在同一零件上。
- 成形到一面：从草图的基准面拉伸到所选的曲面，以生成特征，如图 3-5(d)所示。
- 到离指定面指定的距离：从草图的基准面拉伸到离某面或曲面的特定距离处，以生成特征，如图 3-5(e)所示。
- 两侧对称：从草图基准面向两个方向对称拉伸，如图 3-5(f)所示。
- 成形到一顶点：从草图基准面拉伸到一个平面，这个平面平行于草图基准面且穿越指定的顶点，如图 3-5(g)所示。

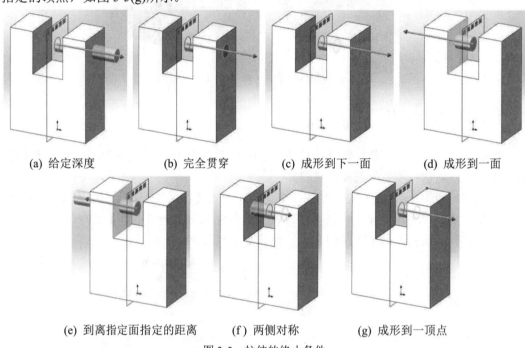

(a) 给定深度　　　(b) 完全贯穿　　　(c) 成形到下一面　　　(d) 成形到一面

(e) 到离指定面指定的距离　　　(f) 两侧对称　　　(g) 成形到一顶点

图 3-5　拉伸的终止条件

(4) 在右侧的图形区中检查预览。如果需要，单击【反向】按钮，向另一个方向拉伸。

(5) 在【深度】🔧 文本框中输入拉伸的深度。

(6) 如果要给特征添加一个拔模，单击【拔模开/关】图标 🔩，然后输入一个拔模角度。图 3-6 说明了拔模特征。

(a) 无拔模　　　(b) 向内拔模 5°　　　(c) 向外拔模 5°

图 3-6　拔模特征

(7) 如有必要，选中【方向 2】复选框，将拉伸应用到第二个方向。

(8) 保持【薄壁特征】复选框没有被选中，单击【确定】图标 ✔，完成基体/凸台的创建。

3.4.2　拉伸薄壁特征

SolidWorks 2022 可以对闭环和开环草图进行薄壁拉伸，如图 3-7 所示。有所不同的是，如果草图本身是一个开环图形，则拉伸凸台/基体工具只能将其拉伸为薄壁；如果草图是一个闭环图形，则既可以选择将其拉伸为薄壁特征，也可以选择将其拉伸为实体特征。

(a) 闭环草图　　　　　　　　　　　　　　　　　(b) 开环草图

图 3-7　闭环和开环草图的薄壁拉伸

创建拉伸薄壁特征的操作步骤具体如下：

(1) 单击快速访问工具栏中的【新建】图标 📄，进入零件绘图区域。

(2) 绘制一个圆。

(3) 保持草图处于激活状态，单击【特征】控制面板中的【拉伸凸台/基体】图标 📷，或选择菜单栏中的【插入】→【凸台/基体】→【拉伸】命令。

(4) 在弹出的【拉伸】属性管理器中选中【薄壁特征】复选框，如果草图是开环图形则只能生成薄壁特征。

(5) 在图右侧的【拉伸类型】下拉列表框中选择拉伸薄壁特征的方式，分别为以下几种：

- 单向：使用指定的壁厚向一个方向拉伸草图。
- 两侧对称：在草图的两侧各以指定壁厚的一半向两个方向拉伸草图。
- 双向：在草图的两侧各使用不同的壁厚向两个方向拉伸草图。

(6) 在【厚度】文本框 ✧ 中输入薄壁的厚度。

(7) 默认情况下，壁厚加在草图轮廓的外侧。单击【反向】图标 ↗，可以将壁厚加在草图轮廓的内侧。

(8) 对于薄壁特征基体拉伸，还可以指定以下附加选项：

- 如果生成的是一个闭环的轮廓草图，可以选中【顶端加盖】复选框，此时将为特征的顶端加上封盖，形成一个中空的零件，如图 3-8(a)所示。
- 如果生成的是一个开环的轮廓草图，可以选中【自动加圆角】复选框，此时自动在每一个具有相交夹角的边线上生成圆角，如图 3-8(b)所示。

(9) 单击【确定】图标 ✔，完成拉伸薄壁特征的创建。

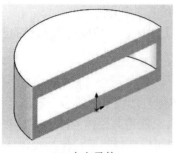

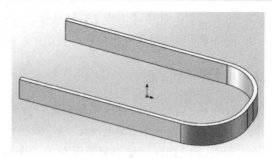

(a) 中空零件   (b) 带有圆角的薄壁

图 3-8   薄壁特征

3.4.3   切除拉伸特征

切除拉伸特征的创建方法与凸台拉伸特征基本一致，只不过凸台拉伸是增加实体，而切除拉伸则是减去实体，用户可以根据设计意图选择合适的终止形式。

3.4.4   实例——组合体

本实例绘制的组合体如图 3-9 所示。

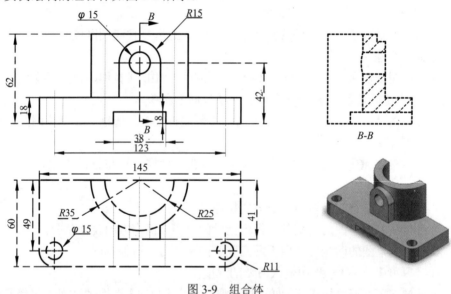

图 3-9   组合体

首先拉伸长方形底座凸台 1，然后拉伸半圆柱凸台 2，接着拉伸半圆柱切除 1，之后拉伸凸台 3，再拉伸底座矩形切除 2，最后拉伸圆形切除 3。组合体建模流程如图 3-10 所示。

(a) 拉伸凸台 1   (b) 拉伸凸台 2   (c) 拉伸切除 1

(e) 拉伸凸台 3　　　　　　(f) 拉伸切除 2　　　　　　(g) 拉伸切除 3

图 3-10　组合体建模流程图

具体操作步骤如下：

(1) 新建文件。启动 SolidWorks 2022，选择菜单栏中的【文件】→【新建】命令，或者单击快速访问工具栏中的【新建】图标 ，在弹出的【新建 SOLIDWORKS 文件】对话框中单击【零件】图标 ，然后单击【确定】按钮，创建一个新的零件文件。

(2) 绘制拉伸凸台 1 草图。在左侧的 FeatureManager 设计树中选择【上视基准面】作为绘制图形的基准面。单击【草图】控制面板中的【边角矩形】图标 ，绘制长方形；单击【草图】控制面板中的【圆形】图标 ，绘制圆形；单击【草图】控制面板上的【智能尺寸】图标 ，并约束好位置，标注尺寸后，结果如图 3-11 所示。

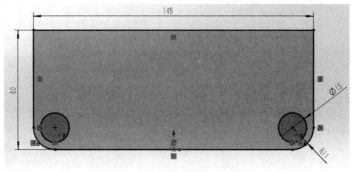

图 3-11　拉伸凸台 1 草图

(3) 拉伸实体凸台 1。选择菜单栏中的【插入】→【凸台/基体】→【拉伸】命令，或者单击【特征】控制面板中的【拉伸凸台/基体】图标 ，此时系统弹出如图 3-12 所示的【凸台-拉伸】属性管理器。设置拉伸终止条件为【给定深度】，输入拉伸距离为 "18.00 mm"，然后单击【确定】图标 ，结果如图 3-13 所示。

图 3-12　【凸台-拉伸】属性管理器　　　　　　　　图 3-13　拉伸凸台 1

（4）绘制拉伸凸台 2 草图。选择实体上表面作为绘制图形的基准面。单击【草图】控制面板中的【直线】图标 ／ 及【圆】图标 ⊙，绘制如图 3-14 所示的草图并标注尺寸。

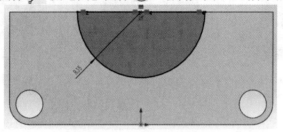

图 3-14　拉伸凸台 2 草图

（5）拉伸实体凸台 2。选择菜单栏中的【插入】→【凸台/基体】→【拉伸】命令，或者单击【特征】控制面板中的【拉伸凸台/基体】图标 ⓔ，此时系统弹出如图 3-15 所示的【凸台-拉伸】属性管理器。设置拉伸终止条件为【给定深度】，输入拉伸距离为"44.00 mm"，然后单击【确定】图标 ✓，结果如图 3-16 所示。

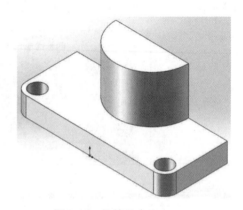

图 3-15　【凸台-拉伸】属性管理器　　　　　　图 3-16　拉伸凸台 2

（6）绘制拉伸切除 1 草图。选择半圆柱实体上表面作为绘制图形的基准面。单击【草图】控制面板中的【直线】图标 ／ 及【圆】图标 ⊙，绘制如图 3-17 所示的草图并标注尺寸。

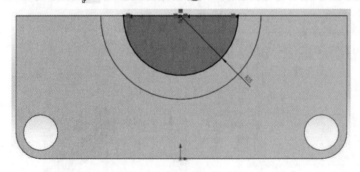

图 3-17　拉伸切除 1 草图

（7）拉伸切除 1。选择菜单栏中的【插入】→【切除】→【拉伸】命令，或者单击【特征】控制面板中的【拉伸切除】图标 ⓐ，此时系统弹出如图 3-18 所示的【切除-拉伸】属性管理器。设置拉伸终止条件为【完全贯穿】，然后单击【确定】图标 ✓，结果如图 3-19 所示。

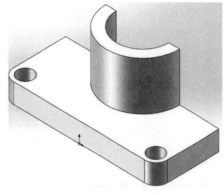

图 3-18 【切除-拉伸】属性管理器　　　　　　　　图 3-19 拉伸切除 1

(8) 绘制拉伸凸台 3 草图。选择底座实体前表面作为绘制图形的基准面。单击【草图】控制面板中的【直线】图标 ╱ 及【圆】图标 ⊙，绘制如图 3-20 所示的草图并标注尺寸。

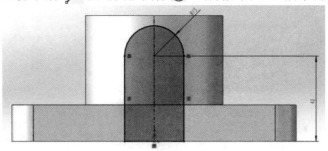

图 3-20 拉伸凸台 3 草图

(9) 拉伸实体凸台 3。选择菜单栏中的【插入】→【凸台/基体】→【拉伸】命令，或者单击【特征】控制面板中的【拉伸凸台/基体】图标 🔲，此时系统弹出如图 3-21 所示的【凸台-拉伸】属性管理器。设置拉伸开始为【等距】，并输入等距的距离为"19.00 mm"，终止条件为【成形到一面】，选择圆柱表面作为成形到的面，然后单击【确定】图标 ✓，结果如图 3-22 所示。

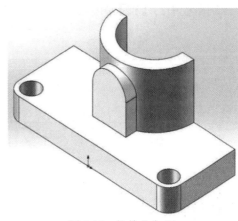

图 3-21 【凸台-拉伸】属性管理器　　　　　　　　图 3-22 拉伸凸台 3

(10) 绘制拉伸切除 2 草图。选择长方体底座实体前表面作为绘制图形的基准面。单击【草图】控制面板中的【边角矩形】图标 □，绘制如图 3-23 所示的草图并标注尺寸。

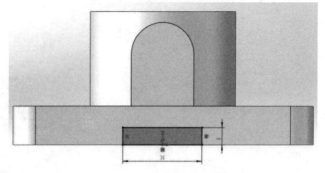

图 3-23　拉伸切除 2 草图

(11) 拉伸切除 2。选择菜单栏中的【插入】→【切除】→【拉伸】命令，或者单击【特征】控制面板中的【拉伸切除】图标 ⬚，此时系统弹出如图 3-24 所示的【切除-拉伸】属性管理器。设置拉伸终止条件为【完全贯穿】，然后单击【确定】图标 ✓，结果如图 3-25 所示。

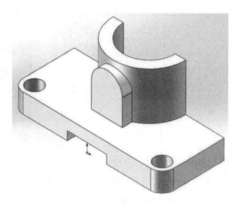

图 3-24　【切除-拉伸】属性管理器　　　　　图 3-25　拉伸切除 2

(12) 绘制拉伸切除 3 草图。选择拉伸实体 3 的前表面作为绘制图形的基准面。单击【草图】控制面板中的【圆】图标 ⊙，绘制如图 3-26 所示的草图并标注尺寸。

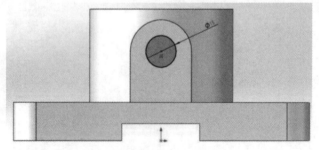

图 3-26　拉伸切除 3 草图

(13) 拉伸切除 3。选择菜单栏中的【插入】→【切除】→【拉伸】命令，或者单击【特征】控制面板中的【拉伸切除】图标 ⬚，此时系统弹出如图 3-27 所示的【切除-拉伸】属性管理器。设置拉伸终止条件为【完全贯穿】，然后单击【确定】图标 ✓，结果如图 3-28 所示。

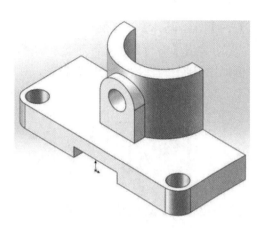

图 3-27　【切除-拉伸】属性管理器　　　　　　图 3-28　拉伸切除 3

3.5　旋　转　特　征

旋转特征是由特征截面绕中心线旋转而成的一类特征，适用于构造回转体零件。SolidWorks 2022 软件的旋转特征功能通过绕中心线旋转一个或多个轮廓来添加或移除材料，从而生成凸台、基体、切除或曲面。图 3-29 是一个由旋转特征形成的零件。

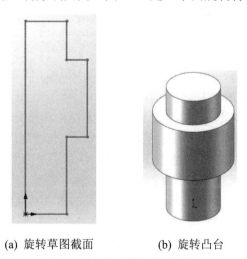

(a) 旋转草图截面　　　(b) 旋转凸台

图 3-29　由旋转特征形成的零件

3.5.1　旋转凸台/基体

实体旋转特征的草图可以包含一个或多个闭环的非相交轮廓。对于包含多个轮廓的基体旋转特征，其中一个轮廓必须包含所有其他轮廓。如果草图包含一条以上的中心线，则选择一条中心线作为旋转轴。

下面介绍创建旋转的基体/凸台特征的操作步骤。

(1) 单击【特征】控制面板中的【旋转凸台/基体】图标 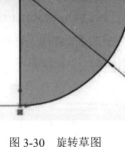，或选择菜单栏中的【插入】→【凸台/基体】→【旋转】命令。

(2) 弹出【旋转】属性管理器，选择如图 3-30 所示的闭环旋转草图及基准轴，同时在右侧的图形区中显示生成的旋转特征，如图 3-31 所示。

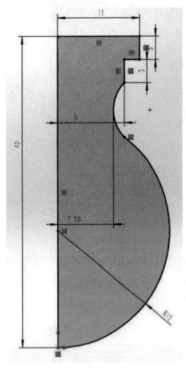

图 3-30   旋转草图   图 3-31   【旋转】属性管理器

(3) 在【角度】 文本框中输入旋转角度。

(4) 在【方向 1】图标 后的【类型】下拉列表框中选择旋转类型，分别为：

· 给定深度：设定角度，从草图的基准面以指定的角度旋转特征，如图 3-32(a)所示。

· 成形到一顶点：在图形区域选择一个顶点，从草图基准面旋转特征到一个平面，这个平面将平行于草图基准面且穿越指定的顶点。

· 成形到一面：在图形区域选择一个要延伸到的面或基准面作为面/基准面，从草图的基准面旋转特征到所选的曲面以生成特征。

· 到离指定面指定的距离：在图形区域选择一个面或基准面作为面/基准面，然后输入等距距离。选择转化曲面可以使旋转结束在参考曲面转化处，而非实际的等距。必要时，选择反向等距以便以反方向等距移动。

· 两侧对称：草图以所在平面为中面分别向两个方向旋转相同的角度，在【方向 1】选项组下，选择【两侧对称】类型，在【角度】文本框 中输入所需角度，当角度输入为 30°时，效果如图 3-32(b)所示。

(5) 双向旋转。草图以所在平面为中面分别向两个方向旋转指定的角度，分别在【方向1】和【方向2】选项组中的【角度】 文本框中设置对应角度，这两个角度可以分别指定，当角度均为 120° 时，效果如图 3-32(c)所示。

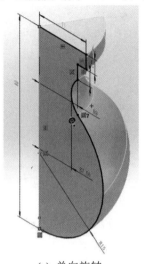 

(a) 单向旋转　　　　　　　　(b) 两侧对称　　　　　　　　(c) 双向旋转

图 3-32　旋转特征

(6) 单击【确定】图标 ✔，完成旋转凸台/基体特征的创建。

旋转特征应用比较广泛，是比较常用的特征建模工具。主要应用在以下零件的建模中：

- 球形零件，如图 3-33 所示。
- 轴类零件，如图 3-34 所示。
- 形状规则的盘套类零件，如图 3-35 所示。

 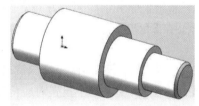 

图 3-33　球形零件　　　　　图 3-34　轴类零件　　　　　图 3-35　形状规则的盘套类零件

3.5.2　旋转薄壁凸台/基体

薄壁或曲面旋转特征的草图只能包含一个开环或闭环的非相交轮廓。轮廓不能与中心线交叉。如果草图包含一条以上的中心线，则选择一条中心线作为旋转轴。

创建旋转的薄壁基体/凸台特征的操作步骤如下：

(1) 单击【特征】控制面板中的【旋转凸台/基体】图标 ，或选择菜单栏中的【插入】→【凸台/基体】→【旋转】命令。

(2) 弹出【旋转】属性管理器，选择图 3-36 所示的旋转草图及基准轴。由于草图是开环，属性管理器自动选中【薄壁特征】复选框，设置薄壁厚度为 "2.00 mm"，同时在右侧的图形区中显示生成的旋转特征，如图 3-37 所示。

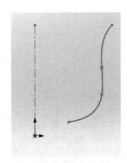

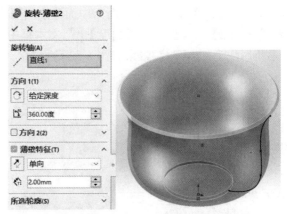

图 3-36　旋转草图　　　　　　　图 3-37　【旋转-薄壁 2】属性管理器

(3) 在【角度】📏文本框中输入旋转角度。

(4) 在【方向 1】图标◌的【类型】下拉列表框中选择旋转类型。

- 给定深度：设定角度，从草图的基准面以指定的角度旋转特征。如图 3-38(a)所示，角度为 100°。

- 成形到一顶点：在图形区域选择一个顶点，从草图基准面旋转特征到一个平面，这个平面将平行于草图基准面且穿越指定的顶点。

- 成形到一面：在图形区域选择一个要延伸到的面或基准面作为面/基准面，从草图的基准面旋转特征到所选的曲面以生成特征。

- 到离指定面指定的距离：在图形区域选择一个面或基准面作为面/基准面，然后输入等距距离。选择转化曲面可以使旋转结束在参考曲面转化处，而非实际的等距。必要时选择反向等距以便以反方向等距移动。

- 两侧对称：草图以所在平面为中面分别向两个方向旋转相同的角度，在【方向 1】选项组下，选择【两侧对称】类型，在【角度】文本框📏中输入所需角度，当角度均为 120°时，效果如图 3-38(b)所示。

(5) 双向旋转。草图以所在平面为中面分别向两个方向旋转指定的角度，分别在【方向 1】和【方向 2】选项组中的【角度】📏文本框中设置对应角度，这两个角度可以分别指定，当角度均为 120°时，效果如图 3-38(c)所示。

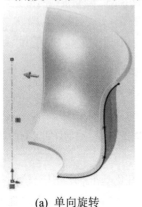

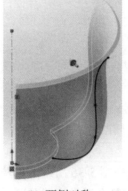

(a) 单向旋转　　　　　　(b) 两侧对称　　　　　　(c) 双向旋转

图 3-38　旋转薄壁特征

（6）如果草图是闭环草图，准备生成薄壁旋转，则选中【薄壁特征】复选框，然后在【薄壁特征】选项组的下拉列表框中选择拉伸薄壁类型。这里的类型与在旋转类型中的含义完全不同，这里的方向是指薄壁截面上的方向。拉伸薄壁类型有：

- 单向：使用指定的壁厚向一个方向拉伸草图，默认情况下，壁厚加在草图轮廓的外侧。
- 两侧对称：在草图的两侧各以指定壁厚的一半向两个方向拉伸草图。
- 双向：在草图的两侧各使用不同的壁厚向两个方向拉伸草图。

（7）在【厚度】文本框中指定薄壁的厚度。单击【反向】图标，可以将壁厚加在草图轮廓的内侧。

（8）单击【确定】图标，完成薄壁旋转凸台/基体特征的创建。

3.5.3　实例——凸缘联轴器

本例绘制凸缘联轴器，如图 3-39 所示。

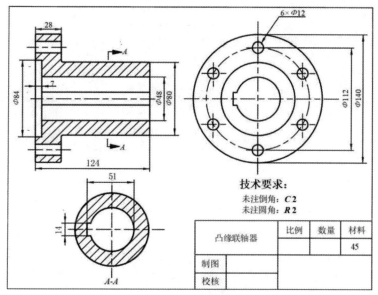

图 3-39　凸缘联轴器

绘制草图时通过旋转创建凸缘联轴器主体，再通过拉伸切除及倒角完成零件绘制。绘制凸缘联轴器的流程如图 3-40 所示。

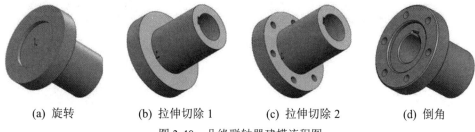

| (a) 旋转 | (b) 拉伸切除 1 | (c) 拉伸切除 2 | (d) 倒角 |

图 3-40　凸缘联轴器建模流程图

具体操作步骤如下：

（1）新建文件。启动 SolidWorks 2022，选择菜单栏中的【文件】→【新建】命令，或单击快速访问工具栏中的【新建】图标 ，在打开的【新建 SOLIDWORKS 文件】对话框中单击【零件】图标 ，然后单击【确定】按钮，创建一个新的零件文件。

（2）新建草图。在左侧的 FeatureManager 设计树中选择【上视基准面】作为绘图基准面。单击【草图绘制】图标 ，新建一张草图。

（3）绘制草图。单击【草图】控制面板中的【直线】图标 ，绘制草图。

（4）标注尺寸。单击【草图】控制面板中的【智能尺寸】图标 ，为草图标注尺寸，如图 3-41 所示。

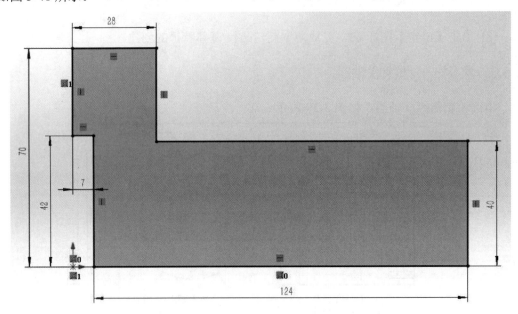

图 3-41　旋转截面草图

（5）旋转实体。选择菜单栏中的【插入】→【凸台/基体】→【旋转】命令，或者单击【特征】控制面板中的【旋转凸台/基体】图标 ，弹出如图 3-42 所示的【旋转】属性管理器。设定旋转的终止条件为【给定深度】，输入旋转角度为"360.00 度"，保持其他选项的系统默认值不变。单击【旋转】属性管理器中的【确定】图标 ，结果如图 3-43 所示。

图 3-42　【旋转】属性管理器

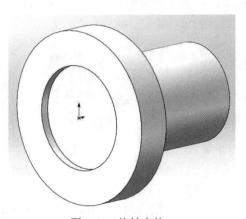

图 3-43　旋转实体

（6）绘制拉伸切除 1 草图。选择圆柱体实体底面作为绘制图形的基准面。单击【草图】控制面板中的【直线】图标 ／ 和【圆】图标 ⊙，绘制如图 3-44 所示的草图，约束好并标注尺寸。

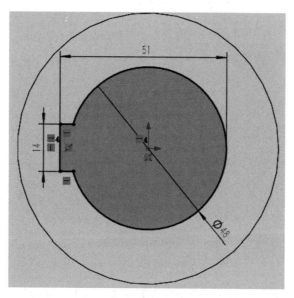

图 3-44   拉伸切除 1 草图

（7）拉伸切除 1。选择菜单栏中的【插入】→【切除】→【拉伸】命令，或者单击【特征】控制面板中的【拉伸切除】图标 ⬚，此时系统弹出如图 3-45 所示的【切除-拉伸】属性管理器。设置拉伸终止条件为【完全贯穿】，然后单击【确定】图标 ✔，结果如图 3-46 所示。

图 3-45   【切除-拉伸】属性管理器   图 3-46   拉伸切除 1

（8）绘制拉伸切除 2 草图。选择圆柱体实体上表面作为绘制图形的基准面。单击【草图】控制面板中的【圆】图标 ⊙，绘制如图 3-47 所示的草图，约束好并标注尺寸。

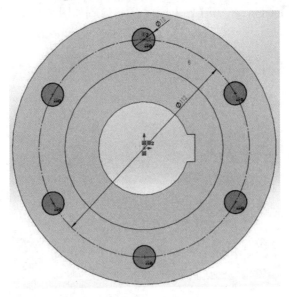

图 3-47   拉伸切除 2 草图

(9) 拉伸切除 2。选择菜单栏中的【插入】→【切除】→【拉伸】命令，或者单击【特征】控制面板中的【拉伸切除】图标 📖，此时系统弹出如图 3-48 所示的【切除-拉伸】属性管理器。设置拉伸终止条件为【完全贯穿】，然后单击【确定】图标 ✔，结果如图 3-49 所示。

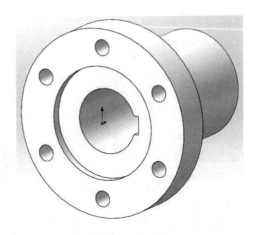

图 3-48   【切除-拉伸】属性管理器   图 3-49   拉伸切除 2

(10) 创建倒角。选择菜单栏中的【插入】→【特征】→【倒角】命令，或者单击【特征】控制面板中的【倒角】图标 🔷，此时系统弹出如图 3-50 所示的【倒角】属性管理器。设置类型为【角度距离】，设置【倒角参数】中的距离为"2.00 mm"，角度为"45.00 度"，然后单击【确定】图标 ✔，结果如图 3-51 所示。

图 3-50　【倒角】属性管理器

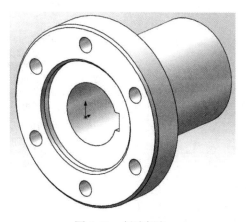

图 3-51　创建倒角

3.6　扫　描　特　征

扫描特征是指由二维草图平面沿一个平面或空间轨迹线扫描而成的一类特征。沿着一条路径移动轮廓(截面)可以生成基体、凸台、切除或曲面，如图 3-52 所示。

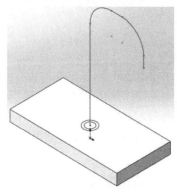

(a)　截面及轨迹线

(b)　扫描特征

图 3-52　由扫描特征形成的零件

3.6.1 凸台/基体扫描

凸台/基体扫描特征属于叠加特征。创建凸台/基体扫描特征的操作步骤如下：

(1) 在一个基准面上绘制一个闭环的非相交轮廓。使用草图、现有的模型边线或曲线生成轮廓将遵循的路径，如图 3-53 所示。

(2) 单击【特征】控制面板中的【扫描】图标 ，或选择菜单栏中的【插入】→【凸台/基体】→【扫描】命令。

(3) 系统弹出【扫描 1】属性管理器，同时在右侧的图形区中显示生成的扫描特征，如图 3-54 所示。

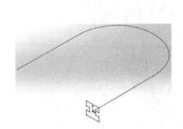

图 3-53 扫描草图   图 3-54 【扫描 1】属性管理器

(4) 单击【轮廓】图标 ，然后在图形区中选择轮廓草图。

(5) 单击【路径】图标 ，然后在图形区中选择路径草图。如果预先选择了轮廓草图或路径草图，则草图将显示在对应的属性管理器文本框中。

(6) 在【选项】选项组的【方向/扭转控制】下拉列表框中，选择选项之一。

(7) 如果要生成薄壁特征扫描，则选中【薄壁特征】复选框，从而激活薄壁选项：

- 选择薄壁类型(单向、两侧对称或双向)。
- 设置薄壁厚度。

(8) 扫描属性设置完毕，单击【确定】图标 。

3.6.2 切除扫描

切除扫描特征属于切割特征。下面结合实例介绍创建切除扫描特征的操作步骤。

(1) 在一个基准面上绘制一个闭环的非相交轮廓。

(2) 使用草图、现有的模型边线或曲线生成轮廓将遵循的路径，绘制结果如图 3-55 所示。

(3) 选择菜单栏中的【插入】→【切除】→【扫描】命令。

(4) 此时系统弹出【切除-扫描】属性管理器，同时在右侧的图形区中显示生成的切除扫描特征，如图 3-56 所示。

(5) 单击【轮廓】图标 ，然后在图形区中选择轮廓草图。

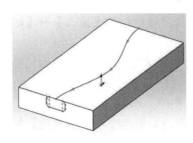

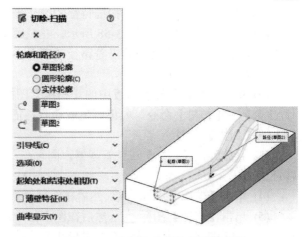

图 3-55　切除扫描草图　　　　　　　　　图 3-56　【切除-扫描】属性管理器

(6) 单击【路径】图标 ⟳ ，然后在图形区中选择路径草图。如果预先选择了轮廓草图或路径草图，则草图将显示在对应的属性管理器方框内。

(7) 在【选项】选项组的【方向/扭转类型】下拉列表框中选择扫描方式。

(8) 其余选项同凸台/基体扫描。

(9) 切除扫描属性设置完毕，单击【确定】图标 ✔ 。

3.6.3　引导线扫描

SolidWorks 2022 不仅可以生成等截面的扫描，还可以生成随着路径变化截面也发生变化的扫描——引导线扫描。图 3-57 展示了引导线扫描效果。

图 3-57　引导线扫描效果图

在利用引导线生成扫描特征之前，应该注意以下几点：

- 应该先生成扫描路径和引导线，然后生成截面轮廓。
- 引导线必须要和轮廓相交于一点，作为扫描曲面的顶点。
- 最好在截面草图上添加引导线上的点和截面相交处之间的穿透关系。

下面介绍利用引导线生成扫描特征的操作步骤。

(1) 打开实体文件，如图 3-58 所示。在轮廓草图中引导线与轮廓相交处添加穿透几何关系，穿透几何关系将使截面沿着路径改变大小、形状或者两者均改变。截面受曲线的约束，但曲线不受截面的约束。

(2) 单击【特征】控制面板中的【扫描】图标 ，或选择菜单栏中的【插入】→【基体/凸台】→【扫描】命令。如果要生成切除扫描特征，则选择菜单栏中的【插入】→【切除】→【扫描】命令。

(3) 系统弹出【扫描】属性管理器，同时在右侧的图形区中显示生成的基体或凸台扫描特征。

(4) 单击【轮廓】图标 ，然后在图形区中选择轮廓草图。

(5) 单击【路径】图标 ，然后在图形区中选择路径草图。如果选中【显示预览】复选框，此时在图形区中将显示不随引导线变化截面的扫描特征。

(6) 在【引导线】选项组中单击【引导线】按钮 ，然后在图形区中选择引导线。此时在图形区中将显示随引导线变化截面的扫描特征，如图 3-59 所示。

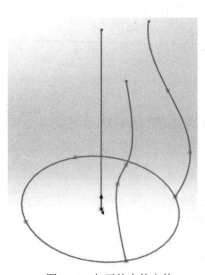

图 3-58　打开的实体文件

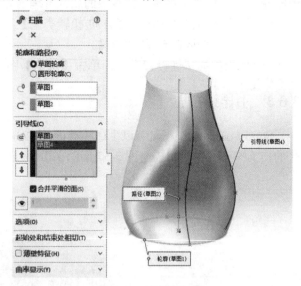

图 3-59　引导线扫描

(7) 如果存在多条引导线，可以单击【上移】图标 或【下移】图标 ，改变使用引导线的顺序。

(8) 单击【显示截面】图标 ，然后单击【微调】图标 ，根据截面数量查看并修正轮廓。

(9) 在【选项】选项组的【方向/扭转类型】下拉列表框中可以选择以下选项：

• 随路径变化：草图轮廓随路径的变化而变换方向，其法线与路径相切。

• 保持法向不变：草图轮廓保持法线方向不变。

• 随路径和第一条引导线变化：如果引导线不止一条，选择该项将使扫描随第一条引导线变化，如图 3-60(a)所示。

• 随第一条和第二条引导线变化：如果引导线不止一条，选择该项将使扫描随第一条和第二条引导线同时变化，如图 3-60(b)所示。

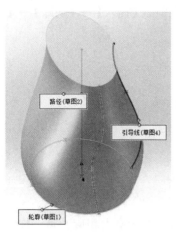

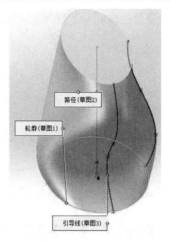

(a) 随路径和第一条引导线变化　　　　(b) 随第一条和第二条引导线变化

图 3-60　随路径和引导线扫描

(10) 如果要生成薄壁特征扫描，则选中【薄壁特征】复选框，从而激活薄壁选项：

- 选择薄壁类型(单向、两侧对称或双向)。
- 设置薄壁厚度。

(11) 在【起始处和结束处相切】选项组中可以设置起始或结束处的相切选项，分别为：

- 无：不应用相切。
- 路径相切：扫描在起始处和终止处与路径相切。
- 方向向量：扫描与所选的直线边线或轴线相切，或与所选基准面的法线相切。
- 所有面：扫描在起始处和终止处与现有几何的相邻面相切。

(12) 扫描属性设置完毕，单击【确定】图标 ✔，完成引导线扫描。

扫描路径和引导线的长度可能不同，如果引导线比扫描路径长，扫描将使用扫描路径的长度；如果引导线比扫描路径短，扫描将使用最短的引导线长度。

3.7　放样特征

放样是指连接多个剖面或轮廓形成的基体、凸台或切除，通过在轮廓之间进行过渡来生成特征。如图 3-61 所示是放样特征实例。

3.7.1　放样凸台/基体

通过使用空间上两个或两个以上的不同平面轮廓，可以生成最基本的放样特征。下面介绍创建空间轮廓的放样特征的操作步骤。

(1) 打开实体文件，如图 3-62 所示。单击【特

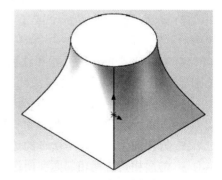

图 3-61　放样特征实例

征】控制面板中的【放样凸台/基体】图标 🔔，或选择菜单栏中的【插入】→【凸台】→【放

样】命令。如果要生成切除放样特征，则选择菜单栏中的【插入】→【切除】→【放样】命令。

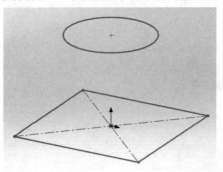

图 3-62　打开实体文件

(2) 此时系统弹出【放样】属性管理器，单击每个轮廓上相应的点，按顺序选择空间轮廓和其他轮廓的面，此时被选择轮廓显示在【轮廓】选项组中，在右侧的图形区中显示生成的放样特征，如图 3-63 所示。

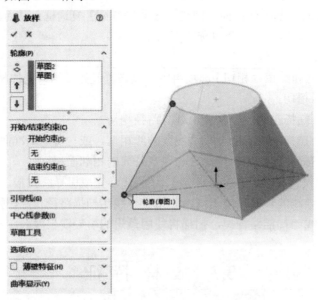

图 3-63　【放样】属性管理器

(3) 单击【上移】图标↑或【下移】图标↓，改变轮廓的顺序。此项只针对两个以上轮廓的放样特征。

(4) 如果要在放样的开始和结束处控制相切，则设置【开始/结束约束】选项组，图 3-64 分别显示【开始约束】与【结束约束】两个下拉列表中的选项。常用选项有：

- 无：不应用相切。
- 垂直于轮廓：放样在起始和终止处与轮廓的草图基准面垂直。
- 方向向量：放样与所选的边线或轴相切，或与所选基准面的法线相切。
- 与面相切：使相邻面在所选开始或结束轮廓处相切。
- 与面的曲率：在所选开始或结束轮廓处应用平滑、具有美感的曲率连续放样。图 3-65 说明了相切选项的差异。

图 3-64　【开始/结束约束】选项组

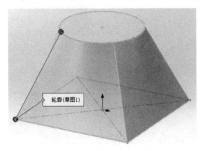

(a) 开始和结束都是【无】

(b) 开始【垂直于轮廓】和结束【无】

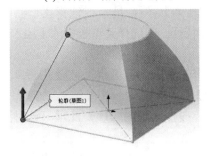

(c) 开始【无】和结束【垂直于轮廓】

(d) 开始和结束都是【垂直于轮廓】

图 3-65　相切选项的差异

(5) 如果要生成薄壁放样特征，则选中【薄壁特征】复选框，从而激活薄壁选项：
- 选择薄壁类型(单向、两侧对称或双向)。
- 设置薄壁厚度。

(6) 放样属性设置完毕，单击【确定】图标 ✔，完成放样。

3.7.2　引导线放样

与生成引导线扫描特征一样，SolidWorks 2022 也可以生成引导线放样特征。通过使用两个或多个轮廓并使用一条或多条引导线来连接轮廓，生成引导线放样特征。通过引导线可以帮助控制所生成的中间轮廓，图 3-66 展示了引导线放样效果。

在利用引导线生成放样特征时，应该注意以下几点：
- 引导线必须与轮廓相交。
- 引导线的数量不受限制。
- 引导线之间可以相交。
- 引导线可以是任何草图曲线、模型边线或曲线。
- 引导线可以比生成的放样特征长，放样将终止于最短的引导线的末端。

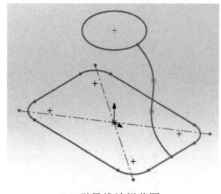

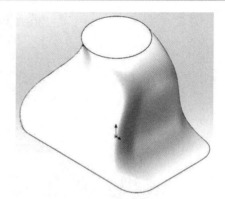

(a) 引导线放样草图　　　　　　　　(b) 引导线放样特征

图 3-66　引导线放样效果

创建引导线放样特征的操作步骤如下：

(1) 打开零件草图，如图 3-67 所示。在轮廓所在的草图中为引导线和轮廓顶点添加穿透几何关系或重合几何关系。

(2) 单击【特征】控制面板中的【放样凸台/基体】图标 🔔，或选择菜单栏中的【插入】→【凸台】→【放样】命令，如果要生成切除特征，则选择菜单栏中的【插入】→【切除】→【放样】命令。

(3) 系统弹出【放样】属性管理器，单击每个轮廓上相应的点，按顺序选择空间轮廓和其他轮廓的面，此时被选择轮廓显示在【轮廓】选项组中。

(4) 单击【上移】图标 ⬆ 或【下移】图标 ⬇，改变轮廓的顺序，此项只针对两个以上轮廓的放样特征。

(5) 在【引导线】选项组中单击【引导线框】图标 🦴，然后在图形区中选择引导线。此时在图形区中将显示随引导线变化的放样特征，如图 3-68 所示。

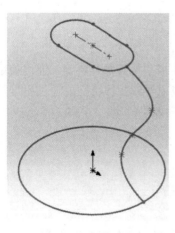

图 3-67　零件草图

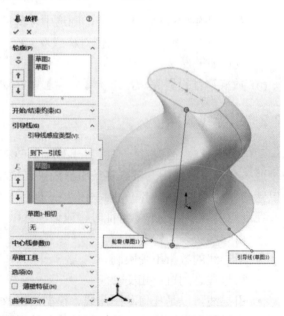

图 3-68　【放样】属性管理器

（6）如果存在多条引导线，可以单击【上移】图标⬆或【下移】图标⬇，改变使用引导线的顺序。

（7）通过【开始/结束约束】选项组可以控制草图、面或曲面边线之间的相切量和放样方向。

（8）如果要生成薄壁特征，则选中【薄壁特征】复选框，从而激活薄壁选项，设置薄壁特征。

（9）放样属性设置完毕，单击【确定】图标✔，完成放样。

3.7.3　中心线放样

SolidWorks 2022 还可以生成中心线放样特征。中心线放样是指将一条变化的引导线作为中心线进行的放样，在中心线放样特征中，所有中间截面的草图基准面都与此中心线垂直。

中心线放样特征的中心线必须与每个闭环轮廓的内部区域相交，不同于引导线放样，引导线必须与每个轮廓线相交。图 3-69 展示了中心线放样效果。

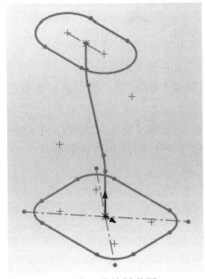
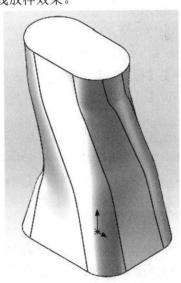

(a) 中心线放样草图　　　　　　　　　(b) 中心线放样特征

图 3-69　中心线放样效果

创建中心线放样特征的操作步骤如下：

（1）打开的实体文件，如图 3-70 所示。单击【特征】控制面板中的【放样凸台/基体】图标🔔，或选择菜单栏中的【插入】→【凸台】→【放样】命令。如果要生成切除特征，则选择菜单栏中的【插入】→【切除】→【放样】命令。

（2）系统弹出【放样1】属性管理器，单击每个轮廓上相应的点，按顺序选择空间轮廓和其他轮廓的面，此时被选择轮廓显示在【轮廓】选项组中。

（3）单击【上移】图标⬆或【下移】图标⬇，改变轮廓的顺序，此项只针对两个以上轮廓的放样特征。

（4）在【中心线参数】选项组中单击【中心线框】图标👕，然后在图形区中选择中心线，此时在图形区中将显示随着中心线变化的放样特征，如图 3-71 所示。

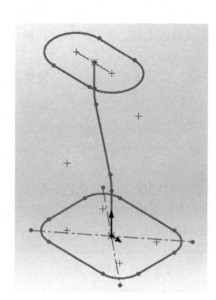

图 3-70　打开的实体文件

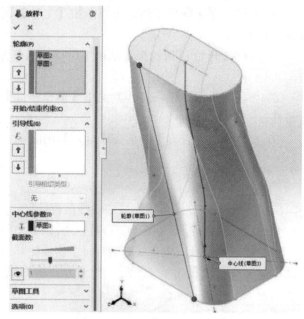

图 3-71　【放样 1】属性管理器

　　(5) 调整【截面数】滑杆可以更改在图形区显示的预览数。

　　(6) 单击【显示截面】图标 👁，然后单击【微调】图标 ⬆，根据截面数量查看并修正轮廓。

　　(7) 如果要在放样的开始和结束处控制相切，则设置【开始/结束约束】选项组。

　　(8) 如果要生成薄壁特征，则选中【薄壁特征】复选框，并设置薄壁特征。

　　(9) 放样属性设置完毕，单击【确定】图标 ✔，完成放样。

3.7.4　分割线放样

　　要生成一个与空间曲面无缝连接的放样特征，就必须要用到分割线放样。分割线放样可以将放样中的空间轮廓转换为平面轮廓，从而使放样特征进一步扩展到空间模型的曲面上。

　　下面介绍创建分割线放样的操作步骤。

　　(1) 单击【特征】控制面板中的【放样凸台/基体】图标 🛢，或选择菜单栏中的【插入】→【凸台】→【放样】命令。如果要生成切除特征，则选择菜单栏中的【插入】→【切除】→【放样】命令，弹出【放样】属性管理器。

　　(2) 单击每个轮廓上相应的点，按顺序选择空间轮廓和其他轮廓的面，此时被选择轮廓显示在【轮廓】选项组中。此时，分割线也是一个轮廓。

　　(3) 单击【上移】图标 ⬆ 或【下移】图标 ⬇，改变轮廓的顺序，此项只针对两个以上轮廓的放样特征。

　　(4) 如果要在放样的开始和结束处控制相切，则设置【开始/结束约束】选项组。

　　(5) 如果要生成薄壁特征，则选中【薄壁特征】复选框，并设置薄壁特征。

　　(6) 放样属性设置完毕，单击【确定】图标 ✔，完成放样。

　　利用分割线放样不仅可以生成普通的放样特征，还可以生成引导线或中心线放样特征。其操作步骤基本一样，这里不再赘述。

3.8　筋　特　征

筋是零件上增加强度的部分，是一种从开环或闭环草图轮廓生成的特殊拉伸实体，是在草图轮廓与现有零件之间添加指定方向和厚度的材料。

在 SolidWorks 2022 中，筋实际上是由开环的草图轮廓生成的特殊类型的拉伸特征。如图 3-72 所示展示了筋特征的几种效果。

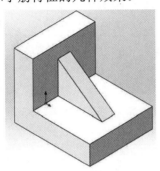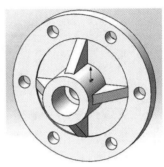

图 3-72　筋特征效果

3.8.1　创建筋特征

创建筋特征的操作步骤如下：

(1) 创建一个新的零件文件。

(2) 在左侧的 FeatureManager 设计树中选择【前视基准面】作为绘制图形的基准面。

(3) 选择菜单栏中的【工具】→【草图绘制实体】→【直线】命令，绘制图形并标注尺寸，完成的草图如图 3-73 所示。

(4) 选择菜单栏中的【插入】→【凸台/基体】→【拉伸】命令，系统弹出【拉伸】属性管理器。在【两侧对称】文本框中输入"50"，然后单击【确定】图标 ✔，创建的拉伸特征如图 3-74 所示。

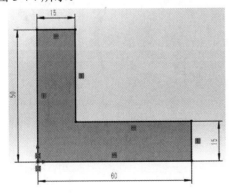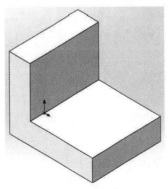

图 3-73　拉伸截面草图　　　　　　图 3-74　创建拉伸特征

(5) 在左侧的 FeatureManager 设计树中选择【前视基准面】，然后单击【前导视图】工具栏中的【正视于】图标 ，将该基准面作为绘制图形的基准面。

(6) 选择菜单栏中的【工具】→【草图绘制实体】→【直线】命令，在前视基准面上绘制如图 3-75 所示的草图。

(7) 选择菜单栏中的【插入】→【特征】→【筋】命令，或者单击【特征】控制面板中的【筋】图标 ，此时系统弹出【筋 1】属性管理器。按照图 3-76 所示进行参数设置，然后单击【确定】图标 ✔。

(8) 单击【前导视图】工具栏中的【等轴测】图标 ，将视图以等轴测方向显示，添加的筋如图 3-77 所示。

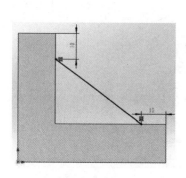

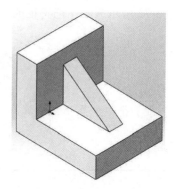

图 3-75　绘制草图　　　　图 3-76　【筋 1】属性管理器　　　图 3-77　添加的筋

3.8.2　实例——电机端盖

本例要创建的电机端盖如图 3-78 所示。

首先旋转凸台完成整体，接着旋转切除，再拉伸切除，最后绘制筋特征，重复操作绘制其余筋，完成零件建模，最终生成电机端盖模型，建模流程如图 3-79 所示。

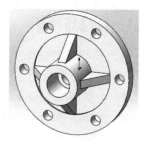

图 3-78　电机端盖图

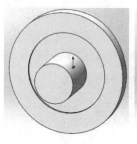　　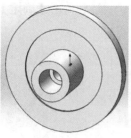　　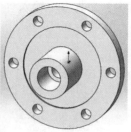　　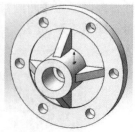

(a) 旋转凸台　　　(b) 旋转切除　　　(c) 拉伸切除　　　(d) 加强筋

图 3-79　建模流程图

具体操作步骤如下：

1. 生成旋转凸台特征

(1) 新建文件。启动 SolidWorks 2022，选择菜单栏中的【文件】→【新建】命令，或单击快速访问工具栏中的【新建】图标 ，在弹出的【新建 SOLIDWORKS 文件】对话框中单击【零件】图标 ，然后单击【确定】按钮，新建一个零件文件。

(2) 新建草图。在 FeatureManager 设计树中选择【前视基准面】作为草图绘制基准面，单击【草图】控制面板中的【草图绘制】图标 ，新建一张草图。

(3) 绘制中心线。单击【草图】控制面板中的【中心线】图标 ，过原点绘制一条水平中心线。

(4) 绘制轮廓。单击【草图】控制面板中的【直线】图标 ，绘制旋转草图轮廓。

(5) 标注尺寸。单击【草图】控制面板上的【智能尺寸】图标 ，为草图标注尺寸，如图 3-80 所示。

(6) 旋转实体。选择菜单栏中的【插入】→【凸台/基体】→【旋转】命令，或者单击【特征】控制面板中的【旋转凸台/基体】图标 ，弹出如图 3-81 所示的【旋转 1】属性管理器。设定旋转的终止条件为【给定深度】，输入旋转角度为"360.00 度"，保持其他选项的系统默认值不变。单击【旋转 1】属性管理器中的【确定】图标 ，结果如图 3-82 所示。

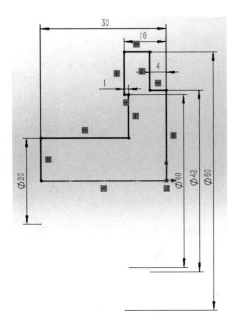

图 3-80 旋转凸台草图

图 3-81 【旋转 1】属性管理器

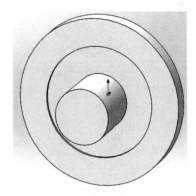

图 3-82 旋转凸台

2. 生成旋转切除特征

(1) 新建草图。在 FeatureManager 设计树中选择【前视基准面】作为草图绘制基准面，单击【草图】控制面板中的【草图绘制】图标 ，创建一张草图。

(2) 绘制中心线。单击【草图】控制面板中的【中心线】图标 ，过原点绘制一条水平中心线。

(3) 绘制轮廓。单击【草图】控制面板中的【直线】图标 ，绘制旋转草图轮廓。

(4) 标注尺寸。单击【草图】控制面板上的【智能尺寸】图标 ，为草图标注尺寸，如图 3-83 所示。

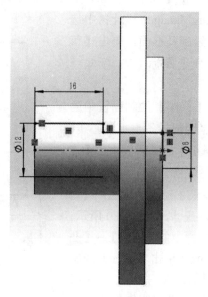

图 3-83　旋转切除草图

(5) 旋转切除。选择菜单栏中的【插入】→【切除】→【旋转】命令，或者单击【特征】控制面板中的【旋转切除】图标 ，弹出如图 3-84 所示的【切除-旋转 1】属性管理器。设定旋转的终止条件为【给定深度】，输入旋转角度为"360.00 度"，保持其他选项的系统默认值不变。单击【切除-旋转 1】属性管理器中的【确定】图标 ✔，结果如图 3-85 所示。

图 3-84　【切除-旋转 1】属性管理器

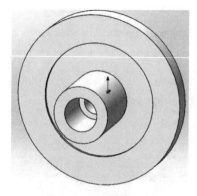

图 3-85　旋转切除

3. 生成拉伸切除特征

(1) 新建草图。选择底面大圆柱的上表面作为草图绘制基准面，单击【草图】控制面板中的【草图绘制】图标 ，创建一张草图。

(2) 绘制轮廓。单击【草图】控制面板中的【圆】图标 ⊙，绘制拉伸切除草图轮廓。

(3) 标注尺寸。单击【草图】控制面板上的【智能尺寸】图标 ，为草图标注尺寸，如图 3-86 所示。

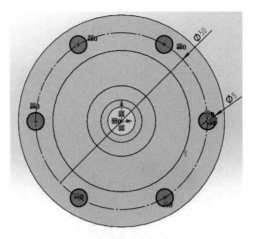

图 3-86　拉伸切除草图

(4) 拉伸切除。选择菜单栏中的【插入】→【切除】→【拉伸】命令，或者单击【特征】控制面板中的【拉伸切除】图标 ，此时系统弹出如图 3-87 所示的【切除-拉伸 1】属性管理器。设置拉伸终止条件为【完全贯穿】，然后单击【确定】图标 ✔，结果如图 3-88 所示。

图 3-87　【切除-拉伸 1】属性管理器　　　　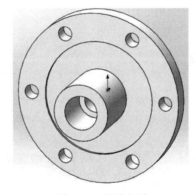　图 3-88　拉伸切除

4. 创建加强筋特征

(1) 新建草图。在 FeatureManager 设计树中选择【前视基准面】作为草图绘制基准面，单击【草图】控制面板中的【草图绘制】图标 🔲，新建一张草图。单击【前导视图】工具栏中的【正视于】图标 ⬆，正视于前视图。

(2) 绘制直线。单击【草图】控制面板中的【直线】图标 ╱，将光标移到台阶的边缘，当光标右下角变为交点形状时，表示光标正位于边缘上，按住鼠标左键拖动至零件边缘以生成从台阶边缘到零件边缘的直线。

(3) 标注尺寸。单击【草图】控制面板中的【智能尺寸】图标 ◇，为草图标注尺寸，如

图 3-89 所示。

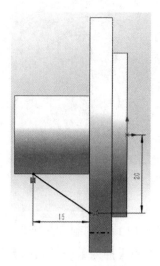

图 3-89　加强筋草图

(4) 创建筋特征。单击【特征】控制面板中的【筋】图标，或选择菜单栏中的【插入】→【特征】→【筋】命令，弹出【筋 1】属性管理器；单击【两侧】图标 ≡，设置厚度生成方式为两边均等添加材料，在【筋厚度】文本框中输入 "4.00 mm"，单击【平行于草图】图标，设定筋的拉伸方向为平行于草图，如图 3-90 所示，单击【确定】图标 ✔，生成筋特征，结果如图 3-91 所示。

(5) 重复步骤(3)、(4)的操作，创建其余 3 个筋特征。同时也可利用圆周阵列命令阵列筋特征，最终结果如图 3-92 所示。

图 3-90　【筋 1】属性
　　　　管理器

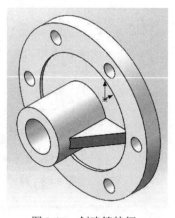

图 3-91　创建筋特征

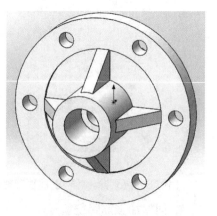

图 3-92　最终结果

3.9　包　覆　特　征

包覆特征是将草图包裹到平面或非平面，可从圆柱、圆锥或拉伸的模型生成一平面，也可选择一平面轮廓来添加多个闭合的样条曲线草图。包覆特征支持轮廓选择和草图再用，可以将包覆特征投影至多个面上。图 3-93 显示了不同参数设置下的包覆实例效果。

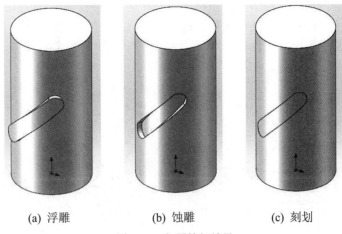

(a) 浮雕　　　　　　　(b) 蚀雕　　　　　　　(c) 刻划

图 3-93　包覆特征效果

单击【特征】控制面板中的【包覆】图标 🛢，或选择菜单栏中的【插入】→【特征】→【包覆】命令，系统打开如图 3-94 所示的【包覆 1】属性管理器。

图 3-94　【包覆 1】属性管理器

【包覆参数】选项组中的可控参数如下：

(1) 浮雕：在面上生成一个突起特征。

(2) 蚀雕：在面上生成一个缩进特征。

(3) 刻划：在面上生成一个草图轮廓的压印。

(4) 包覆草图的面：选择一个非平面的面。

(5) 【厚度】文本框：输入厚度值。

(6) 反向：选中该复选框，更改方向。

3.10　综合实例 1——连杆

连杆用以连接活塞和曲轴，并将活塞所受作用力传给曲轴，将活塞的往复运动转变为曲轴的旋转运动，下面就结合实例介绍其建模思路。

连杆体由三部分构成，与活塞销连接的部分称连杆小头，与曲轴连接的部分称连杆大头，连接小头与大头的杆部称连杆杆身。连杆机构广泛应用于各种机械、仪表和机电产品中，其中一种连杆零件图如图 3-95 所示，建好的三维模型如图 3-96 所示。

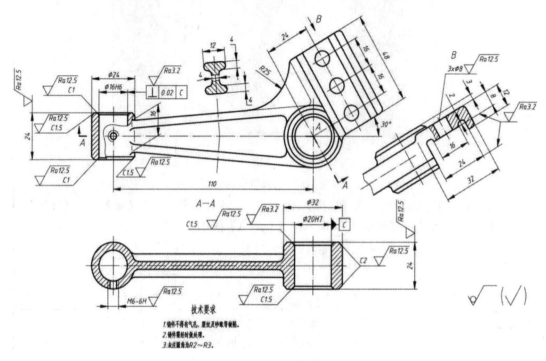

图 3-95　连杆零件图

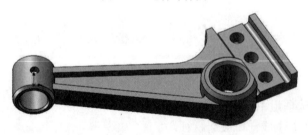

图 3-96　连杆模型图

首先使用拉伸凸台特征建立两个圆柱，然后使用拉伸凸台特征建立两段肋板，再使用拉伸凸台、拉伸切除特征生成部分杆体，接下来使用拉伸切除特征生成各圆孔，之后使用异型孔向导特征生成 M6 螺纹孔，最后使用倒角特征生成各倒角。建模流程图如图 3-97 所示。

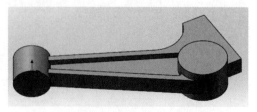

(a) 拉伸凸台特征建立两个圆柱　　　　(b) 拉伸凸台特征建立两段肋板

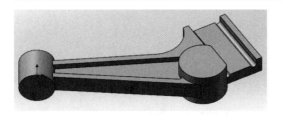

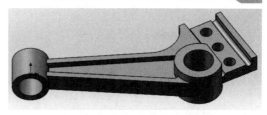

(c) 拉伸凸台、拉伸切除特征生成部分杆体　　　　　　(d) 拉伸切除特征生成各圆孔

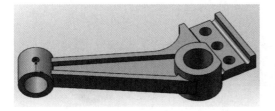

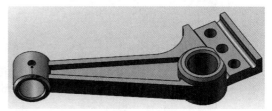

(e) 异形孔向导特征生成 M6 螺纹孔　　　　　　　　(f) 倒角特征生成各倒角

图 3-97　建模流程图

具体操作步骤如下：

1. 使用拉伸凸台特征建立两个圆柱

(1) 启动 SolidWorks 2022。单击【新建】图标 ▢，打开【新建 SOLIDWORKS 文件】对话框，在模板中选择【零件】选项，单击【确定】按钮。

(2) 单击特征管理器设计树中的【上视基准面】图标 ▥，单击【草图绘制】图标 ▤，创建草图 1，如图 3-98 所示；单击特征工具栏中的【拉伸凸台/基体】图标 ▥，在弹出的【凸台-拉伸】属性管理器中设置给定深度值 "12.00 mm"，然后勾选【方向 2】，设置给定深度值 "12.00 mm"，单击【确定】图标 ✓，完成拉伸 1。

(3) 单击特征管理器设计树中的【前视基准面】图标 ▥，单击【草图绘制】图标 ▤，创建草图 2，如图 3-99 所示；单击特征工具栏中的【拉伸凸台/基体】图标 ▥，在弹出的【凸台-拉伸】属性管理器中设置给定深度值 "12.00 mm"，然后勾选【方向 2】，设置给定深度值 "12.00 mm"，如图 3-100 所示；单击【确定】图标 ✓，完成拉伸 2。得到的结果如图 3-101 所示。

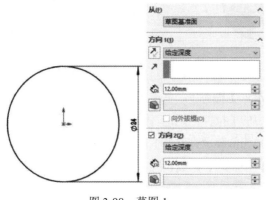

图 3-98　草图 1　　　　　　　　　　　　　　　图 3-99　草图 2

　　图 3-100　【凸台-拉伸】属性管理器　　　　图 3-101　拉伸凸台特征建立两个圆柱

2. 使用拉伸凸台特征建立两段肋板

　　(1) 单击特征管理器设计树中的【前视基准面】图标☐，单击【草图绘制】图标☐，创建草图 3，如图 3-102 所示；单击特征工具栏中的【拉伸凸台/基体】图标☐，在弹出的【凸台-拉伸】属性管理器中设置给定深度值"6.00 mm"，然后勾选【方向 2】，设置给定深度值"6.00 mm"，如图 3-103 所示；单击【确定】图标✔，完成拉伸 3。

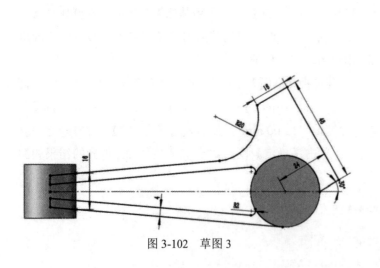

　　　　　　图 3-102　草图 3　　　　　　　　　图 3-103　【凸台-拉伸】属性
　　　　　　　　　　　　　　　　　　　　　　　　　　　　　　管理器

　　(2) 单击特征管理器设计树中的【前视基准面】图标☐，单击【草图绘制】图标☐，创建草图 4，如图 3-104 所示；单击特征工具栏中的【拉伸凸台/基体】图标☐，在弹出的【凸台-拉伸】属性管理器中设置给定深度值"2.00 mm"，然后勾选【方向 2】，设置给定深度值"2.00 mm"，如图 3-105 所示；单击【确定】图标✔，完成拉伸 4，得到的结果如图 3-106 所示。

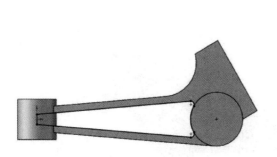

图 3-104　草图 4　　　　　　　　　　　　图 3-105　【凸台-拉伸】属性管理器

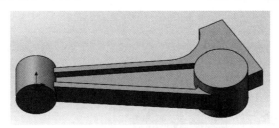

图 3-106　拉伸凸台特征建立两段肋板

3. 使用拉伸凸台、拉伸切除特征生成部分杆体

(1) 单击特征管理器设计树中的【前视基准面】图标，单击【草图绘制】图标，创建草图 5，如图 3-107 所示；单击特征工具栏中的【拉伸凸台/基体】图标，在弹出的【凸台-拉伸 5】属性管理器中设置给定深度值"3.00 mm"，然后勾选【方向 2】，设置给定深度值"9.00 mm"，如图 3-108 所示；单击【确定】图标，完成拉伸 5。

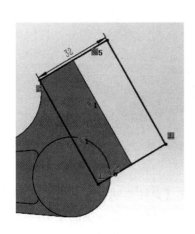

图 3-107　草图 5　　　　　　　　　　　图 3-108　【凸台-拉伸 5】属性管理器

(2) 单击拉伸 5 的上表面,如图 3-109 所示;单击【草图绘制】图标 ![icon]，创建草图 6,如图 3-110 所示;单击特征工具栏中的【拉伸切除】图标 ![icon]，在弹出的【切除-拉伸 1】属性管理器中设置【完全贯穿】,如图 3-111 所示;然后单击【确定】图标 ![icon]，完成切除 1,得到的结果如图 3-112 所示。

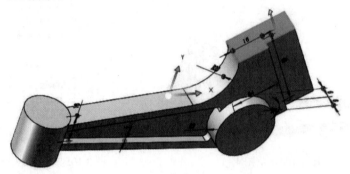

图 3-109　拉伸实体上表面

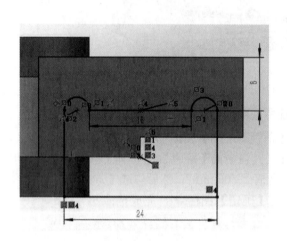

图 3-110　草图 6　　　　　　　　图 3-111　【切除-拉伸 1】属性管理器

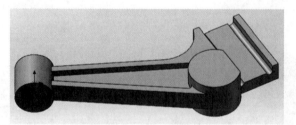

图 3-112　拉伸凸台、拉伸切除特征生成部分杆体

4. 使用拉伸切除特征生成各圆孔

(1) 单击切除 1 的表面,如图 3-113 所示;单击【草图绘制】图标 ![icon]，创建草图 7,如图 3-114 所示;单击特征工具栏中的【拉伸切除】图标 ![icon]，在弹出的【切除-拉伸 2】属性管理器中设置【完全贯穿】,如图 3-115 所示;然后单击【确定】图标 ![icon]，完成切除 2。

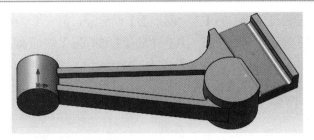

图 3-113　拉伸切除 1 表面

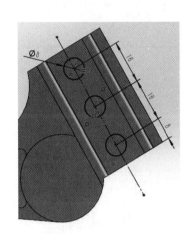

图 3-114　草图 7

图 3-115　【切除-拉伸 2】属性管理器

(2) 单击特征管理器设计树中的【前视基准面】图标，单击【草图绘制】图标，创建草图 8，如图 3-116 所示；单击特征工具栏中的【拉伸切除】图标，在弹出的【切除-拉伸 3】属性管理器中设置【完全贯穿-两者】，如图 3-117 所示；然后单击【确定】图标，完成切除 3。

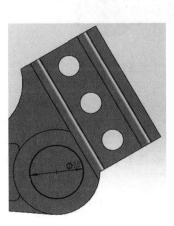

图 3-116　草图 8

图 3-117　【切除-拉伸 3】属性管理器

(3) 单击特征管理器设计树中的【上视基准面】图标 📰，单击【草图绘制】图标 📄，创建草图 9，如图 3-118 所示，单击特征工具栏中的【拉伸切除】图标 📰，在弹出的【切除-拉伸 4】属性管理器中设置【完全贯穿-两者】，如图 3-119 所示；然后单击【确定】图标 ✔，完成切除 4，得到的结果如图 3-120 所示。

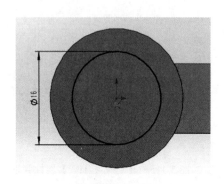

图 3-118　草图 9　　　　　　图 3-119　【切除-拉伸 4】属性管理器

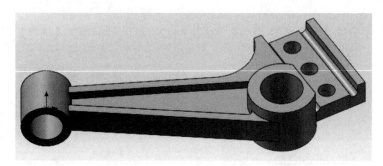

图 3-120　拉伸切除特征生成各圆孔

5. 使用异型孔向导特征生成 M6 螺纹孔

(1) 单击特征工具栏中的【异型孔向导】图标 ⚙，打开【孔规格】属性管理器，在【孔类型】选项中选择【直螺纹孔】 📰，【标准】选项中选择【GB】，【类型】选项中选择【底部螺纹孔】，【大小】选择【M6】，在【终止条件】中选择【完全贯穿】，如图 3-121 所示。

(2) 单击【位置】图标 📌位置，再单击选择特征管理器设计树中的【前视基准面】 📰，接着单击原点，如图 3-122 所示。

(3) 单击【确定】图标 ✔，完成 M6 螺纹孔的建立。

图 3-121　【孔规格】属性管理器

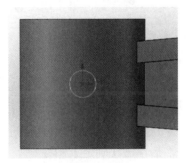

图 3-122　孔位置

6. 使用倒角特征生成各倒角

(1) 单击特征工具栏中的【圆角】图标 ⬢，选择【倒角】⬢，在弹出的【倒角 1】属性管理器中设置【倒角参数】为建于原点位置圆柱的两条内沿，设置【距离】🔩 值为"1.00 mm"，如图 3-123 所示；然后单击【确定】图标 ✓，完成倒角 1。

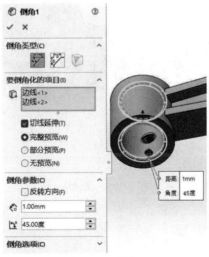

图 3-123　倒角 1

(2) 单击特征工具栏中的【圆角】图标 ⬢，选择【倒角】⬢，在弹出的【倒角 2】属性管理器中设置【倒角参数】为建于原点位置圆柱的两条内沿，设置【距离】🔩 值为"1.50 mm"，如图 3-124 所示；然后单击【确定】图标 ✓，完成倒角 2。

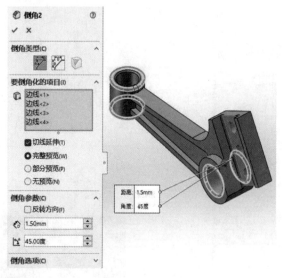

图 3-124　倒角 2

(3) 单击特征工具栏中的【圆角】图标 ，选择【倒角】 ，在弹出的【倒角 3】属性管理器中设置【倒角参数】为建于原点位置圆柱的两条内沿，设置【距离】 值为 "2.00 mm"，如图 3-125 所示；然后单击【确定】图标 ，完成倒角 3，最终的结果如图 3-126 所示。

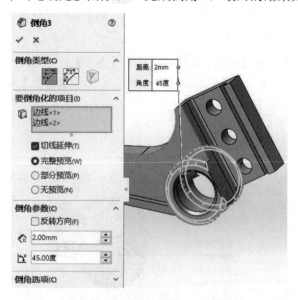

图 3-125　倒角 3

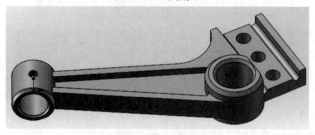

图 3-126　生成各倒角

3.11 综合实例 2——蜗轮箱体

蜗轮蜗杆减速机是一种动力传动机构，可以将电机的回转数减速到所要的回转数，并得到较大转矩。蜗轮箱体是蜗轮蜗杆减速机的主要结构之一，本节将介绍一种蜗轮箱体的建模，其零件图如图 3-127 所示，完成后的三维模型如图 3-128 所示。

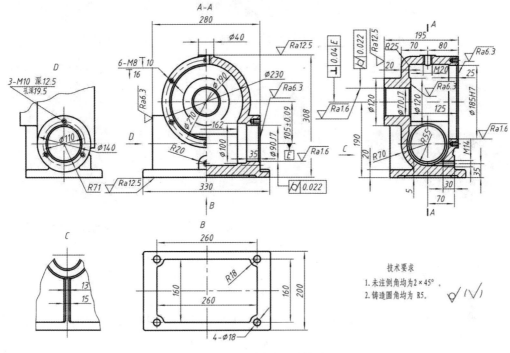

图 3-127 蜗轮箱体零件图

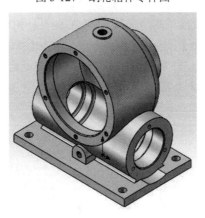

图 3-128 蜗轮箱体三维模型

创建蜗轮箱体三维模型的主要步骤是：先新建零件，以拉伸凸台增材方式创建箱体，然后用旋转切除创建内外部孔特征，最后创建筋板、圆角、倒角等特征。绘制流程图如图 3-129

所示。

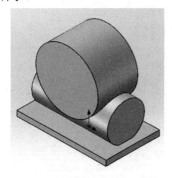

(a) 拉伸凸台特征创建主体 1

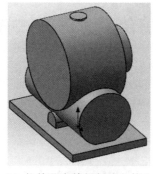

(b) 拉伸凸台特征创建主体 2

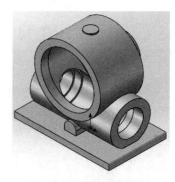

(c) 旋转切除创建内部孔

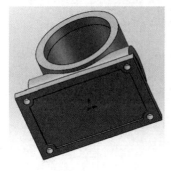

(d) 创建底部去除材料

(e) 创建螺纹孔

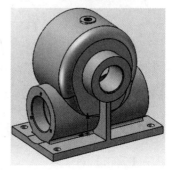

(f) 创建筋板、圆角、倒角

图 3-129　建模流程图

具体操作步骤如下：

1. 新建零件

单击【文件】下拉菜单，选择 新建(N)... 选项，在弹出的【新建 SOLIDWORKS 文件】对话框中选择【零件】图标 ，单击 确定 按钮，进入零件建模界面。

2. 以增材方式创建箱体

(1) 单击【草图】工具栏中的【草图绘制】 ，在右侧设计树中选择【上视基准面】 上视基准面 进入草图绘制。单击【中心矩形】图标 绘制矩形，单击【智能尺寸】图标 标注尺寸，所绘制的草图 1 如图 3-130 所示。在特征工具栏单击【拉伸凸台/基体】图标 ，设置拉伸高度为 20；单击【确定】图标 ，形成底座的基本形状如图 3-131 所示。

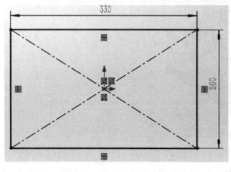

图 3-130　底座草图 1

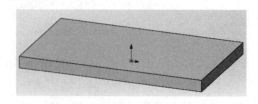

图 3-131　底座特征

(2) 选择前视基准面作为草绘平面，绘制最大的圆柱体的草图 2，如图 3-132 所示。

(3) 退出草图，在特征工具栏中单击【拉伸凸台/基体】图标 ，在弹出的【凸台-拉伸 2】属性管理器中勾选【方向 2】，在【方向 1】中设置给定深度"80.00 mm"，在【方向 2】中设置给定深度"70.00 mm"，设置如图 3-133 所示；单击【确定】图标 ，得到的模型如图 3-134 所示。

(4) 选择右视基准面作为草绘平面，绘制小圆柱的轮廓草图 3，如图 3-135 所示。

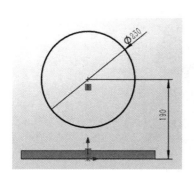

图 3-132　草图 2　　　　　　　　　　图 3-133　【凸台-拉伸 2】属性管理器

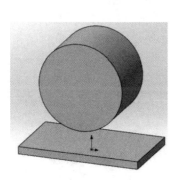

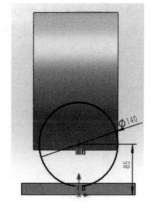

图 3-134　圆柱特征　　　　　　　　　　图 3-135　草图 3

(5) 退出草图，在特征工具栏中单击【拉伸凸台/基体】图标 ，在弹出的【凸台-拉伸 3】属性管理器中选择【两侧对称】，输入"280.00 mm"，设置如图 3-136 所示；单击【确定】图标 ，得到的模型如图 3-137 所示。

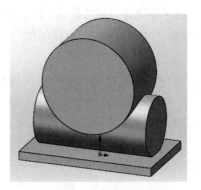

图 3-136　【凸台-拉伸 3】属性管理器　　　　　图 3-137　圆柱特征

(6) 选择前视基准面作为草绘平面，在前视基准面上绘制蜗轮箱体后方圆柱轮廓草图 4，如图 3-138 所示。

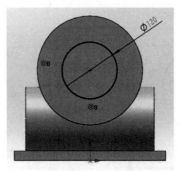

图 3-138　草图 4

(7) 退出草图，在特征工具栏中单击【拉伸凸台/基体】图标 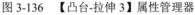，在弹出的【凸台-拉伸 4】属性管理器中单击【给定深度】前方图标 ，使拉伸方向向后，经计算输入"115.00 mm"，设置如图 3-139 所示；单击【确定】图标 ✓，创建圆柱特征如图 3-140 所示。

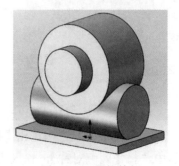

图 3-139　【凸台-拉伸 4】属性管理器　　　　　图 3-140　圆柱特征

（8）选择前视基准面作为草绘平面，绘制草图 5，如图 3-141 所示。

（9）退出草图，在特征工具栏中单击【拉伸凸台/基体】图标 🔟，在弹出的【凸台-拉伸 5】属性管理器中设置给定深度为"70.00 mm"，如图 3-142 所示；单击【确定】图标 ✔，完成的特征如图 3-143 所示。

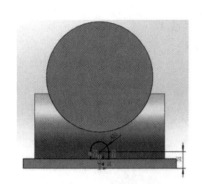

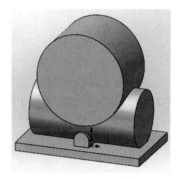

图 3-141　草图 5　　　　　图 3-142　【凸台-拉伸 5】　　　图 3-143　凸台特征
属性管理器

（10）选择上视基准面作为草绘平面，在上视基准面中绘制草图 6，如图 3-144 所示。

（11）退出草图，在特征工具栏中单击【拉伸凸台/基体】图标 🔟，在弹出的【凸台-拉伸 6】属性管理器设置给定深度为"308.00 mm"，设置如图 3-145 所示；单击【确定】图标 ✔，完成特征绘制，得到的模型如图 3-146 所示。

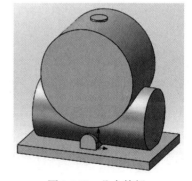

图 3-144　草图 6　　　　　图 3-145　【凸台-拉伸 6】　　　图 3-146　凸台特征
属性管理器

3. 创建内外部孔特征

（1）选择前视基准面作为草绘平面，在前视基准面绘制旋转切除所需的草图 7，如图 3-147 所示。

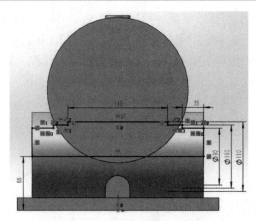

图 3-147　草图 7

(2) 退出草图，在特征工具栏中单击【旋转切除】图标 🝙，在弹出的【切除-旋转 1】属性管理器中的【旋转轴】中选择所需的旋转轴，设置如图 3-148 所示；单击【确定】图标 ✓，建立旋转切除特征，得到的图形如图 3-149 所示。

图 3-148　【切除-旋转 1】属性管理器

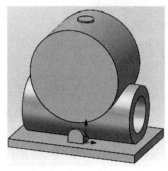

图 3-149　旋转切除特征

(3) 选择右视基准面作为草绘平面，在右视基准面上绘制旋转切除所需的草图 8，如图 3-150 所示。

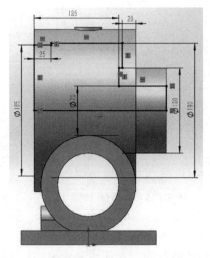

图 3-150　草图 8

(4) 退出草图，在特征工具栏中单击【旋转切除】图标 🝙，在弹出的【切除-旋转 2】

属性管理器中的【旋转轴】中选择所需的旋转轴，设置如图 3-151 所示；单击【确定】图标 ✔，建立旋转切除特征，得到的图形如图 3-152 所示。

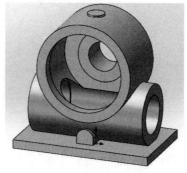

图 3-151　【切除-旋转 2】属性管理器　　　　图 3-152　旋转切除特征

(5) 选择上视基准面作为草绘平面，在上视基准面上绘制拉伸切除所需的草图 9，如图 3-153 所示。

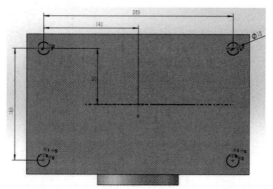

图 3-153　草图 9

(6) 退出草图，在特征工具栏中单击【拉伸切除】图标 📷，在弹出的【切除-拉伸 1】属性管理器中选择【成型到下一面】，并单击 ↗，选择合适的切除方向，设置如图 3-154 所示；单击【确定】图标 ✔，建立拉伸切除特征，得到的结果如图 3-155 所示。

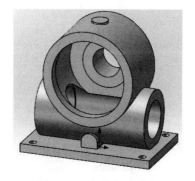

图 3-154　【切除-拉伸 1】属性管理器　　　　图 3-155　拉伸切除特征

(7) 选择上视基准面作为草绘平面，在上视基准面上绘制拉伸切除所需的草图 10，如图 3-156 所示。

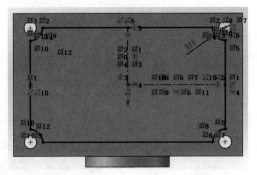

图 3-156　草图 10

(8) 退出草图,在特征工具栏中单击【拉伸切除】图标 📦,在弹出的【切除-拉伸 2】属性管理器中选择【给定深度】,设置深度 "5.00 mm",设置如图 3-157 所示;单击【确定】按钮 ✔,建立拉伸切除特征,得到的图形如图 3-158 所示。

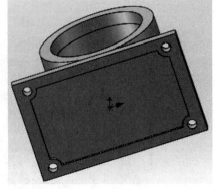

图 3-157　【切除-拉伸 2】属性管理器　　　　　图 3-158　拉伸切除特征

(9) 选择如图 3-159 的高亮端面,在特征工具栏中单击【异型孔向导】图标 🎯,在弹出的【孔规格】属性管理器中,【标准】选择【GB】,【类型】选择【螺纹孔】,【孔规格】选择【M10】,盲孔深度设置为 "19.50 mm",螺纹线深度设置为 "12.50 mm",设置如图 3-160 所示。

图 3-159　高亮端面　　　　　　　　　图 3-160　异形孔向导

(10) 单击 [位置] 标签，选择孔的位置，并且利用草图绘制与智能尺寸将孔定位，如图 3-161 所示。单击【确定】图标 ✔，完成螺纹孔的创建，得到的结果如图 3-162 所示。

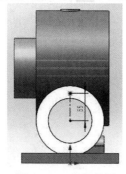 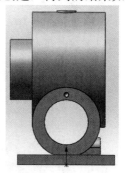

图 3-161　定位草图　　　　　　　　图 3-162　螺纹孔

(11) 单击特征工具栏【线性阵列】下方三角形，选择【圆周阵列】图标 ❖，在【阵列(圆周)1】属性管理器中，选择阵列对象为刚绘制的螺纹孔，选择与旋转阵列轴同轴线的圆柱面确定轴，输入实例数为 "3"，设置如图 3-163 所示；单击【确定】图标 ✔，建立阵列特征，得到的结果如图 3-164 所示。

 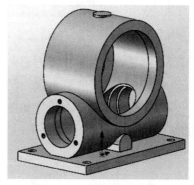

图 3-163　【阵列(圆周)1】属性管理器　　　　图 3-164　圆周阵列螺纹孔

(12) 单击特征工具栏中【镜向】图标 ⋈，在弹出的【镜向 1】属性管理器中，在【要镜向的特征】 选项中选择刚生成的 "阵列(圆周)1" 和 "M10 螺纹孔 1" 作为要镜向的特征，选择右视基准面作为镜向面/基准面，设置如图 3-165 所示；单击【确定】图标 ☑，创建镜向特征，得到的结果如图 3-166 所示。

 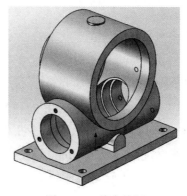

图 3-165　【镜向 1】属性管理器　　　　图 3-166　镜向特征

(13) 在特征工具栏选择【异型孔向导】图标 🔧，在弹出的【孔规格】属性管理器中，孔【类型】选择【螺纹孔】，选择【孔规格】为【M8】，输入盲孔深度为 "16.00 mm"，螺纹线深度为 "10.00 mm"，设置如图 3-167 所示；再在如图 3-168 所示端面确定孔的位置；单击【确定】图标 ✔，完成螺纹孔的创建，得到的结果如图 3-169 所示。

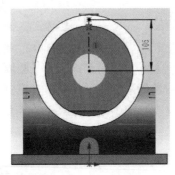

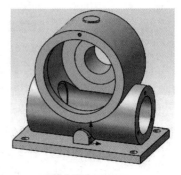

图 3-167　异形孔向导　　　　　　　图 3-168　定位草图　　　　　　　图 3-169　螺纹孔

(14) 单击特征工具【线性阵列】下方三角形，单击【圆周阵列】图标 ❖，在【阵列(圆周)2】属性管理器中，选择圆周阵列对象为刚绘制的螺纹孔，选择与旋转阵列轴同轴线的圆柱面确定轴，输入实例数为 "6"，设置如图 3-170 所示；单击【确定】图标 ✔，建立阵列特征，得到的结果如图 3-171 所示。

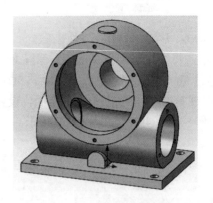

图 3-170　【阵列(圆周)2】属性管理器　　　　　图 3-171　圆周阵列螺纹孔

(15) 在特征工具栏中单击【异型孔向导】图标 🔧，在弹出的【孔规格】属性管理器中，孔【类型】选择【螺纹孔】，选择【孔规格】为【M14】，【终止条件】为【成型到下一面】，螺纹线深度为 "30.00 mm"，设置如图 3-172 所示；再在如图 3-173 所示端面确定孔的位置；单击【确定】图标 ✔，完成螺纹孔的创建，得到的结果如图 3-174 所示。

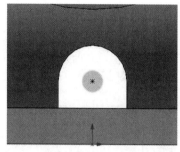

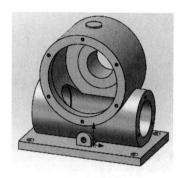

图 3-172　异形孔向导　　　　图 3-173　定位草图　　　　图 3-174　螺纹孔

(16) 在特征工具栏中单击【异型孔向导】图标 ，在弹出的【孔规格】属性管理器中，孔【类型】选择【螺纹孔】，【孔规格】选择【M20】，【终止条件】选择【成型到下一面】，设置如图 3-175 所示；再在如图 3-176 所示端面确定孔的位置；单击【确定】图标 ，完成螺纹孔的创建，得到的结果如图 3-177 所示。

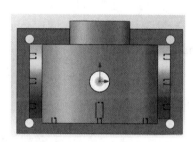

图 3-175　异形孔向导　　　　图 3-176　定位草图　　　　图 3-177　螺纹孔

(17) 在高亮端面绘制圆草图，如图 3-178 所示。然后向外侧切除，另一端的端面也进行拉伸切除，得到结果如图 3-179 所示。

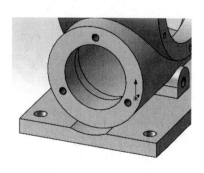

图 3-178　拉伸切除草图　　　　　　图 3-179　拉伸切除特征

4. 创建筋板、圆角、倒角等特征

（1）选择右视基准面作为草绘平面，在右视基准面上绘制筋特征所需草图，如图 3-180 所示。

（2）在特征工具栏单击【筋】特征图标 ，在弹出的【筋 1】属性管理器中，筋厚度选项 输入厚度为"13.00 mm"，调整合适的拉伸方向，设置【拔模角度】选项 为"2.00 度"，如图 3-181 所示；单击【确定】图标 ，建立筋特征，得到的结果如图 3-182 所示。

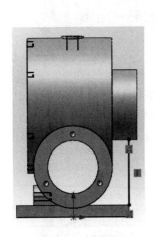  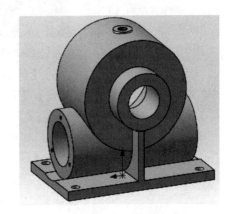

图 3-180　筋草图　　　　图 3-181　【筋 1】属性管理器　　　　图 3-182　筋特征

（3）在特征工具栏单击【圆角】图标 ，在弹出的【圆角 1】属性管理器中的【半径】 选项中输入圆角半径"25.00 mm"，选择要添加圆角的边线添加圆角，如图 3-183 所示；单击【确定】图标 ，得到的结果如图 3-184 所示。

 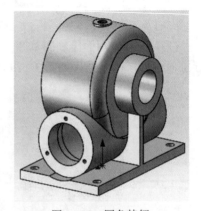

图 3-183　【圆角 1】属性管理器　　　　　　图 3-184　圆角特征

（4）单击【圆角】特征下方的三角形，选择【倒角】图标 创建倒角，在弹出的【倒角 1】属性管理器中输入倒角的尺寸，选择需要创建倒角的边线创建倒角，如图 3-185 所示；单击【确定】图标 ，得到的结果如图 3-186 所示。

图 3-185　【倒角 1】属性管理器

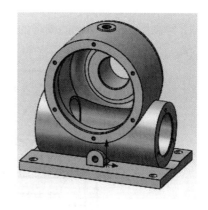

图 3-186　倒角特征

(5) 依次添加完所有的圆角、倒角，即完成蜗轮箱体的建模，最终得到的结果如图 3-187 所示。

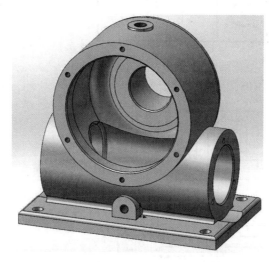

图 3-187　涡轮箱体

本 章 小 结

本章主要介绍了 SolidWorks 2022 软件基于草图的特征建模，这种方式以草图为基础，通过添加各种特征来构建复杂的三维模型。SolidWorks 2022 软件基于草图的特征建模在机械设计中广泛应用，创建草绘特征是零件建模过程中的主要工作，包括拉伸特征、旋转特征、扫描特征以及放样特征等的创建。建议用户通过实际操作来熟悉该项功能，尝试创建不同类型的模型，提高建模技巧和效率。用户通过掌握草图绘制和特征创建的技巧，可以创建出各种复杂的三维模型，满足不同领域的设计需求。

习   题

1. 绘制图 3-188 所示的图形的三维造型。

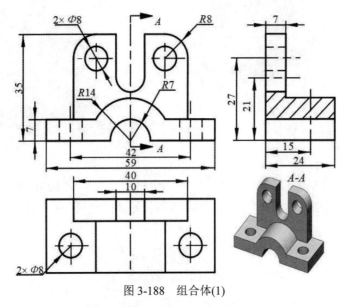

图 3-188   组合体(1)

2. 绘制图 3-189 所示的图形的三维造型。

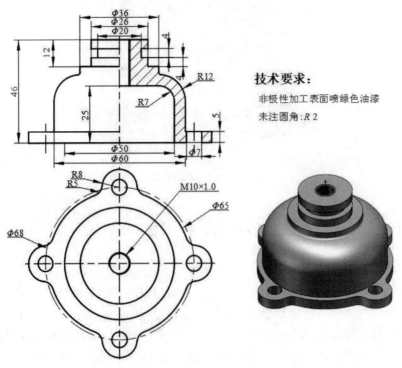

技术要求:

非极性加工表面喷绿色油漆

未注圆角:*R* 2

图 3-189   组合体(2)

3. 绘制图 3-190 所示的图形的三维造型。

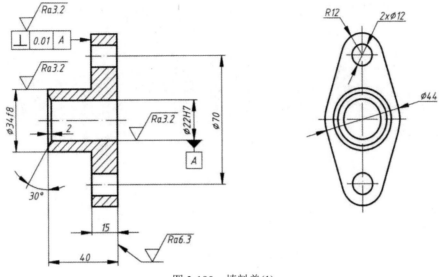

图 3-190　填料盖(1)

4. 绘制图 3-191 所示的图形的三维造型。

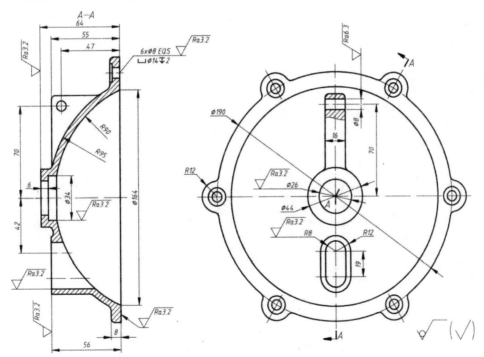

图 3-191　填料盖(2)

第 4 章　放　置　特　征

知识要点

- 孔特征；
- 圆角特征；
- 倒角特征；
- 抽壳特征；
- 拔模特征；
- 圆顶特征。

本章导读

　　SolidWorks 2022 中除提供基础特征的实体建模功能外，还可通过孔、圆角、倒角、抽壳、拔模、圆顶特征等操作来实现产品的辅助设计。这些功能使模型创建更精细化，能更广泛地应用于各行业。

4.1　孔　特　征

　　孔特征可以在模型表面生成各种类型的孔，根据孔的形状可将孔分为简单直孔和异型孔向导。

4.1.1　简单直孔

　　简单直孔的创建类似于拉伸切除特征。也就是只能创建圆柱直孔，不能创建其他孔类型(如沉孔、锥孔)。简单直孔只能在平面上创建，不能在曲面上创建。因此，想要在曲面上创建简单直孔特征，建议使用拉伸切除工具或高级孔工具。

　　在模型面上产生直孔，然后借助尺寸标注和添加几何关系确定孔的位置。下面结合实例介绍创建简单直孔的操作步骤。

　　(1) 打开需要进行简单直孔操作的实体。单击【特征】控制面板中的【简单直孔】图标 ⊚，或选择菜单栏中的【插入】→【特征】→【简单直孔】命令。

(2) 单击选择实体上表面作为简单直孔的放置平面。

(3) 在【孔】属性面板(与【拉伸-切除】属性面板基本相同)中,【方向 1】选择【完全贯穿】,孔直径输入 "10.00 mm",如图 4-1 所示,单击【确定】图标 ✓。

(4) 编辑简单直孔:前面所建孔的中心是鼠标随意在实体表面上单击而定的,因此,须对其位置进行修改。单击设计树中的【孔】特征,再单击【编辑草图】图标 📝,编辑孔中心的位置,如图 4-2 所示;如需修改孔直径,在此草图中可直接修改,修改完成后退出并保存草图。如对孔的终止形式等进行修改,可单击【孔】特征,再单击【编辑特征】图标 📦 即可,最终生成的简单直孔如图 4-3 所示。

   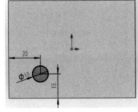   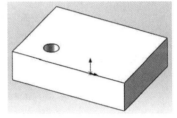

图 4-1 　【孔 2】属性管理器 　　　图 4-2 　孔中心位置草图 　　　　图 4-3 　生成简单直孔

4.1.2 异型孔向导

异型孔即具有复杂轮廓的孔,主要包括柱形沉头孔、锥形沉头孔、孔、直螺纹孔、锥形螺纹孔、旧制孔、柱孔槽口、锥孔槽口和槽口等,本节主要介绍前几种。当使用异型孔向导生成一孔时,孔的类型和大小会出现在特征管理器中,如图 4-4 所示,用户可以根据需要选定异型孔的类型。

图 4-4 　异型孔类型

使用异型孔向导可以生成基准面上的孔,也可以在平面和非平面上生成孔。生成步骤基本遵循设定孔类型参数、孔的定位及放置孔的位置 3 个过程。

1. 柱形沉头孔

1) 生成柱形沉头孔特征

在模型上生成柱形沉头孔特征的操作步骤如下:

(1) 选择要生成柱形沉头孔特征的平面。

(2) 单击【特征】控制面板中的【异型孔向导】图标 🔩,或选择菜单栏中的【插入】→

【特征】→【异型孔向导】命令，即可打开【孔规格】属性管理器。

(3) 在【孔规格】属性管理器中，单击【孔类型】选项组下的【柱形沉头孔】图标 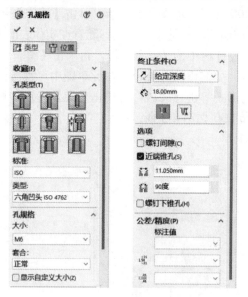，弹出如图 4-5 所示选项，分别为【标准】、【类型】、【大小】和【套合】。

图 4-5　【孔规格】属性管理器

(4) 根据标准选择柱形沉头孔对应于紧固件的螺栓类型，如 ISO 对应的六角凹头、六角螺栓、六角螺钉和平盘头十字槽等。

(5) 根据条件和孔类型设置终止条件选项。

(6) 设置好柱形沉头孔的参数后单击【位置】标签，拖动孔的中心到适当的位置，此时鼠标指针变为笔的样式，再在模型上选择孔的大概位置，如图 4-6 所示。

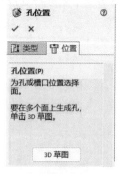  

(a)【孔位置】标签　　　　　　(b) 孔位置选择　　　　　　(c) 生成孔

图 4-6　孔位置的选择过程

(7) 如果需要定义孔在模型上的具体位置，则需要在模型上插入草绘平面(即草图)。在草图上定位时，单击【草图】控制面板上的【智能尺寸】图标 ，与标注草图尺寸方法类似对孔进行尺寸定位。

(8) 单击【草图】控制面板上的【点】图标 ，使草图处于被选中状态，鼠标指针变为笔的样式，如图 4-7 所示。重复上述步骤，便可生成多个指定位置的柱形沉头孔特征。

(9) 单击【确定】图标 ✔，完成孔的生成与定位，如图 4-8 所示。

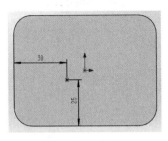

图 4-7　孔位置定义　　　　　　　　图 4-8　生成柱形沉头孔

2) 选项说明

【孔规格】属性管理器中各参数说明如下。

(1) 【收藏】选项组中包括如下选项：

· 应用默认/无收藏：默认设置为没有选择常用类型。

· 添加或更新收藏：添加常用类型。

· 删除收藏：删除所选的常用类型。

· 保存收藏：单击此按钮，可浏览到文件夹，并可编辑文件名称。

· 装入收藏：单击此按钮，可浏览到文件夹，并可选择一个常用的类型。

(2) 标准：在该选项的下拉列表框中可以选择与柱形沉头孔连接的紧固件的标准，如 ISO、AnsiMetric、JIS 等。

(3) 类型：在该选项的下拉列表中可以选择与柱形沉头孔对应紧固件的螺栓类型，如六角凹头、六角螺栓、六角螺钉和平盘头十字切槽等。一旦选择了紧固件的螺栓类型，异型孔向导就会立即更新对应参数栏中的项目。

(4) 大小：在该选项的下拉列表框中可以选择柱形沉头孔对应紧固件的尺寸，如 M5、M64 等。

(5) 套合：用来为扣件选择套合。其下拉列表框中包括紧密、正常和松弛 3 种选择，分别表明柱形孔与对应紧固件的配合较紧、正常范围和配合较松散。

(6) 终止条件：利用该选项组可以选择孔的终止条件，这些终止条件包括给定深度、完全贯穿、成形到下一面、成形到一顶点、成形到一面、到离指定面指定的距离。

(7) 选项：如图 4-9 所示，其中包括如下选项。

图 4-9　【选项】选项组

- 螺钉间隙：设定螺钉间隙值，将文档单位使用的值添加到扣件头上。
- 近端锥孔：用于设置近端口的直径和角度。
- 螺钉下锥孔：用于设置端口底端的直径和角度。
- 远端锥孔：用于设置远端口的直径和角度。

(8) 自定义大小：孔大小调整选项会根据孔类型的不同而发生变化，可调整的内容包括直径、深度、底部角度。

2. 锥形沉头孔

锥形沉头孔特征与柱形沉头孔基本类似，如果在模型上生成锥形沉头孔特征，可以采用如下操作步骤。

(1) 选择要生成锥形沉头孔特征的平面。

(2) 单击【特征】控制面板中的【异型孔向导】图标 💼，或选择菜单栏中的【插入】→【特征】→【异型孔向导】命令，即可打开【孔规格】属性管理器。

(3) 在【孔规格】属性管理器中单击【类型】选项组下的【锥形沉头孔】图标 💼，弹出如图 4-10 所示选项，从【标准】下拉列表框中选择与锥形沉头孔连接的紧固件标准，如 GB、ISO、AnsiMetric、JIS 等。

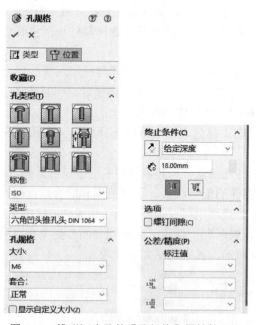

图 4-10　锥形沉头孔的【孔规格】属性管理器

(4) 根据标准选择锥形沉头孔对应于紧固件的螺栓类型，如 ISO 对应的六角凹头锥孔头、锥孔平头和锥孔提升头等。

根据条件和孔的类型在【终止条件】选项组中设置终止条件选项，根据需要在【选项】选项组中设置各参数。如果想自己确定孔的特征，可选中【显示自定义大小】复选框并设置相关参数。

设置好锥孔的参数后，选择【位置】选项卡，拖动孔的中心到适当的位置，此时鼠标指针变为笔式形状。可用前面讲述的方式定义孔的具体位置，这里不再赘述。

3. 孔

孔特征操作过程与前述柱形沉头孔、锥形沉头孔基本一样，其操作步骤如下。

(1) 单击【特征】面板上的【异型孔向导】图标 📷，或选择【插入】→【特征】→【孔向导】命令，即可打开【孔规格】属性管理器。单击【孔规格】属性管理器中的【孔类型】图标 🔳，此时的【孔规格】属性对话框如图 4-11 所示。

图 4-11　孔的【孔规格】属性管理器

(2) 根据条件和孔类型在【终止条件】选项组中设置终止条件选项，根据需要在【选项】选项组中确定选中【近端锥孔】复选框，用于设置近端口的直径和角度。设置好参数后，选择【位置】选项卡，单击要放置孔的平面，此时鼠标指针变为笔式形状，拖动孔的中心到适当的位置，再单击【确定】图标 ✔，即完成孔的生成与定位。

4. 直螺纹孔

在模型上插入螺纹孔特征，其操作步骤如下。

(1) 单击【特征】面板上的【异型孔向导】图标 📷，或选择【插入】→【特征】→【孔向导】命令，弹出【孔规格】属性设置管理器。单击【孔类型】选项组中的【直螺纹孔】图标 🔳，同时对螺纹孔的参数进行设置，如图 4-12 所示。

(2) 根据标准在【孔规格】属性管理器中选择与螺纹孔连接的紧固件标准，如 ISO、DIN 等；选择螺纹类型，如螺纹孔、底部螺纹孔，并在【大小】选项组对应的文本框中输入钻头直径；在【终止条件】选项组中设置螺纹孔的深度，在螺纹线深度下拉列表框中设置螺纹线的深度，设置要符合国家标准；在【选项】选项组中可选择【装饰螺纹线】或【移除螺纹线】，还可选择【螺纹线等级】选项来设置螺纹线等级。

(3) 设置好螺纹孔参数后，单击【位置】图标 📍位置，选择螺纹孔安装位置，其操作步骤与柱形沉头孔一样，对螺纹孔进行定位和生成螺纹孔特征。最后，单击【确定】图标 ✔。

图 4-12　直螺纹孔的【孔规格】属性管理器

4.2　圆　角　特　征

使用圆角特征可以在一个零件上生成内圆角或外圆角。圆角特征在零件设计中起着重要作用。大多数情况下，如果能在零件特征上加入圆角，则有助于产品造型上的变化，或是产生平滑的效果。

SolidWorks 2022 可以为一个面上的所有边线、多个面、多个边线或边线环创建圆角特征。在 SolidWorks 2022 中有以下几种圆角特征：

- 等半径圆角：对所选边线以相同的圆角半径进行倒圆角操作。
- 多半径圆角：可以为每条边线选择不同的圆角半径值。
- 圆形角圆角：通过控制角部边线之间的过渡，消除或平滑两条边线汇合处的尖锐接合点。
- 逆转圆角：可以在混合曲面之间沿着零件边线进入圆角，使曲面平滑过渡。
- 变半径圆角：可以为边线的每个顶点指定不同的圆角半径。
- 面圆角：通过选择两个相邻的面定义圆角。
- 完整圆角：可以将不相邻的面混合起来。

图 4-13 展示了几种圆角特征效果。

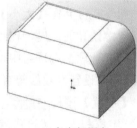
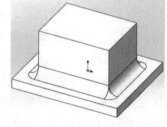

(a) 等半径圆角　　　　　　(b) 多半径圆角　　　　　　(c) 圆形角圆角

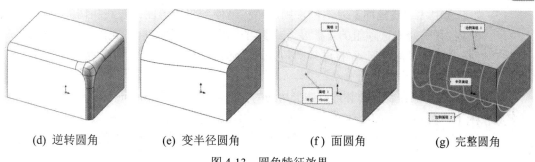

| (d) 逆转圆角 | (e) 变半径圆角 | (f) 面圆角 | (g) 完整圆角 |

图 4-13 圆角特征效果

4.2.1 等半径圆角特征

等半径圆角特征是指对所选边线以相同的圆角半径进行倒圆角操作。下面结合实例介绍创建等半径圆角特征的操作步骤。

(1) 打开需要进行倒圆角的实体，如图 4-14 所示。单击【特征】控制面板中的【圆角】图标 ⏹，或选择菜单栏中的【插入】→【特征】→【圆角】命令。

(2) 在弹出的【圆角 1】属性管理器的【特征类型】选项组中，选择【恒定大小】类型，如图 4-15 所示。

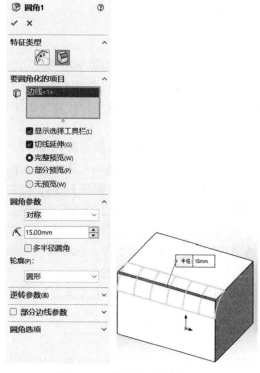

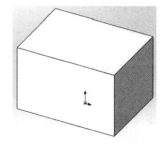

图 4-14 要圆角的实体 　　　　图 4-15 【圆角】属性管理器

(3) 在【圆角参数】选项组的【半径】 ⌒ 文本框中设置圆角的半径。

(4) 在【要圆角化的项目】选项组中单击【边线、面、特征和环】图标 ⏹ 右侧的列表框，然后在右侧的图形区中选择要进行圆角处理的模型边线、面或环。

（5）如果选中【切线延伸】复选框，则圆角将延伸到与所选面或边线相切的所有面。

（6）在【圆角选项】选项组的【扩展方式】组中可选择一种扩展方式，如图 4-16 所示。

· 默认：系统根据几何条件(进行圆角处理的边线凸起和相邻边线等)默认选择【保持边线】或【保持曲面】选项。

· 保持边线：系统将保持邻近直线形边线的完整性，但圆角曲面断裂成分离的曲面。在大多数情况下，圆角的顶部边线会有沉陷，如图 4-17(a)所示。

· 保持曲面：使用相邻曲面剪裁圆角。因此圆角边线是连续且光滑的，但是相邻边线会受到影响，如图 4-17(b)所示。

（7）圆角属性设置完毕，单击【确定】图标 ✓，生成等半径圆角特征。

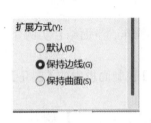

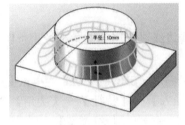

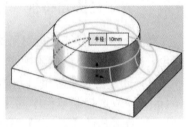

(a) 保持边线　　　　　　　　　　　　(b) 保持曲面

图 4-16　扩展方式　　　　　　　　图 4-17　保持边线与保持曲面

4.2.2　多半径圆角特征

使用多半径圆角特征可以为每条所选边线选择不同的半径值，还可以为不具有公共边线的面指定多个半径。下面介绍创建多半径圆角特征的操作步骤。

（1）单击【特征】控制面板中的【圆角】图标 🍱，或选择菜单栏中的【插入】→【特征】→【圆角】命令。

（2）在弹出的【圆角】属性管理器的【特征类型】选项组中，选择【恒定大小】类型。

（3）在【圆角参数】选项组中，选中【多半径圆角】复选框。

（4）单击【边线、面、特征和环】图标 🔘 右侧的列表框，然后在右侧的图形区中选择要进行圆角处理的一条模型边线、面或环。

（5）在【圆角参数】选项组的【半径】 🝔 文本框中设置圆角半径。

（6）重复步骤(4)和(5)的操作，对多条模型边线、面或环分别指定不同的圆角半径，直到设置完所有要进行圆角处理的边线。

（7）圆角属性设置完毕，单击【确定】图标 ✓，生成多半径圆角特征。

4.2.3　圆形角圆角特征

使用圆形角圆角特征可以控制角部边线之间的过渡，圆形角圆角将混合连接的边线，从而消除或平滑两条边线汇合处的尖锐接合点。

创建圆形角圆角特征的操作步骤如下：

（1）单击【特征】控制面板中的【圆角】图标 🍱，或选择菜单栏中的【插入】→【特征】→【圆角】命令。

(2) 在弹出的【圆角】属性管理器的【特征类型】选项组中，选择【恒定大小】类型。

(3) 在【圆角项目】选项组中，取消选中【切线延伸】复选框。

(4) 在【圆角参数】选项组的【半径】 $\nwarrow$ 文本框中设置圆角半径。

(5) 单击【边线、面、特征和环】图标 右侧的列表框，然后在右侧的图形区中选择两个或更多相邻的模型边线、面或环。

(6) 在【圆角选项】选项组中，选中【圆形角】复选框。

(7) 圆角属性设置完毕，单击【确定】图标 ✔，生成圆形角圆角特征。

4.2.4　逆转圆角特征

使用逆转圆角特征可以在混合曲面之间沿着零件边线生成圆角，从而使曲面间平滑过渡。图 4-18 说明了应用逆转圆角特征的效果。

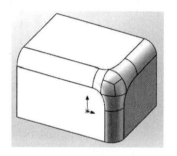

(a) 未使用逆转圆形角特征　　　　(b) 使用逆转圆形角特征

图 4-18　逆转圆角效果比较

创建逆转圆角特征的操作步骤如下：

(1) 单击【特征】控制面板中的【圆角】图标 ，或选择菜单栏中的【插入】→【特征】→【圆角】命令，系统弹出【圆角】属性管理器。

(2) 在【特征类型】选项组中，选择【恒定大小】类型。

(3) 在【圆角参数】选项组中，选中【多半径圆角】复选框。

(4) 单击【边线、面、特征和环】图标 右侧的列表框，在右侧的图形区中选择 3 个或更多具有共同顶点的边线。

(5) 在【逆转参数】选项组的【距离】 $\nearrow$ 文本框中设置距离。

(6) 单击【逆转顶点】图标 右侧的列表框，在右侧的图形区中选择一个或多个顶点作为逆转顶点。

(7) 单击【设定所有】按钮，将相等的逆转距离应用到通过每个顶点的所有边线。逆转距离将显示在【逆转距离】 $\curlyvee$ 列表框和图形区的标注中，如图 4-19 所示。

(8) 如果要对每一条边线分别设定不同的逆转距离，则需进行如下操作：

① 单击【逆转顶点】图标 右侧的列表框，在右侧的图形区中选择多个顶点作为逆转顶点。

② 在【距离】 $\nearrow$ 文本框中为每一条边线设置逆转距离。

③ 在【逆转距离】 $\curlyvee$ 列表框中会显示每条边线的逆转距离。

(9) 圆角属性设置完毕，单击【确定】图标 ✔，生成逆转圆角特征，如图 4-18(b)所示。

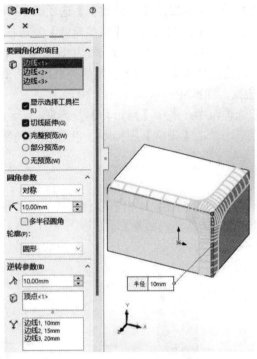

图 4-19　生成逆转圆角特征

4.2.5　变半径圆角特征

变半径圆角特征通过对边线上的多个点(变半径控制点)指定不同的圆角半径来生成圆角,可以制造出另类的效果,变半径圆角特征如图 4-20 所示。

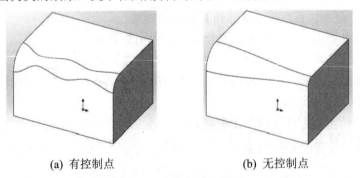

(a) 有控制点　　　　　　　(b) 无控制点

图 4-20　变半径圆角特征

创建变半径圆角特征的操作步骤如下:

(1) 单击【特征】控制面板中的【圆角】图标 ,或选择菜单栏中的【插入】→【特征】→【圆角】命令。

(2) 在弹出的【圆角】属性管理器的【特征类型】选项组中,选择【变量大小】类型。

(3) 单击【边线、面、特征和环】图标 右侧的列表框,然后在右侧的图形区中选择要进行变半径圆角处理的边线。此时,在右侧的图形区中系统会默认使用 3 个变量大小控制点,分别位于沿边线 25%、50%和 75%的等距离处,如图 4-21 所示。

(4) 在【变半径参数】选项组中图标 右侧的列表框中选择变半径控制点，然后在【半径】文本框中输入圆角半径值。如果要更改变半径控制点的位置，可以通过光标拖动控制点到新的位置。

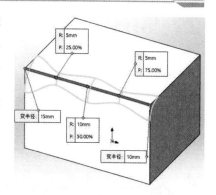

(5) 如果要改变控制点的数量，可以在右侧的文本框中设置控制点的数量。

(6) 选择过渡类型：

① 平滑过渡：生成一个圆角，当一个圆角边线与一个邻面结合时，圆角半径从一个半径平滑地变化为另一个半径。

图 4-21　变半径圆角特征

② 直线过渡：生成一个圆角，圆角半径从一个半径线性地变化为另一个半径，但是不与邻近圆角的边线相结合。

(7) 圆角属性设置完毕，单击【确定】图标 ✔，生成变半径圆角特征。

4.2.6　完整圆角特征

完整圆角可以选择 3 个相邻的面来定义圆角，该方式不需指定圆角半径。

创建完整圆角特征的操作步骤如下：

(1) 单击【特征】控制面板中的【圆角】图标 ，或选择菜单栏中的【插入】→【特征】→【圆角】命令。

(2) 在弹出的【圆角】属性管理器的【特征类型】选项组中，选择【完整圆角】类型。

(3) 在【要圆角化的项目】选项组中激活【面 1】列表框，在图形区中选择【边侧面组 1】，激活【中央面组】列表框，在图形区中选择【中央面组】，激活【面 2】列表框，在图形区中选择【边侧面组 2】，如图 4-22 所示；单击【确定】图标 ✔，即可生成完整圆角，图 4-23 是完整圆角示例。

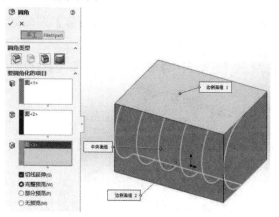

图 4-22　完整圆角特征属性对话框

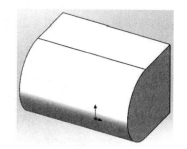

图 4-23　完整圆角效果

4.2.7　实例——鼠标造型

本实例创建的鼠标造型如图 4-24 所示。

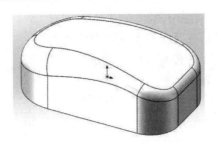

图 4-24　鼠标造型

　　建模思路：首先拉伸凸台完成整体，接着左端完整圆角，再右端等半径圆角，最后上端变半径圆角，最终生成鼠标造型模型，建模流程如图 4-25 所示。

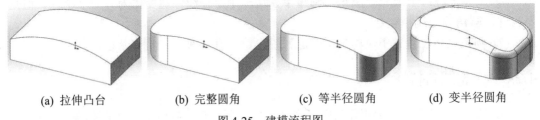

(a) 拉伸凸台　　　　(b) 完整圆角　　　　(c) 等半径圆角　　　　(d) 变半径圆角

图 4-25　建模流程图

具体操作步骤如下：

1. 生成拉伸凸台特征

　　(1) 新建文件。启动 SolidWorks 2022，选择菜单栏中的【文件】→【新建】命令，或单击快速访问工具栏中的【新建】图标 📄，在弹出的【新建 SOLIDWORKS 文件】对话框中单击【零件】图标 🖲，然后单击【确定】按钮，新建一个零件文件。

　　(2) 新建草图。在 FeatureManager 设计树中选择【前视基准面】作为草图绘制基准面，单击【草图】控制面板中的【草图绘制】图标 🔲，新建一张草图。

　　(3) 绘制轮廓。单击【草图】控制面板中的【直线】图标 ╱ 和【圆弧】图标 ⌒，绘制拉伸草图轮廓。

　　(4) 标注尺寸。单击【草图】控制面板上的【智能尺寸】图标 ◁，为草图标注尺寸。最终生成的拉伸凸台草图如图 4-26 所示。

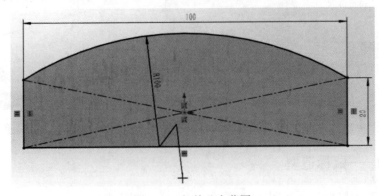

图 4-26　拉伸凸台草图

(5) 选择菜单栏中的【插入】→【凸台/基体】→【拉伸】命令，系统弹出【凸台-拉伸1】属性管理器。在【两侧对称】文本框中输入"50.00 mm"，然后单击【确定】图标 ✔，创建的拉伸凸台特征如图 4-27 所示。

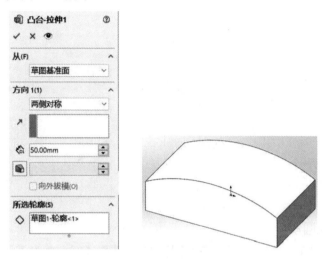

图 4-27　拉伸凸台特征

2. 生成完整圆角

单击【特征】面板上的【圆角】图标 🔲，选择【圆角类型】为【完整圆角】，按照图4-28 中依次分别选择【边侧面组 1】、【中央面组】、【边侧面组 2】作为完整圆角的要素，单击【确定】图标 ✔，生成左端完整圆角，如图 4-29 所示。

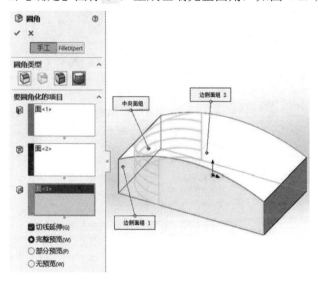

图 4-28　完整圆角属性管理器

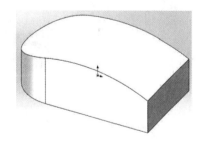

图 4-29　生成完整圆角

3. 生成等半径圆角

单击【特征类型】面板上的【圆角】图标 🔲，选择【圆角类型】为【等半径】，按照图 4-30 中选择右端两棱线，半径设为"15.00 mm"，单击【确定】图标 ✔，生成右端等半径圆角，如图 4-31 所示。

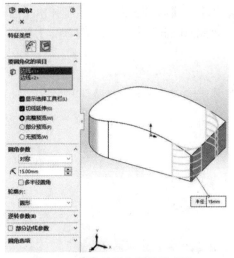

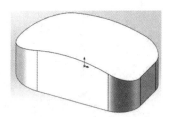

图 4-30　等半径圆角属性管理器　　　　　图 4-31　生成等半径圆角

4. 生成变半径圆角

单击【特征类型】面板上的【圆角】图标 ，选择【圆角类型】为【变半径】，按照图 4-32 中选择的两条边，半径分别设为 "5.00 mm" 和 "10.00 mm"，【圆角】属性对话框设置如图 4-33 所示，单击【确定】图标 ✔，生成变半径圆角，最终结果如图 4-34 所示。

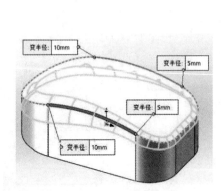

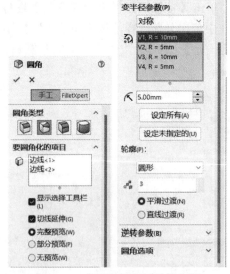

图 4-32　所选边线　　　　　　　　　　图 4-33　变半径圆角属性管理器

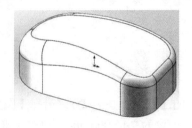

图 4-34　最终结果图

4.3 倒 角 特 征

在零件设计过程中，通常要对锐利的零件边角进行倒角处理，以防止伤人和避免应力集中，也便于搬运、装配等。此外，有些倒角特征也是机械加工过程中不可缺少的工艺。与圆角特征类似，倒角特征是对边或角进行倒角。如图 4-35 所示是应用倒角特征后的零件实例。

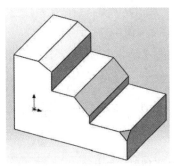

图 4-35 倒角特征零件

在零件模型上创建倒角特征的操作步骤如下：

(1) 单击【特征】控制面板中的【倒角】图标 ◎，或选择菜单栏中的【插入】→【特征】→【倒角】命令，系统弹出【倒角】属性管理器。

(2) 在【倒角】属性管理器中可选择倒角类型。

① 角度距离：在所选边线上指定距离和倒角角度来生成倒角特征，如图 4-36(a)所示。

② 距离-距离：在所选边线的两侧分别指定两个距离值来生成倒角特征，如图 4-36(b)所示。

③ 顶点：在与顶点相交的 3 个边线上分别指定到顶点的距离来生成倒角特征，如图 4-36(c)所示。

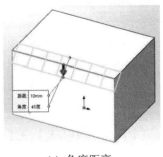
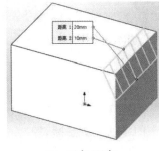
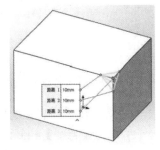

(a) 角度距离　　　　　　　　(b) 距离-距离　　　　　　　　(c) 顶点

图 4-36 倒角类型

(3) 单击【边线、面或顶点】图标 ◎ 右侧的列表框，然后在图形区选择边线、面或顶点，设置倒角参数。

(4) 在对应的文本框中指定距离或角度值。

(5) 如果选中【保持特征】复选框，则当应用倒角特征时，会保持零件的其他特征，如

图 4-37 所示。

  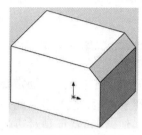

(a) 原始零件　　　(b) 选择【保持特征】　　　(c) 不选择【保持特征】

图 4-37　倒角特征

(6) 倒角参数设置完毕，单击【确定】图标 ✓ ，生成倒角特征。

4.4　抽　壳　特　征

抽壳特征是零件建模中的重要特征，它能使一些复杂工作变得简单化。当在零件的一个面上抽壳时，系统会掏空零件的内部，使所选择的面敞开，在剩余的面上生成薄壁特征。如果没有选择模型上的任何面，而直接对实体零件进行抽壳操作，则会生成一个闭合、掏空的模型。通常抽壳时各个表面的厚度相等，也可以对某些表面的厚度进行单独指定，这样抽壳特征完成之后，各个零件表面的厚度就不相等了。

如图 4-38 所示是对零件创建抽壳特征后的效果。

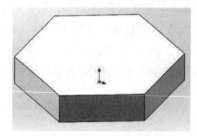 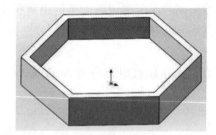

图 4-38　抽壳特征效果

4.4.1　等厚度抽壳

生成等厚度抽壳特征的操作步骤如下：

(1) 单击【特征】控制面板中的【抽壳】图标 🛝，或选择菜单栏中的【插入】→【特征】→【抽壳】命令，系统弹出【抽壳1】属性管理器。

(2) 在【参数】选项组的【厚度】🐾 文本框中指定抽壳的厚度。

(3) 单击【要移除的面】图标 🗔 右侧的列表框，然后从右侧的图形区中选择一个或多个开口面作为要移除的面。此时在列表框中会显示所选的开口面，如图 4-39 所示。

(4) 如果选中【壳厚朝外】复选框，则会增加零件外部尺寸，从而生成抽壳。

(5) 抽壳属性设置完毕，单击【确定】图标 ✓ ，生成等厚度抽壳特征。

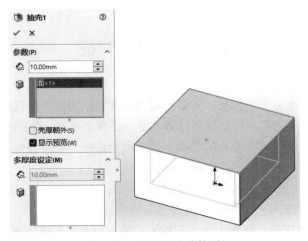

图 4-39　选择要移除的面

4.4.2　多厚度抽壳

生成具有多厚度抽壳特征的操作步骤如下：

(1) 单击【特征】控制面板中的【抽壳】图标 🗐，或选择菜单栏中的【插入】→【特征】→【抽壳】命令，系统弹出【抽壳 1】属性管理器。

(2) 单击【参数】选项组中【要移除的面】图标 🗐 右侧的列表框，在图形区中选择开口面，如图 4-40 所示，这些面会在该列表框中显示出来。

(3) 单击【多厚度设定】选项组中【多厚度面】图标 🗐 右侧的列表框，激活多厚度设定。

(4) 在列表框中选择多厚度面，然后在【多厚度设定】选项组的【厚度】🖓 文本框中输入对应的壁厚。

(5) 重复步骤(4)，直到为所有选择的多厚度面设定了厚度值。

(6) 如果要使壁厚添加到零件外部，则选中【壳厚朝外】复选框。

(7) 抽壳属性设置完毕，单击【确定】图标 ✓，生成多厚度抽壳特征，如图 4-41 所示。

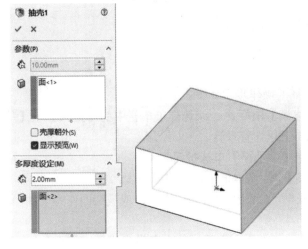

图 4-40　多厚度抽壳属性设置

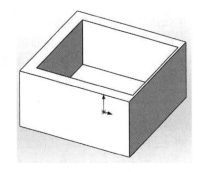

图 4-41　多厚度抽壳结果

4.5　拔　模　特　征

拔模是零件模型上常见的特征，是以指定的角度斜削模型中所选的面，经常应用于铸造零件，因为拔模角度的存在可以使型腔零件更容易脱出模具。SolidWorks 2022 提供了丰富的拔模功能。用户既可以在现有的零件上插入拔模特征，也可以在拉伸特征的同时进行拔模。本节主要介绍在现有的零件上插入拔模特征。

下面对与拔模特征有关的术语进行说明。

- 拔模面：选取的零件表面，此面将生成拔模斜度。
- 中性面：在拔模的过程中大小不变的固定面，用于指定拔模角的旋转轴。如果中性面与拔模面相交，则相交处即为旋转轴。
- 拔模方向：用于确定拔模角度的方向。

图 4-42 是一个拔模特征的应用实例。要在现有的零件上插入拔模特征，从而以特定角度斜削所选的面，可以使用中性面拔模、分型线拔模和阶梯拔模 3 种方式，下面分别介绍。

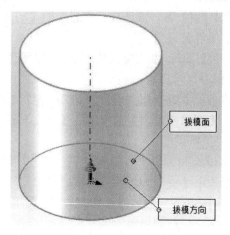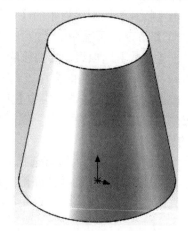

图 4-42　拔模特征实例

4.5.1　中性面拔模特征

使用中性面在模型面上生成拔模特征的操作步骤如下：

(1) 单击【特征】控制面板中的【拔模】图标，或选择菜单栏中的【插入】→【特征】→【拔模】命令，系统弹出【拔模 3】属性管理器。

(2) 在【拔模类型】选项组中，选中【中性面】单选按钮。

(3) 在【拔模角度】选项组的【角度】文本框中设定拔模角度。

(4) 单击【中性面】选项组中的列表框，然后在图形区中选择面或基准面作为中性面，如图 4-43 所示。

(5) 图形区中的控标会显示拔模的方向，如果要向相反的方向生成拔模，则可单击【反向】按钮。

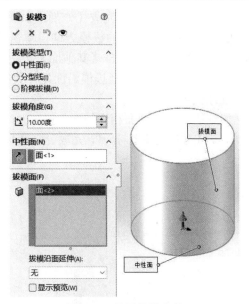

图 4-43 设置拔模参数

(6) 单击【拔模面】选项组中【拔模面】图标 右侧的列表框，然后在图形区中选择拔模面。

(7) 如果要将拔模面延伸到额外的面，则可从【拔模沿面延伸】下拉列表框中选择以下选项：

① 沿切面：将拔模延伸到所有与所选面相切的面。

② 所有面：所有从中性面拉伸的面都要进行拔模。

③ 内部的面：所有与中性面相邻的内部面都要进行拔模。

④ 外部的面：所有与中性面相邻的外部面都要进行拔模。

⑤ 无：拔模面不进行延伸。

(8) 拔模属性设置完毕，单击【确定】图标 ，完成中性面拔模特征。

4.5.2　分型线拔模特征

利用分型线拔模可以对分型线周围的曲面进行拔模。下面介绍插入分型线拔模特征的操作步骤。

(1) 单击【特征】控制面板中的【拔模】图标 ，或选择菜单栏中的【插入】→【特征】→【拔模】命令，系统弹出【拔模 1】属性管理器。

(2) 在【拔模类型】选项组中，选中【分型线】单选按钮。

(3) 在【拔模角度】选项组的【角度】 文本框中指定拔模角度。

(4) 单击【拔模方向】选项组中的列表框，然后在图形区中选择一条边线或一个面来指示拔模方向。

(5) 如果要向相反的方向生成拔模，可单击【反向】图标 。

(6) 单击【分型线】选项组中【分型线】图标 右侧的列表框，在图形区中选择分割线或现有的模型边线，如图 4-44 所示，在生成【分割线】时，选择【插入】→【曲线】→

【分割线】命令，选择指定的草图和分割面，完成【分割线】操作。

（7）如果要为分型线的每一线段指定不同的拔模方向，单击【分型线】选项组中【分型线】按钮右侧列表框中的边线名称，然后单击【其他面】按钮。

（8）在【拔模沿面延伸】下拉列表框中选择拔模沿面延伸类型：

① 无：只在所选面上进行拔模。

② 沿切面：将拔模延伸到所有与所选面相切的面。

（9）拔模属性设置完毕，单击【确定】图标 ✔，完成分型线拔模特征，如图 4-45 所示。

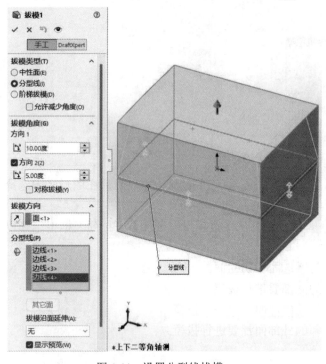

图 4-44　设置分型线拔模

图 4-45　分型线拔模效果

4.5.3　阶梯拔模特征

除了中性面拔模和分型线拔模，SolidWorks 2022 还提供了阶梯拔模。阶梯拔模为分型线拔模的变体，它的分型线可以不在同一平面内，如图 4-46 所示。

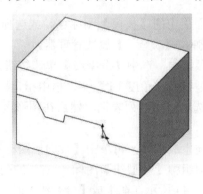

图 4-46　阶梯拔模中的分型线轮廓

插入阶梯拔模特征的操作步骤如下：

(1) 单击【特征】控制面板中的【拔模】图标，或选择菜单栏中的【插入】→【特征】→【拔模】命令，系统弹出【拔模 2】属性管理器。

(2) 在【拔模类型】选项组中，选中【阶梯拔模】单选按钮。

(3) 如果想使曲面与锥形曲面一样生成，则选中【锥形阶梯】复选框；如果想使曲面垂直于原主要面，则选中【垂直阶梯】复选框。

(4) 在【拔模角度】选项组的【角度】文本框中指定拔模角度。

(5) 单击【拔模方向】选项组中的列表框，在图形区中选择一个基准面并指示拔模方向。

(6) 如果要向相反的方向生成拔模，则单击【反向】图标。

(7) 单击【分型线】选项组中【分型线】图标右侧的列表框，然后在图形区中选择分型线，如图 4-47 所示。

(8) 如果要为分型线的每一条线段指定不同的拔模方向，则应在【分型线】选项组中【分型线】按钮右侧的列表框中选择边线名称，然后单击【其它面】按钮。

(9) 在【拔模沿面延伸】下拉列表框中选择拔模沿面延伸类型。

(10) 拔模属性设置完毕，单击【确定】图标，完成阶梯拔模特征，效果图如图 4-48 所示。

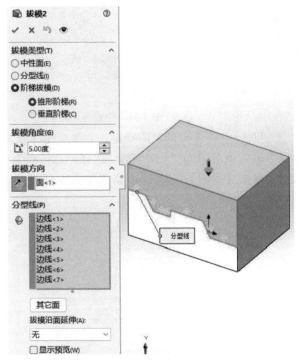

图 4-47 阶梯拔模属性设置

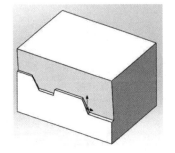

图 4-48 阶梯拔模效果图

4.5.4 实例——圆锥销

绘制如图 4-49 所示的圆锥销，具体操作步骤如下：

（1）新建文件。启动 SolidWorks 2022，单击快速访问工具栏中的【新建】图标 ▯，在弹出的【新建SOLIDWORKS文件】对话框中单击【零件】图标 🖦，然后单击【确定】按钮。

（2）绘制草图。选择【前视基准面】作为草图绘制平面，单击【前导视图】工具栏中的【正视于】图标 ⬆，使绘图平面转为正视方向。单击【草图】控制面板中的【圆】图标 ⊙，以系统坐标原点为圆心，绘制圆锥销小端底圆草图，并设置其直径尺寸为 8 mm。

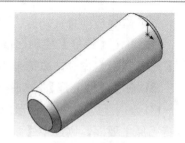

图 4-49　圆锥销

（3）创建拉伸特征。单击【特征】控制面板中的【拉伸凸台/基体】图标 🗔，系统弹出【凸台-拉伸 1】属性管理器，设置拉伸的终止条件为【给定深度】，并在【深度】🖈 文本框中输入深度为"25.00 mm"，如图 4-50 所示。单击【确定】图标 ✓，结果如图 4-51 所示。

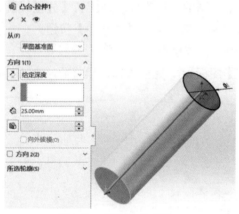

图 4-50　设置拉伸参数

图 4-51　创建拉伸特征

（4）创建拔模特征。单击【特征】控制面板中的【拔模】图标 🖦，系统弹出【拔模 1】属性管理器，在【拔模角度】🖈 文本框中输入角度值为"1.50 度"，选择外圆柱面为拔模面，一端端面为中性面，如图 4-52 所示。单击【确定】图标 ✓，结果如图 4-53 所示。

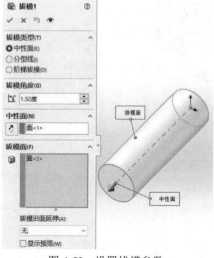

图 4-52　设置拔模参数

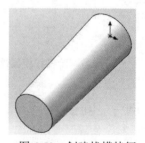

图 4-53　创建拔模特征

(5) 生成圆锥销倒角特征。单击【特征】控制面板上的【倒角】图标 ⬡，系统弹出【倒角 1】属性管理器。设置【倒角类型】为【角度距离】，在【距离】 ⬦ 文本框中输入倒角的距离为 "1.00 mm"，在【角度】文本框区中输入倒角角度为 "45.00 度"。选择生成倒角特征的圆锥销棱边，如图 4-54 所示。单击【确定】图标 ✓，完成后的圆锥销如图 4-49 所示。

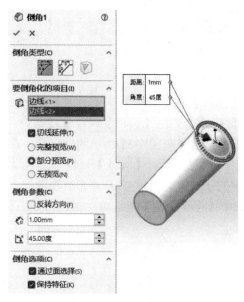

图 4-54 设置倒角参数

4.6 圆 顶 特 征

圆顶特征是对模型的一个面进行变形操作，生成圆顶型凸起特征。图 4-55 展示了圆顶特征的几种效果。

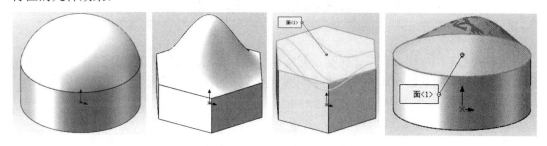

图 4-55 圆顶特征效果

创建圆顶特征的操作步骤如下：

(1) 创建一个新的零件文件。

(2) 在左侧的 FeatureManager 设计树中选择【前视基准面】作为绘制图形的基准面。

(3) 选择菜单栏中的【工具】→【草图绘制实体】→【直槽口】命令，以原点为圆心绘制一个直槽口草图并标注尺寸，如图 4-56 所示。

(4) 选择菜单栏中的【插入】→【凸台/基体】→【拉伸】命令，将步骤(3)中绘制的草图拉伸成深度为 30 mm 的实体，拉伸后的图形如图 4-57 所示。

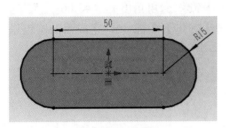

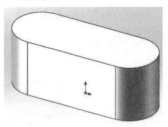

图 4-56　拉伸草图　　　　　　　　　　　图 4-57　拉伸实体

(5) 选择菜单栏中的【插入】→【特征】→【圆顶】命令，或者单击【特征】控制面板中的【圆顶】图标 ，此时系统弹出【圆顶】属性管理器。

(6) 在【参数】选项组中，选择如图 4-57 所示的上表面，在【反向】文本框 中输入"20.00mm"，选中【连续圆顶】复选框，【圆顶】属性管理器设置如图 4-58 所示。

(7) 单击属性管理器中的【确定】图标 ，并调整视图的方向，连续圆顶的图形如图 4-59 所示。图 4-60 为不选中【连续圆顶】复选框生成的圆顶图形。

图 4-58　【圆顶】属性管理器　　　图 4-59　连续圆顶的效果　　　图 4-60　不连续圆顶的效果

4.7　综合实例——移动轮支架

移动轮支架的建模流程，首先是拉伸实体轮廓，再利用【抽壳】命令完成实体框架操作，多次拉伸切除局部实体，最后进行倒圆角操作，如图 4-61 所示。

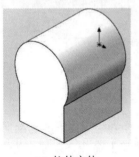

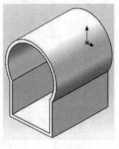

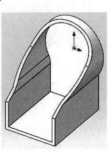

(a) 拉伸实体　　　　　　(b) 抽壳　　　　　　(c) 拉伸切除 1　　　　　　(d) 圆角

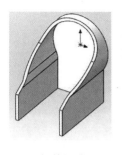
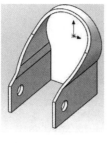
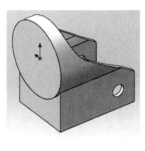
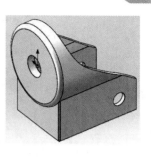

(e) 拉伸切除 2　　　　(f) 打孔　　　　(g) 拉伸凸台 2　　　　(h) 打孔、圆角等

图 4-61　建模流程图

具体操作步骤如下：

(1) 新建文件。单击快速访问工具栏中的【新建】图标 📄，在弹出的【新建 SOLIDWORKS 文件】对话框中单击【零件】图标 🗔，然后单击【确定】按钮，即可创建一个新的零件文件。

(2) 绘制草图 1。在左侧的 FeatureManager 设计树中选择【前视基准面】作为绘制图形的基准面。单击【草图】控制面板中的【圆】图标 ⊙，以原点为圆心绘制一个直径为 60 mm 的圆；单击【草图】控制面板中的【直线】图标 ╱，在相应的位置绘制 3 条直线；单击【草图】控制面板中的【智能尺寸】图标 ◁，标注绘制草图的尺寸；单击【草图】控制面板中的【剪裁实体】图标 ✂，裁剪直线之间的圆弧，结果如图 4-62 所示。

(3) 拉伸实体 1。单击【特征】控制面板中的【拉伸凸台/基体】图标 🗔，此时系统弹出如图 4-63 所示的【凸台-拉伸 1】属性管理器，输入深度为 "68.00 mm"，其他采用默认设置，然后单击【确定】图标 ✔，拉伸凸台结果如图 4-64 所示。

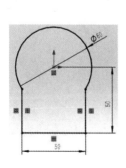

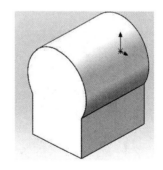

图 4-62　绘制草图　　　图 4-63　【凸台-拉伸 1】属性管理器　　　图 4-64　拉伸凸台

(4) 抽壳操作。单击【特征】控制面板中的【抽壳】图标 🗔，此时系统弹出如图 4-65 所示的【抽壳 1】属性管理器，输入厚度为 "3.00 mm"，选取实体前端面为移除面，单击【确定】图标 ✔，结果如图 4-66 所示。

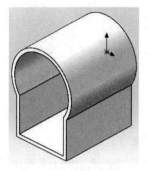

图 4-65　【抽壳 1】属性管理器　　　　图 4-66　抽壳特征

（5）绘制草图 2。在左侧的 FeatureManager 设计树中选择【右视基准面】，然后单击【前导视图】工具栏中的【正视于】图标 ↓，将该基准面作为绘制图形的基准面；单击【草图】控制面板中的【直线】图标 ╱，绘制 3 条直线；单击【草图】控制面板中的【三点圆弧】图标 ⌒ 绘制一个圆弧；单击【草图】面板中的【智能尺寸】图标 ⟨，标注已绘制草图的尺寸，结果如图 4-67 所示。

（6）切除实体。单击【特征】控制面板中的【拉伸切除】图标 ▣，此时系统弹出【切除-拉伸 1】属性管理器，设置【方向 1】和【方向 2】的终止条件为【完全贯穿】，如图 4-68 所示，单击【确定】图标 ✔，结果如图 4-69 所示。

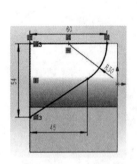

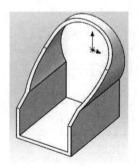

图 4-67　拉伸切除草图　　图 4-68　【切除-拉伸 1】属性管理器　　图 4-69　切除后图形

（7）圆角处理。单击【特征】控制面板上的【圆角】图标 ▣，此时系统弹出【圆角 1】属性管理器，输入圆角半径为"15.00 mm"，然后选择图 4-70 中的两条边线，单击【确定】图标 ✔，结果如图 4-71 所示。

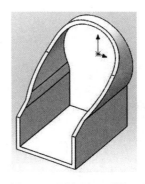

图 4-70 【圆角 1】属性管理器   图 4-71 圆角处理后图形

(8) 绘制草图 3。单击图 4-71 中的前端面，然后单击【前导视图】工具栏中的【正视于】图标 ⬆，将该表面作为绘制图形的基准面；单击【草图】控制面板中的【边角矩形】图标 ▭，绘制一个矩形；添加好约束后，结果如图 4-72 所示。

(9) 切除实体 2。单击【特征】控制面板中的【拉伸切除】图标 📷，此时系统弹出【切除-拉伸 2】属性管理器，输入深度为 "65.00 mm"，其他采用默认设置，如图 4-73 所示，然后单击【确定】图标 ✔，结果如图 4-74 所示。

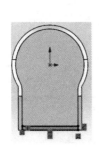

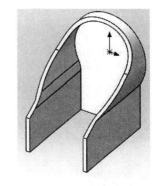

图 4-72 拉伸切除草图   图 4-73 【切除-拉伸 2】属性管理器   图 4-74 切除后图形

(10) 绘制草图 4。单击图 4-74 中的零件的右侧端面，然后单击【标准视图】控制面板中的【正视于】图标 ⬆，将该表面作为绘制图形的基准面；单击【草图】控制面板中的【圆】图标 ⊙，在设置的基准面上绘制一个圆；单击【草图】控制面板中的【智能尺寸】图标 ✎，标注绘制圆的直径及其定位尺寸，结果如图 4-75 所示。

(11) 切除实体 3。单击【特征】控制面板中的【拉伸切除】图标 ⬜，此时系统弹出【切除-拉伸 3】属性管理器，设置终止条件为【完全贯穿】，如图 4-76 所示，单击【确定】图标 ✔，结果如图 4-77 所示。

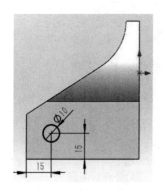

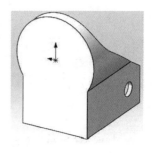

图 4-75　拉伸切除草图　　图 4-76　【切除-拉伸 3】属性管理器　　图 4-77　拉伸切除后图形

(12) 绘制草图 5。单击图 4-77 中零件的前端面，然后单击【标准视图】控制面板中的【正视于】图标 ⬆，将该表面作为绘制图形的基准面；单击【草图】控制面板中的【圆】图标 ⊙，在设置的基准面上绘制一个直径为 60 mm 的圆，如图 4-78 所示。

(13) 拉伸实体 2。单击【特征】控制面板中的【拉伸凸台/基体】图标 🔲，此时系统弹出【凸台-拉伸 2】属性管理器，输入深度为"3.00 mm"，其他采用默认设置，如图 4-79 所示，然后单击【确定】图标 ✔，结果如图 4-80 所示。

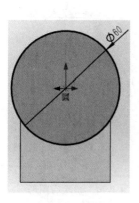

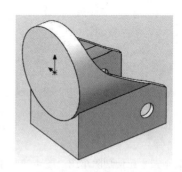

图 4-78　拉伸草图　　图 4-79　【凸台-拉伸 2】属性管理器　　图 4-80　拉伸凸台后图形

(14) 圆角处理。单击【特征】控制面板上的【圆角】图标 🔲，此时系统弹出【圆角 2】属性管理器，输入圆角半径为"3.00 mm"，然后选择图 4-81 中的边线，单击【确定】图标 ✔，结果如图 4-82 所示。

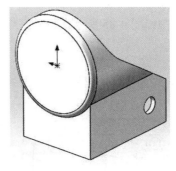

图 4-81　【圆角 2】属性管理器　　　　　　图 4-82　圆角处理后的图形

(15) 绘制草图 6。单击图 4-82 中的圆柱体前端面，然后再单击【前导视图】工具栏中的【正视于】图标 $\perp$，将该表面作为绘制图形的基准面；单击【草图】控制面板中的【圆】图标 ⊙，在设置的基准面上绘制一个直径为 18 mm 的圆。

(16) 切除实体 4。单击【特征】控制面板中的【拉伸切除】图标 ⬚，此时系统弹出【切除-拉伸】属性管理器，设置终止条件为【完全贯穿】，如图 4-83 所示，单击【确定】图标 ✔，生成的移动轮支架结果如图 4-84 所示。

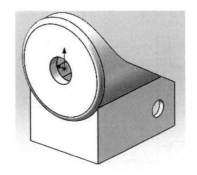

图 4-83　【切除-拉伸】属性管理器　　　　图 4-84　移动轮支架

本 章 小 结

　　本章主要介绍了 SolidWorks 2022 软件的放置特征，放置特征是 SolidWorks 中在已有模型基础上进行快速构建和修改的重要手段。在机械零件的设计中，放置特征可以快速添加孔、圆角和倒角等，提高了设计效率和零件的质量。读者在学习过程中要多实践，通过实际操作不同的放置特征，熟悉其功能和操作方法。注意观察放置特征对模型的影响，理解参数变化与结果之间的关系；与草图特征相结合，综合运用多种建模手段，创造出更复杂的模型。

习　　题

1. 绘制如图 4-85 所示图形的三维造型。

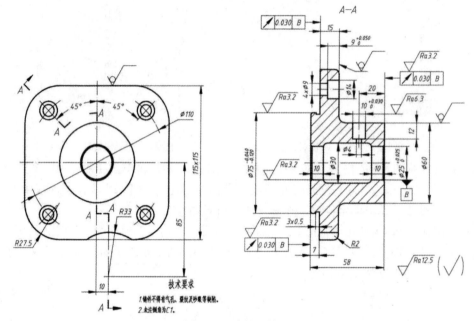

图 4-85　端盖零件图

2. 绘制如图 4-86 所示图形的三维造型。

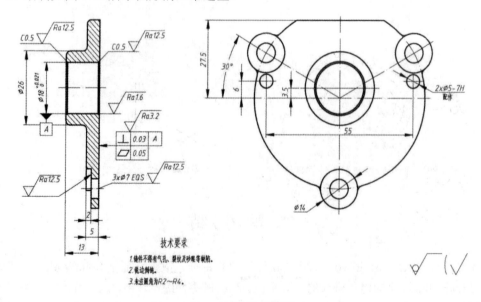

图 4-86　泵盖零件图

第 5 章 特 征 编 辑

知识要点

- 特征的管理；
- 特征的重定义；
- 特征的压缩与恢复；
- 特征的复制与删除；
- 特征阵列；
- 特征镜向。

本章导读

　　除了直接创建特征，SolidWorks 2022 还提供了强大的特征编辑功能。特征编辑是指在不改变已有特征的基本形态下，对其进行整体的复制、缩放和更改，特征编辑工具包括特征管理、特征的重定义、阵列特征、镜向特征、复制与删除特征、属性编辑等命令。运用特征编辑工具，可以更方便、更准确地完成零部件造型。

5.1 零件特征的管理

　　零件的建模过程，可以认为是特征的建立和特征的管理过程。特征建立并不是特征简单相加的过程，特征间存在父子关系，即特征重建时是以已有的特征为基础，因此特征的先后顺序对模型建立有影响。对特征进行压缩，可以使特征在图形区域不显示，并且重建模型中可以忽略被压缩的特征。

　　在零件的设计过程中如果需要查看某特征生成前后的状态，或者需要在特征状态之间插入新的特征，可以利用退回特征和插入特征的操作来实现。

5.1.1 退回特征

　　退回特征有两种方式，第一种是使用退回控制棒，另一种是使用快捷菜单。在 FeatureManager 设计树的最底端有一条粗实线，该线就是退回控制棒。

下面介绍界面属性的操作步骤。

(1) 打开的文件实体如图 5-1 所示。泵盖零件的 FeatureManager 设计树如图 5-2 所示。

(2) 将光标放置在退回控制棒上时，光标变为 形状。单击退回控制棒，此时退回控制棒以蓝色显示，然后按住鼠标左键，拖动光标到想要查看的特征上，并释放鼠标。操作后的 FeatureManager 设计树如图 5-3 所示，退回的零件模型如图 5-4 所示。

从图 5-4 中可以看出，查看特征后的特征在零件模型上没有显示，表明该零件模型已退回到该特征以前的状态。

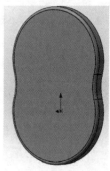

图 5-1　打开的泵盖零件　　图 5-2　泵盖零件设计树　　图 5-3　操作后设计树　　图 5-4　退回后的模型

退回特征也可以使用快捷菜单进行操作，用鼠标右键单击 FeatureManager 设计树中的【打孔】特征，系统弹出的快捷菜单如图 5-5 所示。单击【退回】图标 ，此时该零件模型退回到该特征以前的状态，如图 5-4 所示。也可以在退回状态下，使用如图 5-6 所示的退回快捷菜单，根据需要选择合适的退回操作。

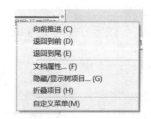

图 5-5　快捷菜单　　　　　　　　图 5-6　退回快捷菜单

在退回快捷菜单中，【向前推进】命令表示退回到下一个特征；【退回到前】命令表示退回到上一退回特征状态；【退回到尾】命令表示退回到特征模型的末尾，即处于模型的原始状态。

5.1.2　插入特征

将特征管理器设计树中的【退回控制棒】退回到需插入特征的位置，再依据生成特征的方法生成新的特征。

现在需要对实体文件如图 5-7 中【旋转切除】特征添加一个【倒角】特征，并且需要和【切除-旋转 1】同时进行阵列。如果不使用零件退回，新建的倒角特征将位于【阵列(圆周)1】特征之后，编辑【阵列(圆周)1】定义时，不能选择倒角特征。应使用零件退回，在【阵列(圆周)1】特征前插入【倒角】特征。具体操作步骤如下：

(1) 将零件特征退回到【阵列(圆周)1】之前。

(2) 添加【倒角】特征，则【倒角】特征被插入到【切除-旋转1】之后，【阵列(圆周)1】之前。单击【特征】工具栏中的【倒角】图标 ，系统弹出【倒角】属性管理器。【距离】选项中输入“0.5”，选取凹半球的边缘，单击【确定】图标 ✓，结果如图 5-7 所示。

(3) 拖动【退回控制棒】到最后，释放零件退回状态。

(4) 在特征管理器设计树中选择【阵列(圆周)1】，单击鼠标右键，在弹出的快捷菜单中选择【编辑特征】命令，系统弹出如图 5-8 所示的【阵列(圆周)1】属性管理器，激活【要阵列的特征】列表框，选择【倒角2】特征，【倒角】特征被添加到【要阵列的特征】列表框中，保持其他的阵列特征参数不变，确定阵列特征定义，如图 5-8 所示。

(5) 修改阵列特征定义后，阵列的内容包括倒角特征。

图 5-7　插入【倒角】特征

图 5-8　【阵列(圆周)1】属性管理器

5.2　特征的重定义

当特征创建完毕后，如果需要重新定义特征的属性、横断面的形状或特征的深度选项，就必须对特征进行【编辑定义】，也叫【重定义】。下面以模型连接件的切除拉伸特征为例，说明特征编辑定义的操作方法。

5.2.1　重定义特征的属性

重定义特征的属性的具体操作步骤如下。

(1) 在图 5-9 所示连接件模型的设计树中，用鼠标右键单击【切除拉伸1】特征，在系统弹出的快捷菜单中选择【编辑特征】命令 🔧，此时【切除-拉伸1】属性管理器将显示出来，以便进行编辑，如图 5-10 所示。

(2) 在该对话框中重新设置特征的深度类型、深度值及拉伸方向等属性。

图 5-9　连接件设计树　　　图 5-10　【切除-拉伸 1】属性管理器

(3) 单击属性管理器中的【确定】图标 ☑，完成特征属性的修改。

5.2.2　重定义特征的横截面草图

重定义特征的横截面草图的具体操作步骤如下：

(1) 在图 5-9 所示的设计树中用鼠标右键单击【切除-拉伸 1】特征，在系统弹出的快捷菜单中单击【编辑草图】图标 ☑，进入草图绘制环境。

(2) 在草图绘制环境中修改特征草图横断面的尺寸、约束关系和形状等。

(3) 单击右上角的【退出草图】图标 ☑，退出草图绘制环境，完成特征的修改。说明：在编辑特征的过程中可能需要修改草图基准平面，其方法是在图 5-11 所示的设计树中用鼠标右键单击【草图 2】，然后从系统弹出的图 5-12 所示的快捷菜单中单击【编辑草图平面】图标 ☑，系统将弹出图 5-13 所示的【草图绘制平面】对话框，在此对话框中可更改草图基准面。

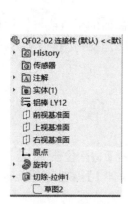

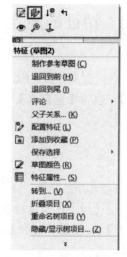

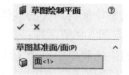

图 5-11　设计树　　　图 5-12　快捷菜单　　　图 5-13　【草图绘制平面】对话框

5.3　压缩与解除压缩特征

压缩特征不仅可以使特征不显示在图形区域，还可以避免所有可能参与的计算。在模型建立的过程中，压缩一些对下一步建模无影响的特征，可以加快复杂模型的重建速度。

压缩特征可以将其从模型中移除，而不是删除。特征被压缩后，该特征的子特征同时被压缩。被压缩的特征在特征管理器设计树中以灰色显示。

5.3.1　压缩特征

从 FeatureManager 设计树中可以选择需要压缩的特征，也可以从视图中选择需要压缩特征的一个面。压缩特征的方法有以下几种：

(1) 菜单栏方式：选择要压缩的特征，然后选择菜单栏中的【编辑】→【压缩】→【此配置】命令。

(2) 快捷菜单方式：在 FeatureManager 设计树中，鼠标右键单击需要压缩的特征，在弹出的快捷菜单中单击【压缩】图标 ↓■，如图 5-14 所示。

(3) 对话框方式：在 FeatureManager 设计树中，鼠标右键单击需要压缩的特征，在弹出的快捷菜单中单击【特征属性】图标 ▤。在弹出的【修改配置】窗口中选中【压缩】复选框，然后单击【确定】按钮，如图 5-15 所示。

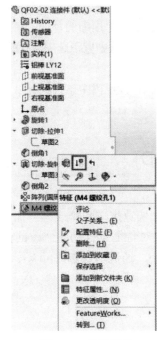

图 5-14　快捷菜单　　　　　　　　　图 5-15　【修改配置】窗口

图 5-16 为连接件后面 3 个特征被压缩后的图形，图 5-17 为压缩后的 FeatureManager 设计树。

图 5-16 特征压缩后的连接件   图 5-17 压缩后的 FeatureManager 设计树

5.3.2 解除压缩特征

解除压缩的特征时，必须从 FeatureManager 设计树中选择需要压缩的特征。与压缩特征相对应，解除压缩特征的方法有以下几种：

(1) 菜单栏方式：选择要解除压缩的特征，然后选择菜单栏中的【编辑】→【解除压缩】→【此配置】命令。

(2) 快捷菜单方式：在 FeatureManager 设计树中，鼠标右键单击要解除压缩的特征，在弹出的快捷菜单中单击【解除压缩】图标 ↑📦。

(3) 对话框方式：在 FeatureManager 设计树中，鼠标右键单击要解除压缩的特征，在弹出的快捷菜单中单击【配置特征】图标 📝。在弹出的【特征属性】对话框中取消选中【压缩】复选框，然后单击【确定】按钮。

压缩的特征被解除以后，视图中将显示该特征，FeatureManager 设计树中该特征将以正常模式显示。

5.4 动态修改特征(Instant3D)

动态修改特征(Instant3D)可以让用户通过拖动控标或标尺来快速生成和修改模型几何体。动态修改特征是指系统不需要退回编辑特征的位置，直接对特征进行动态修改的命令。动态修改通过控标移动、旋转来调整拉伸及旋转特征的大小。通过动态修改可以修改草图，也可以修改特征。

动态修改特征的操作步骤如下。

1. 修改草图

(1) 单击【特征】控制面板中的【Instant3D】图标 🐿，开始动态修改特征操作。

(2) 单击 FeatureManager 设计树中的【切除-拉伸 1】作为要修改的特征，视图中该特征被亮显，如图 5-18 所示，同时出现该特征的修改控标。

(3) 拖动指定尺寸的控标，屏幕出现标尺，如图 5-19 所示。使用屏幕上的标尺可以精确地修改草图，修改后的草图如图 5-20 所示。

图 5-18　选择需要修改的特征　　　　　　　　　图 5-19　标尺

(4) 单击【特征】控制面板中的【Instant3D】图标 ，退出 Instant3D 特征操作，修改后的模型如图 5-21 所示。

图 5-20　修改后的草图　　　　　　　　　　图 5-21　修改后的模型

2. 修改特征

(1) 单击【特征】控制面板中的【Instant3D】图标 ，开始动态修改特征操作。

(2) 单击 FeatureManager 设计树中的【切除-拉伸 1】作为要修改的特征，视图中该特征被高亮显示，如图 5-22 所示，同时出现该特征的修改控标。

(3) 拖动距离为 4 mm 的修改光标，调整拉伸的长度，如图 5-23 所示。

(4) 单击【特征】控制面板中的【Instant3D】图标 ，退出 Instant3D 特征操作，修改后的模型如图 5-24 所示。

图 5-22　选择需要修改的特征　　　图 5-23　拖动修改控标　　　图 5-24　修改后的模型

5.5　特征的复制与删除

在零件建模过程中，如果有相同的零件特征，用户可以利用系统提供的特征复制功能进行复制，这样可以节省大量的时间，达到事半功倍的效果。

SolidWorks 2022 提供的复制功能，不仅可以实现同一个零件模型中的特征复制，还可以实现不同零件模型之间的特征复制。

在同一个零件模型中复制特征的操作步骤如下：

(1) 在图 5-25 中选择特征，此时该特征在图形区中将以高亮度显示。

(2) 按住 Ctrl 键，拖动特征到所需的位置上(同一个面或其他的面上)。

(3) 如果特征具有限制其移动的定位尺寸或几何关系，则系统会弹出【删除确认】对话框，如图 5-26 所示，询问对该操作的处理，其中：

- 单击【删除】按钮，将删除限制特征移动的几何关系和定位尺寸；
- 单击【保留】按钮，将不对的尺寸标注和几何关系进行求解；
- 单击【取消】按钮，将取消删除操作。

图 5-25　打开的文件实体

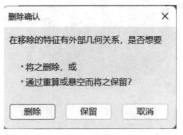

图 5-26　【删除确认】对话框

(4) 如果在步骤(3)中单击【保留】按钮，则系统会弹出【SOLIDWORKS】对话框，如图 5-27 所示，警告在模型特征中存在错误，可能会复制失败，需要修复，单击【继续(忽略错误)】按钮，退出对话框，同时模型树列表中显示上一步复制零件特征存在错误，需要修改。

图 5-27　【SOLIDWORKS】对话框

(5) 要重新定义悬空尺寸，首先在 FeatureManager 设计树中用鼠标右键单击对应特征的草图，在弹出的快捷菜单中选择【编辑草图】命令。此时显示悬空尺寸，可以通过【智能尺寸】命令重新定义尺寸，在重新定义尺寸之前首先要删除原尺寸。

将特征从一个零件复制到另一个零件上的操作步骤如下：

(1) 选择菜单栏中的【窗口】→【横向平铺】命令，以平铺的方式显示多个文件。

(2) 在一个文件的 FeatureManager 设计树中选择要复制的特征。

(3) 选择菜单栏中的【编辑】→【复制】命令。

(4) 在另一个文件中，选择菜单栏中的【编辑】→【粘贴】命令。

如果要删除模型中的某个特征，只要在 FeatureManager 设计树或图形区中选择该特征，然后按 Delete 键或单击鼠标右键，在弹出的快捷菜单中选择【删除】命令，即可将特征从模型中删除。

5.6　特 征 阵 列

特征阵列用于将任意特征作为原始样本特征，通过指定阵列尺寸产生多个类似的子样本特征。特征阵列完成后，原始样本特征和子样本特征成为一个整体，用户可将其作为一个特征进行相关的操作，如删除、修改等。如果修改了原始样本特征，则阵列中的所有子样本特征也随之更改。

SolidWorks 2022 提供了线性阵列、圆周阵列、草图驱动阵列、曲线驱动阵列和填充阵列 5 种阵列方式。下面详细介绍这几种常用的阵列方式。

5.6.1　线性阵列

线性阵列是指沿一条或两条直线路径生成多个子样本特征。如图 5-28 所示为线性阵列后的零件模型。

下面介绍创建线性阵列特征的操作步骤，阵列前实体如图 5-29 所示。

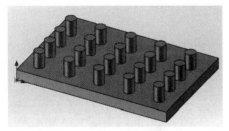

图 5-28　线性阵列后模型

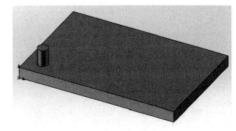

图 5-29　阵列前模型

(1) 在图形区中选择原始样本特征(切除、孔或凸台等)。

(2) 单击【特征】控制面板中的【线性阵列】图标，或选择菜单栏中的【插入】→【阵列/镜向】→【线性阵列】命令，系统弹出【阵列(线性)1】属性管理器。在【要阵列的特征】选项组中将显示所选择的特征。如果要选择多个原始样本特征，需在选择特征时按住 Ctrl 键。

(3) 在【方向 1】选项组中单击第一个列表框，然后在图形区中选择模型的一条边线或尺寸线，指出阵列的第一个方向。所选边线或尺寸线的名称出现在该列表框中。

(4) 如果图形区中表示阵列方向的箭头不正确，则单击【反向】图标，可以反转阵列方向。

(5) 在【方向 1】选项组的【间距】 ⬡ 文本框中指定阵列特征之间的距离。

(6) 在【方向 1】选项组的【实例数】 ⬡ 文本框中指定该方向下阵列的特征数(包括原始样本特征),如图 5-30 所示。此时在图形区中可以预览阵列效果。

图 5-30　设置线性阵列

(7) 如果要在另一个方向上同时生成线性阵列,则仿照步骤(2)～(6)中的操作,对【方向 2】选项组进行设置。

(8) 在【方向 2】选项组中有一个【只阵列源】复选框,如果选中该复选框,则在第 2 方向中只复制原始样本特征,而不复制【方向 1】中生成的其他子样本特征,如图 5-31 所示。

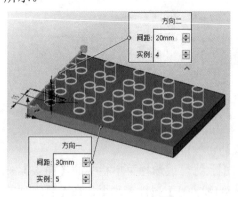
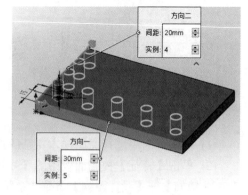

(a) 不勾选【只阵列源】复选框　　　　　　(b) 勾选【只阵列源】复选框

图 5-31　只阵列源与阵列所有特征的效果对比

(9) 在阵列中如果要跳过某个阵列子样本特征,则在【可跳过的实例】选项组中单击【要跳过的实例】图标 ⬡ 右侧的列表框,并在图形区中选择想要跳过的某个阵列特征,这些特征将显示在该列表框中。图 5-32 显示了可跳过的实例效果。

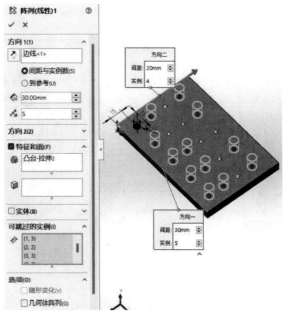

图 5-32 阵列时应用可跳过实例

(10) 线性阵列属性设置完毕，单击【确定】图标 ✔ ，生成线性阵列。

5.6.2 圆周阵列

圆周阵列是指绕一个轴心以圆周路径生成多个子样本特征。在创建圆周阵列特征之前，首先要选择一个中心轴，这个轴可以是基准轴或者临时轴。每一个圆柱和圆锥面都有一条轴线，称之为临时轴。临时轴是由模型中的圆柱和圆锥隐含生成的，在图形区中一般不可见。在生成圆周阵列时需要使用临时轴，选择菜单栏中的【视图】→【临时轴】命令即可显示临时轴。此时该菜单旁边出现标记【√】，表示临时轴可见。此外，还可以生成基准轴作为中心轴。

创建圆周阵列特征的操作步骤如下：

(1) 选择菜单栏中的【视图】→【临时轴】命令，显示特征基准轴，如图 5-33 所示。

(2) 在图形区选择原始样本特征(切除、孔或凸台等)。

(3) 单击【特征】控制面板中的【圆周阵列】图标 ❖，或选择菜单栏中的【插入】→【阵列/镜向】→【圆周阵列】命令，系统弹出【阵列(圆周)1】属性管理器。

(4) 在【要阵列的特征】选项组中高亮显示步骤(2)中所选择的特征。如果要选择多个原始样本特征，需按住 Ctrl 键进行选择。此时，在图形区将生成一个中心轴，作为圆周阵列的圆心位置。在参数选项组中，单击第一个列表框，然后在图形区中选择中心轴，则所选中心轴的名称将显示在该列表框中。

(5) 如果图形区中阵列的方向不正确，则单击【反向】图标 ↻，可以翻转阵列方向。

(6) 在参数选项组的【角度】 ⚙ 文本框中指定阵列特征之间的角度。

(7) 在参数选项组的【实例数】 ❖ 文本框中指定阵列的特征数(包括原始样本特征)。此时在图形区中可以预览阵列效果，如图 5-34 所示。

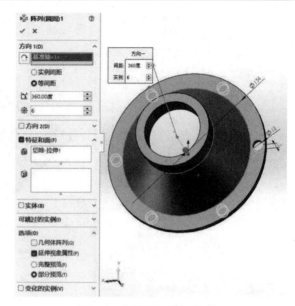

图 5-33　特征基准轴　　　　　　　　　图 5-34　预览圆周阵列效果

(8) 选中【等间距】复选框，则总角度将默认为 360°，所有的阵列特征会等角度均匀分布。

(9) 选中【几何体阵列】复选框，则只复制原始样本特征而不对其进行求解，这样可以加快生成及重建模型的速度。但是如果某些特征的面与零件的其余部分合并在一起，则不能为这些特征生成几何体阵列。

(10) 圆周阵列属性设置完毕，单击【确定】图标 ✔，生成圆周阵列。

5.6.3　草图驱动阵列

SolidWorks 2022 还可以根据草图上的草图点来安排特征的阵列。用户只要控制草图上的草图点，即可将整个阵列扩散到草图中的每个点。

创建草图阵列的操作步骤如下：

(1) 单击【草图】控制面板中的【草图绘制】图标 　，在零件的面上打开一个草图。

(2) 单击【草图】控制面板中的【点】图标 ▪，绘制驱动阵列的草图点。

(3) 单击【草图】控制面板中的【退出草图】图标 　，关闭草图。

(4) 单击【特征】控制面板中的【草图驱动的阵列】图标 　，或者选择菜单栏中的【插入】→【阵列/镜向】→【由草图驱动的阵列】命令，系统弹出【由草图驱动的阵列】属性管理器。

(5) 在【选择】选项组中，单击【参考草图】图标 　右侧的列表框，然后选择驱动阵列的草图，则所选草图的名称显示在该列表框中。

(6) 选择参考点。参考点分别为：

• 重心：如果选中该单选按钮，则使用原始样本特征的重心作为参考点。

• 所选点：如果选中该单选按钮，则在图形区中选择参考顶点。可以使用原始样本特征的重心、草图原点、顶点或另一个草图点作为参考点。

(7) 单击要阵列的特征选项组中【要阵列的特征】图标 右侧的列表框，然后选择要阵列的特征。此时在图形区中可以预览阵列效果，如图 5-35 所示。

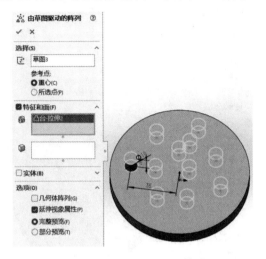

图 5-35 预览阵列效果

(8) 选中【几何体阵列】复选框，则只复制原始样本特征而不对其进行求解，这样可以加快生成及重建模型的速度。但是如果某些特征的面与零件的其余部分合并在一起，则不能为这些特征生成几何体阵列。

(9) 草图阵列属性设置完毕，单击【确定】图标 ✔，生成草图驱动的阵列。

5.6.4 曲线驱动阵列

曲线驱动阵列是指沿平面曲线或者空间曲线生成的阵列实体。

创建曲线驱动阵列的操作步骤如下：

(1) 设置基准面。选择图 5-36 中的大圆柱上表面，然后单击【前导视图】工具栏中的【正视于】按钮 ↓，将该表面作为绘制图形的基准面。

(2) 绘制草图。选择菜单栏中的【工具】→【草图绘制实体】→【样条曲线】命令，绘制如图 5-37 所示的样条曲线，之后退出草图绘制状态。

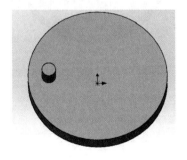

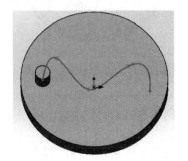

图 5-36 打开的实体文件   图 5-37 绘制曲线

(3) 执行曲线驱动阵列命令。选择菜单栏中的【插入】→【阵列/镜向】→【曲线驱动的阵列】命令，或者单击【特征】控制面板中的【曲线驱动的阵列】图标 ，此时系统弹出如图 5-38 所示的【曲线驱动的阵列】属性管理器。

　　(4) 设置属性管理器。在要阵列的特征选项组中，选择如图 5-36 所示拉伸的实体；在阵列方向选项组中，选择样条曲线。其他设置如图 5-38 所示。

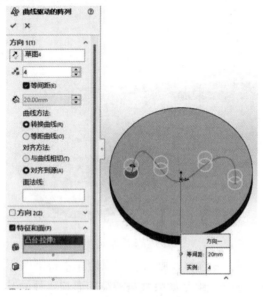

图 5-38　【曲线驱动的阵列】属性管理器

　　(5) 确认曲线驱动阵列的特征。单击【曲线驱动的阵列】属性管理器中的【确定】图标 ✔，结果如图 5-39 所示。

　　(6) 取消视图中的草图显示。选择菜单栏中的【视图】→【草图】命令，取消视图中草图的显示，结果如图 5-40 所示。

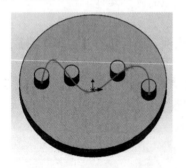

图 5-39　曲线驱动阵列的图形

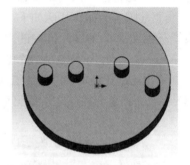

图 5-40　取消草图显示的图形

5.6.5　填充阵列

　　通过填充阵列特征，可以选择平面定义的区域或位于面上的草图，使用不同的阵列布局类型来填充定义的区域。

　　创建填充阵列的操作步骤如下：

　　(1) 创建一个薄板特征，并且在薄板的中心打一个小孔，如图 5-41 所示。

(2) 执行填充阵列命令。选择菜单栏中的【插入】→【阵列/镜向】→【填充阵列】命令，或者单击【特征】控制面板中的【填充阵列】图标 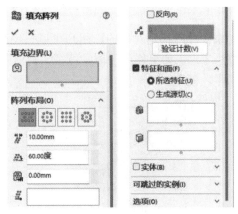，此时系统弹出如图 5-42 所示的【填充阵列】属性管理器。

图 5-41　阵列前文件　　　　　图 5-42　【填充阵列】属性管理器

(3) 选择【阵列布局】方式，分别为：

- 【穿孔】⣿：为钣金穿孔式阵列生成网络。

在【实例间距】图标 🔧 右侧文本框中输入两特征间距值；在【交错断续角度】图标 📐 右侧文本框中输入两特征夹角值；在【边距】图标 📖 右侧文本框中输入填充边界边距值；在【阵列方向】图标 ⣿ 右侧文本框中确定阵列方向；在【实例记数】图标 🔢 右侧文本框中显示根据规格计算出的阵列中的实例数，此数量无法编辑。

- 【圆形】⣿：生成圆周形阵列。
- 【方形】⣿：生成方形阵列。
- 【多边形】⣿：生成多边形阵列。

4 种填充阵列布局示例如图 5-43 所示，读者可自行设置参数进行尝试。

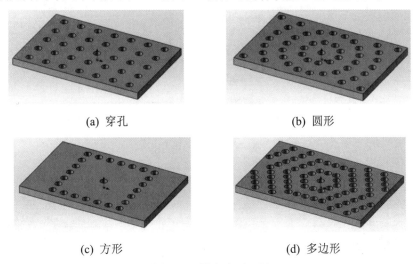

(a) 穿孔　　　　　　　　　　(b) 圆形

(c) 方形　　　　　　　　　　(d) 多边形

图 5-43　填充阵列示例

5.7　镜　向　特　征

如果零件结构是对称的，用户可以只创建零件模型的一半，然后使用镜向特征的方法生成整个零件。如果修改了原始特征，则镜向的特征也随之更改。图 5-44 为运用镜向特征生成的零件模型。

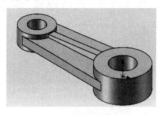
(a)　镜向前

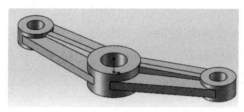
(b)　镜向后

图 5-44　镜向特征生成的零件

5.7.1　镜向特征

镜向特征是指以某一平面或者基准面作为参考面，对称复制一个或者多个特征。下面介绍创建镜向特征的操作步骤，如图 5-45 所示为实体文件。

(1) 选择菜单栏中的【插入】→【阵列/镜向】→【镜向】命令，或者单击【特征】控制面板中的【镜向】图标，系统弹出【镜向 1】属性管理器。

(2) 在【镜向面/基准面】选项组中，选择如图 5-45 所示的【上视基准面】；在【要镜向的特征】选项组中选择【切除-旋转 1】，如图 5-46 所示。单击【确定】图标 ✓，创建的镜向特征如图 5-47 所示。

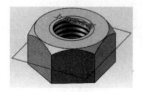

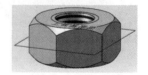

图 5-45　打开的文件　　　图 5-46　【镜向 1】属性管理器　　　图 5-47　镜向特征

5.7.2　镜向实体

镜向实体是指以某一平面或者基准面作为参考面，对称复制视图中的整个模型实体。下面介绍创建镜向实体的操作步骤。

(1) 继续使用 5.7.1 节图 5-45 中的实体，选择菜单栏中的【插入】→【阵列/镜向】→【镜向】命令，或者单击【特征】控制面板中的【镜向】图标，系统弹出【镜向 2】属性管理器。

(2) 在【镜向面/基准面】选项组中选择实体的底面，在【要镜向的实体】选项组中选择如图 5-45 所示模型实体上的任意一点。【镜向 2】属性管理器设置如图 5-48 所示。单击【确定】图标 ✓，创建的镜向实体如图 5-49 所示。

图 5-48　【镜向 2】属性管理器

图 5-49　镜向实体

5.7.3　实例——螺母

本例要求完成的螺母三维模型如图 5-50 所示。

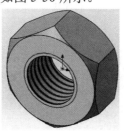

图 5-50　螺母

建模思路：首先绘制螺母外形轮廓草图并拉伸实体，然后旋转切除边缘的倒角，再镜向旋转切除边缘，接着拉伸切除孔，最后添加孔的螺纹装饰。建模流程图如图 5-51 所示。

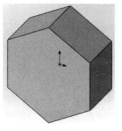
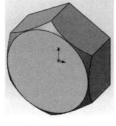
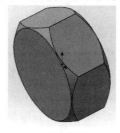

(a) 拉伸实体　　　　　　(b) 旋转切除　　　　　　(c) 镜向特征

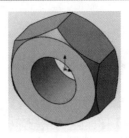 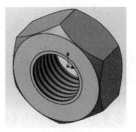

(d) 拉伸切除　　　　　　　(e) 螺纹装饰

图 5-51　螺母建模流程图

具体操作步骤如下：

1. 绘制螺母外形轮廓

(1) 新建文件。启动 SolidWorks 2022，选择菜单栏中的【文件】→【新建】命令，或者单击快速访问工具栏中的【新建】图标 ，在弹出的【新建 SOLIDWORKS 文件】对话框中先单击【零件】图标 ，再单击【确定】按钮，创建一个新的零件文件。

(2) 绘制草图。在左侧的 FeatureManager 设计树中选择【前视基准面】作为绘制图形的基准面。单击【草图】控制面板中的【多边形】图标 ，以原点为圆心绘制一个正六边形，其中多边形的一个角点在原点的正上方。

(3) 标注尺寸。选择菜单栏中的【工具】→【标注尺寸】→【智能尺寸】命令，或单击【草图】控制面板中的【智能尺寸】图标 ，标注步骤(2)中绘制的草图的尺寸，结果如图 5-52 所示。

(4) 拉伸实体。选择菜单栏中的【插入】→【凸台/基体】→【拉伸】命令，或单击【特征】控制面板中的【拉伸凸台/基体】图标 ，此时系统弹出【凸台-拉伸】属性管理器。在【深度】一栏中输入值为"30.00 mm"，然后单击【确定】图标 。

(5) 设置视图方向。单击【前导视图】工具栏中的【等轴测】图标 ，将视图以等轴测方向显示，结果如图 5-53 所示。

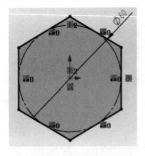 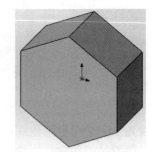

图 5-52　拉伸凸台草图　　　　　　图 5-53　拉伸凸台

2. 绘制边缘倒角

(1) 设置基准面。在左侧的 FeatureManager 设计树中选择【右视基准面】，然后单击【前导视图】工具栏中的【正视于】图标 ，将该基准面作为绘制图形的基准面。

(2) 绘制草图。单击【草图】控制面板中的【中心线】图标 ，绘制一条通过原点的水平中心线；单击【草图】控制面板中的【直线】图标 ，绘制螺母一侧的三角形。

(3) 标注尺寸。单击【草图】控制面板中的【智能尺寸】图标 ，标注步骤(2)中绘制的草图的尺寸，结果如图 5-54 所示。

(4) 旋转切除实体。选择菜单栏中的【插入】→【切除】→【旋转】命令，或单击【特征】控制面板中的【旋转切除】图标 🔞，此时系统弹出【切除-旋转 1】属性管理器，如图 5-55 所示。在【旋转轴】一栏中，选择绘制的水平中心线，然后单击【确定】图标 ✓。

(5) 设置视图方向。单击【前导视图】工具栏中的【等轴测】图标 📦，将视图以等轴测方向显示，结果如图 5-56 所示。

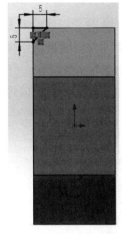

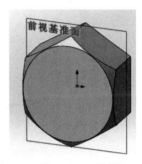

图 5-54　切除-旋转草图　　　　图 5-55　【切除-旋转 1】属性管理器　　　　图 5-56　旋转切除

3. 镜向特征

(1) 选择菜单栏中的【插入】→【阵列/镜向】→【镜向】命令，或单击【特征】控制面板中的【镜向】图标 📭，系统弹出【镜向】属性管理器。

(2) 在【镜向面/基准面】选项组中，选择如图 5-56 所示的前视基准面；在【要镜向的特征】选项组中选择【切除-旋转 1】，如图 5-57 所示。单击【确定】图标 ✓，创建的镜向特征如图 5-58 所示。

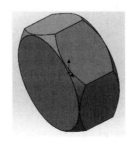

图 5-57　【镜向 1】属性管理器　　　　图 5-58　镜向特征后图形

4. 绘制内侧螺纹

(1) 设置基准面。单击图 5-58 中的前端面，然后单击【前导视图】工具栏中的【正视于】图标 ⊥，将该表面作为绘制图形的基准面。

(2) 绘制草图。单击【草图】控制面板中的【圆】图标 ⊙，以原点为圆心绘制一个圆。

(3) 标注尺寸。单击【草图】控制面板中的【智能尺寸】图标 ◇，标注圆的直径，结果如图 5-59 所示。

(4) 拉伸切除实体。选择菜单栏中的【插入】→【切除】→【拉伸】命令，或单击【特征】控制面板中的【拉伸切除】图标 🔲，此时系统弹出【切除-拉伸】属性管理器。在终止条件一栏的下拉列表框中选择【完全贯穿】选项，然后单击【确定】图标 ✓。

(5) 设置视图方向。单击【前导视图】工具栏中的【等轴测】图标 🔷，将视图以等轴测方向显示，结果如图 5-60 所示。

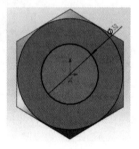
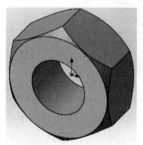

图 5-59　拉伸切除草图　　　　　图 5-60　拉伸切除后图形

(6) 生成螺纹装饰。选择菜单栏中的【插入】→【注解】→【装饰螺纹线】命令，此时系统弹出如图 5-61 所示的【装饰螺纹线】属性管理器。按照图示进行设置后，单击属性管理器中的【确定】图标 ✓。

(7) 设置视图方向。单击【前导视图】工具栏中的【等轴测】图标 🔷，将视图以等轴测方向显示，结果如图 5-62 所示。

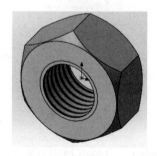

图 5-61　【装饰螺纹线】属性管理器　　　　图 5-62　以等轴测方向显示的螺母

5.8　方程式驱动尺寸

特征尺寸只能控制特征中不属于草图部分的数值，即特征定义尺寸，而方程式可以驱动任何尺寸。当在模型尺寸之间生成方程式后，特征尺寸成为变量，各特征尺寸之间必须满足方程式的要求，互相牵制。当删除方程式中使用的尺寸或尺寸所在的特征时，方程式也一起被删除。

生成方程式驱动尺寸的操作步骤如下：

1. 为尺寸添加变量名

(1) 在 FeatureManager 设计树中，用鼠标右键单击【注解】文件夹图标 ，在弹出的快捷菜单中选择【显示特征尺寸】命令，此时在图形区中零件的所有特征尺寸都将显示出来。

(2) 在图 5-63 的实体文件中，单击尺寸值，系统弹出【尺寸】属性管理器。

(3) 在【数值】选项卡的【主要值】选项组的文本框中输入尺寸名称，如图 5-64 所示，单击【确定】图标 ✔。

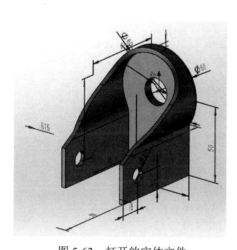

图 5-63　打开的实体文件

图 5-64　【尺寸】属性管理器

2. 建立方程式驱动尺寸

(1) 选择菜单栏中的【工具】→【方程式】命令，系统弹出【方程式、整体变量、及尺寸】对话框。单击【方程式】下方的【添加方程式】方框，对话框转换为如图 5-65(a) 所示的对话框。

(2) 在图形区中依次单击左上角的图标 Σ 🔩 ⚙ ⅍，分别显示【方程式视图】、【草图方程式视图】、【尺寸视图】、【按序排列的视图】，分别显示如图 5-65(a)～图 5-65(d) 所示的对话框。

(3) 单击对话框中的【自动重建】图标 🔋，或选择菜单栏中的【编辑】→【重建模型】命令来更新模型，所有被方程式驱动的尺寸会立即更新。此时在 FeatureManager 设计树中会出现【方程式】文件夹，右击该文件夹即可对方程式进行编辑、删除、添加等操作。

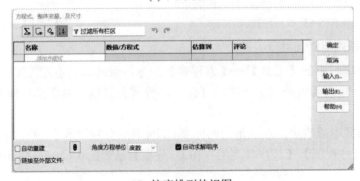

(a) 方程式视图

(b) 草图方程式视图

(c) 尺寸视图

(d) 按序排列的视图

图 5-65　【方程式、整体变量、及尺寸】对话框

为了更好地了解设计者的设计意图，还可以在方程式中添加注释文字，也可以像编程那样将某个方程式注释掉，避免该方程式的运行。

在方程式中添加注释文字的操作步骤如下：

(1) 可直接在【方程式】下方空白框中输入内容，如图 5-65(a)所示。

(2) 单击图 5-65 中【方程式、整体变量、及尺寸】对话框中的【输入】按钮，弹出如图 5-66 所示的【打开】对话框，选择要添加注释的方程式，即可添加外部方程式文件。

(3) 同理，单击【输出】按钮，可输出外部方程式文件。

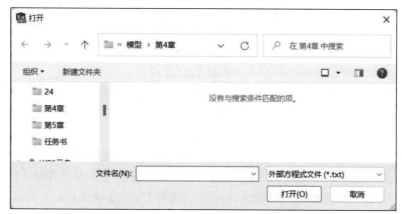

图 5-66　【打开】对话框

在 SolidWorks 2022 中方程式支持的运算和函数如表 5-1 所示。

表 5-1　方程式支持的运算和函数

函数或运算符	说　　明
+	加法
−	减法
*	乘法
/	除法
A	求幂
sin(a)	正弦，a 为以弧度表示的角度
cos(a)	余弦，a 为以弧度表示的角度
tan(a)	正切，a 为以弧度表示的角度
atn(a)	反正切，a 为以弧度表示的角度
abs(a)	绝对值，返回 a 的绝对值
exp(a)	指数，返回 e 的 a 次方
log(a)	对数，返回 a 的以 e 为底的自然对数
Sqr(a)	平方根，返回 a 的平方根
int(a)	取整，返回 a 的整数部分

5.9　系列零件设计表

如果用户的计算机上同时安装了 Microsoft Excel，可使用 Excel 在零件文件中直接嵌入新的配置。配置是指由一个零件或一个部件派生而成的形状相似、大小不同的一系列零件或部件集合。在 SolidWorks 2022 中大量使用的配置是系列零件设计表，用户可以利用该表很容易地生成一系列形状相似、大小不同的标准零件，如螺母、螺栓等，从而形成一个标准零件库。

使用系列零件设计表具有如下优点：

- 可以采用简单的方法生成大量的相似零件，对于标准化零件管理有很大帮助。
- 使用系列零件设计表，不必一一创建相似零件，可以节省大量时间。
- 使用系列零件设计表，在零件装配中很容易实现零件的互换。

生成的系列零件设计表保存在模型文件中，不会联接到原来的 Excel 文件，在模型中所进行的更改不会影响原来的 Excel 文件。

在模型中插入一个新的空白的系列零件设计表的操作步骤如下：

(1) 选择菜单栏中的【插入】→【表格】→【设计表】命令，系统弹出【Excel 设计表】属性管理器，如图 5-67 所示。在【源】选项组中选中【空白】单选按钮，然后单击【确定】图标 ✔。

(2) 此时，一个 Excel 工作表出现在零件文件窗口中，Excel 工具栏取代了 SolidWorks 工具栏，如图 5-68 所示。

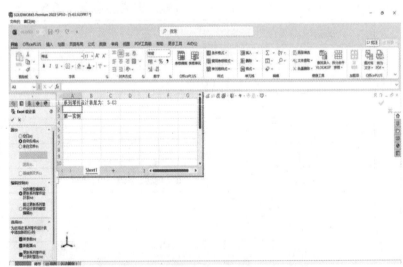

图 5-67　【Excel 设计表】　　　　　　　图 5-68　插入的 Excel 工作表
　　　　　属性管理器

(3) 在表的第 2 行输入要控制的尺寸名称，也可以在图形区中双击要控制的尺寸，则相关的尺寸名称出现在第 2 行中，同时该尺寸名称对应的尺寸值出现在【第一实例】行中。

(4) 重复步骤(3)，直到定义完模型中所有要控制的尺寸。

(5) 如果要建立多种型号，则在列 A(单元格 A4、A5……)中输入想生成的型号名称。

(6) 在对应的单元格中输入该型号对应控制尺寸的尺寸值。

(7) 向工作表中添加信息后，在表格外单击，将其关闭。

(8) 此时系统会显示一条信息，列出所生成的型号。

当用户创建完成一个系列零件设计表后，其原始样本零件就是其他所有型号的样板，原始零件的所有特征、尺寸、参数等均有可能被系列零件设计表中的型号复制使用。

5.10 综合实例——调节盘

本例要创建的调节盘零件图如图 5-69 所示。

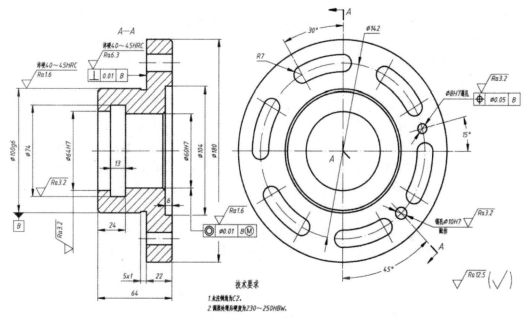

图 5-69 调节盘零件图

创建调节盘零件模型时，先利用【旋转】命令来创建调节盘零件的主体，然后利用【旋转-切除】命令来去除中间材料部分，之后再用【拉伸-切除】生成其中一个圆弧形槽口，再通过圆形阵列生成其他直槽口，最后创建拉伸切除生成孔及其倒角等特征。调节盘零件的建模流程如图 5-70 所示。

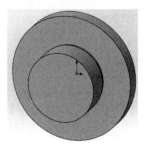

(a) 旋转凸台

(b) 旋转切除

(c) 拉伸切除

(d) 阵列特征　　　　　　(e) 拉伸切除　　　　　　(f) 倒角

图 5-70　调节盘建模流程图

具体的操作步骤如下：

1. 创建主体部分

(1) 新建文件。启动 SolidWorks 2022，单击快速访问工具栏中的【新建】图标 📄，或选择菜单栏中的【文件】→【新建】命令，在弹出的【新建 SOLIDWORKS 文件】对话框中单击【零件】图标 🍩，然后单击【确定】按钮，创建一个新的零件文件。

(2) 创建主体实体。

① 绘制主体轮廓草图。在 FeatureManager 设计树中选择【右视基准面】作为绘图基准面，然后单击【草图】控制面板中的【中心线】图标 ✏️，绘制一条中心线；单击【草图】控制面板中的【直线】图标 ✏️，或选择菜单栏中的【工具】→【草图绘制实体】→【直线】命令，在绘图区绘制调节盘零件主体的外形轮廓线；单击【草图】控制面板中的【智能尺寸】图标 ✏️，或选择菜单栏中的【工具】→【标注尺寸】→【智能尺寸】命令，对草图进行尺寸标注，调整草图尺寸，如图 5-71 所示。

② 旋转生成调节盘主体。单击【特征】控制面板中的【旋转凸台/基体】图标 🌀，或选择菜单栏中的【插入】→【凸台/基体】→【旋转】命令，系统弹出【旋转 1】属性管理器，如图 5-72 所示，拾取草图中心线作为旋转轴，设置旋转类型为【给定深度】，在【角度】文本框中输入"360.00 度"，然后单击【确定】图标 ✔️，生成的调节盘主体如图 5-73 所示。

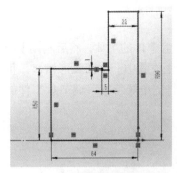

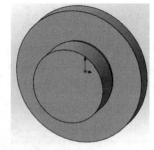

图 5-71　旋转凸台草图　　　图 5-72　【旋转 1】属性管理器　　　图 5-73　旋转生成的主体

2. 旋转切除生成中间去除材料部分

(1) 绘制旋转切除轮廓草图。在 FeatureManager 设计树中选择【右视基准面】作为绘图基准面，然后单击【草图】控制面板中的【中心线】图标 ✏️，绘制一条中心线。单击【草图】控制面板中的【直线】图标 ✏️，或选择菜单栏中的【工具】→【草图绘制实体】→【直线】命令，在绘图区绘制调节盘零件主体的外形轮廓线；单击【草图】控制面板中的【智能尺寸】图标 ◇ ，或选择菜单栏中的【工具】→【标注尺寸】→【智能尺寸】命令，对草图进行尺寸标注，调整草图尺寸，如图 5-74 所示。

(2) 旋转生成调节盘主体。单击【特征】控制面板中的【旋转切除】图标 🐚 ，或选择菜单栏中的【插入】→【切除】→【旋转】命令，系统弹出【切除-旋转 1】属性管理器，如图 5-75 所示，拾取草图中心线作为旋转轴，设置旋转类型为【给定深度】，在【角度】文本框中输入 "360.00 度"，然后单击【确定】图标 ✔ ，生成的调节盘主体中间切除材料如图 5-76 所示。

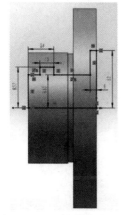  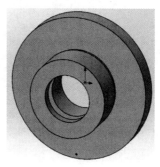

图 5-74　旋转切除草图　　图 5-75　【切除-旋转 1】属性管理器　　图 5-76　旋转切除生成的图形

3. 拉伸切除生成一个圆弧槽口

(1) 绘制切除拉伸轮廓草图。选择如图 5-76 所示的大圆柱体的上表面，单击【前导视图】工具栏中的【正视于】图标 🕹 ，将该表面作为绘制图形的基准面，绘制如图 5-77 所示的圆形槽口并标注尺寸。

(2) 切除拉伸实体。单击【特征】控制面板中的【拉伸切除】图标 🗐 ，或选择菜单栏中的【插入】→【切除】→【拉伸】命令，系统弹出【切除-拉伸 1】属性管理器，如图 5-78 所示，设置切除终止条件为【完全贯穿】，然后单击【确定】图标 ✔ ，生成的调节盘一个圆弧形槽口如图 5-79 所示。

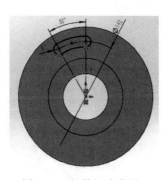  

图 5-77　拉伸切除草图　　图 5-78　【切除-拉伸 1】属性管理器　　图 5-79　拉伸切除生成的图形

4. 圆形阵列圆弧槽口

选择菜单栏中的【插入】→【阵列/镜向】→【圆周阵列】命令，弹出【阵列(圆周)1】属性管理器。选择显示的临时轴作为阵列轴，在【角度】🎮 文本框中输入 "360.00 度"，在

【实例数】文本框 ❁ 中输入 "6"，在【要阵列的特征】选项组 🔘 中，通过设计树选择刚才创建的一个拉伸切除特征，如图 5-80 所示。单击【确定】图标 ✔，完成阵列操作，生成 6 个圆弧形槽口如图 5-81 所示。

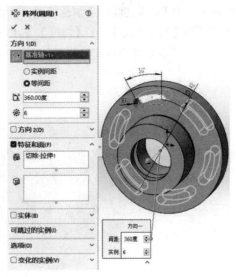

图 5-80　【阵列(圆周)1】属性管理器　　　　　图 5-81　圆周阵列特征

5. 拉伸切除两个小孔

(1) 绘制切除拉伸轮廓草图。选择如图 5-81 所示的大圆柱体的上表面，单击【前导视图】工具栏中的【正视于】图标 ⟱，将该表面作为绘制图形的基准面，单击【草图】控制面板中的【圆】图标 ⊙，绘制两个圆；单击【草图】控制面板中的【智能尺寸】图标 ◇，标注好尺寸后，如图 5-82 所示。

(2) 切除拉伸实体。单击【特征】控制面板中的【拉伸切除】图标 🔲，或选择菜单栏中的【插入】→【切除】→【拉伸】命令，系统弹出【切除-拉伸 2】属性管理器，如图 5-83 所示，设置切除终止条件为【完全贯穿】，然后单击【确定】图标 ✔，生成的调节盘两个小孔如图 5-84 所示。

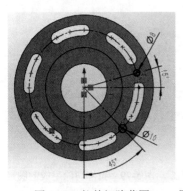

图 5-82　拉伸切除草图　　　图 5-83　【切除-拉伸 2】属性管理器　　　图 5-84　拉伸切除生成的图形

6. 生成倒角

单击【特征】控制面板中的【倒角】图标 🔷，或选择菜单栏中的【插入】→【特征】→

【倒角】命令，弹出【倒角 1】属性管理器；在绘图区选择如图 5-85 所示的两条边线，在
【距离】 文本框中输入"2.00 mm"，其他选项设置如图 5-86 所示。单击【确定】图标 ，
完成 2 mm 倒角的创建。调节盘最终效果如图 5-87 所示。

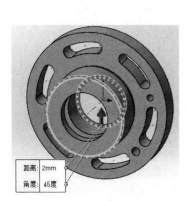  

图 5-85　拉伸切除草图　　　图 5-86　【倒角 1】属性管理器　　　图 5-87　调节盘

本 章 小 结

本章主要介绍了 SolidWorks 2022 软件的特征编辑功能，在不改变已有特征的基本形态
下，对其进行整体的复制、缩放和更改的方法，包括特征管理、特征的重定义、阵列特征、
镜向特征、复制与删除特征、属性编辑等命令。运用特征编辑工具，可以更方便、更准确
地完成零部件造型。

习　　题

1. 根据图 5-88 所示的偏心盘工程图，创建三维造型。

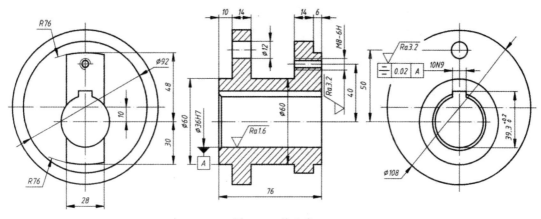

图 5-88　偏心盘

2. 根据图 5-89 所示的连接盘工程图，创建三维造型。

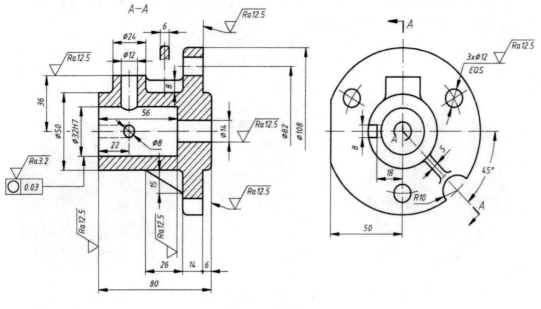

图 5-89　连接盘

第6章 曲线与曲面

知识要点

- 曲线的创建;
- 曲面的创建;
- 曲面的编辑。

本章导读

随着现代制造业对产品外观、功能、实用设计等要求的提高，曲线和曲面造型越来越被广大工业领域的产品设计师应用，这些领域主要包括电子产品外形设计、航空航天零部件以及汽车零部件设计等。

本章以介绍曲线、曲面的基本功能为主，其中曲线部分主要介绍常用的几种曲线的生成方法。在 SolidWorks 2022 中，可以使用投影曲线、组合曲线、螺旋线/涡状线、分割线、通过参考点的曲线、通过 XYZ 点的曲线等方法来生成 3D 曲线。

曲面是一种可用来生成实体特征的几何体。本章主要介绍在曲面工具栏上常用到的曲面工具，以及对曲面的修改方法，如延伸曲面、剪裁、解除剪裁曲面、圆角曲面、填充曲面、移动/复制缝合曲面等。

6.1 曲线的创建

曲线造型是曲面造型的基础，SolidWorks 2022 可以使用下列方法生成多种类型的三维曲线：

- 投影曲线：从草图投影到模型面或曲面上，或从相交的基准面上绘制的线条。
- 通过参考点的曲线：通过模型中定义的点或顶点的样条曲线。
- 通过 XYZ 点的曲线：通过给出空间坐标的点的样条曲线。
- 组合曲线：由曲线、草图几何体和模型边线组合而成的一条曲线。
- 分割线：从草图投影到平面或曲面的曲线。

- 螺旋线和涡状线：通过指定圆形草图、螺距、圈数、高度生成的曲线。

6.1.1　投影曲线

在 SolidWorks 2022 中，投影曲线主要有两种生成方式。一种方式是将绘制的曲线投影到模型面上生成一条三维曲线；另一种方式是首先在两个相交的基准面上分别绘制草图，此时系统会将每一个草图沿所在平面的垂直方向投影得到一个曲面，最后这两个曲面在空间中相交而生成一条三维曲线。接下来将分别介绍两种方式生成曲线的操作步骤。

下面以实例说明利用绘制曲线投影到模型面上生成曲线的操作方法。

(1) 设置基准面。在左侧的 FeatureManager 设计树中选择【上视基准面】作为绘制图形的基准面。

(2) 绘制草图。选择菜单栏中的【工具】→【草图绘制实体】→【圆】命令，或者单击【草图】控制面板中的【圆】图标 ⊙，在步骤(1)中设置的基准面上绘制一个圆，结果如图 6-1 所示。

(3) 拉伸曲面。选择菜单栏中的【插入】→【曲面】→【拉伸曲面】命令，或单击【曲面】工具栏中的【曲面-拉伸】图标 ，此时系统弹出如图 6-2 所示的【曲面-拉伸 1】属性管理器。

(4) 确认拉伸曲面。按照图 6-2 所示进行设置，注意设置曲面拉伸的方向，然后单击属性管理器中的【确定】图标 ✔，完成曲面拉伸，结果如图 6-3 所示。

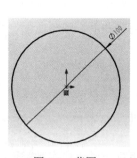

图 6-1　草图　　　　图 6-2　【曲面-拉伸 1】属性管理器　　　　图 6-3　拉伸的曲面

(5) 添加基准面。在左侧的 FeatureManager 设计树中选择【前视基准面】，然后选择菜单栏中的【插入】→【参考几何体】→【基准面】命令，或单击【特征】控制面板中【参考几何体】下拉列表中的【基准面】图标 ，此时系统弹出如图 6-4 所示的【基准面】属性管理器。在【等距距离】 一栏中输入"70.00 mm"，并调整设置基准面的方向。单击属性管理器中的【确定】图标 ✔，添加一个新的基准面，结果如图 6-5 所示。

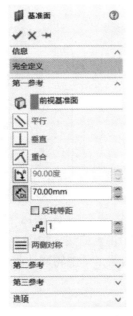

图 6-4 【基准面】属性管理器

图 6-5 添加的基准面

(6) 设置基准面。在左侧的 FeatureManager 设计树中选择步骤(5)添加的基准面，然后单击【前导视图】工具栏中的【正视于】图标 ↓，将该基准面作为绘制图形的基准面。

(7) 绘制样条曲线。单击【草图】控制面板中的【样条曲线】图标 N，绘制如图 6-6 所示的样条曲线，然后退出草图绘制状态。

(8) 设置视图方向。单击【前导视图】工具栏中的【等轴测】图标 □，将视图以等轴测方向显示，结果如图 6-7 所示。

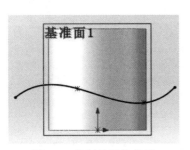

图 6-6 绘制的样条曲线

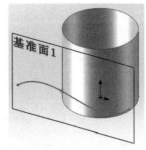

图 6-7 等轴测视图

(9) 生成投影曲线。选择菜单栏中的【插入】→【曲线】→【投影曲线】命令，或者单击【曲线】工具栏中的【投影曲线】图标 ⬚，此时系统弹出【投影曲线】属性管理器。

(10) 设置投影曲线。在属性管理器的【投影类型】一栏中，选中【面上草图】单选按钮；在【要投影的草图】一栏中，选择图 6-7 中的样条曲线；在【投影面】一栏中，选择图 6-7 中的曲面；在视图中观察投影曲线的方向是否投影到曲面，选中【反转投影】复选框，使曲线投影到曲面上。设置好的属性管理器如图 6-8 所示。

(11) 确认设置。单击属性管理器中的【确定】图标 ✓，生成所需要的投影曲线。投影曲线及其 FeatureManager 设计树如图 6-9 所示。

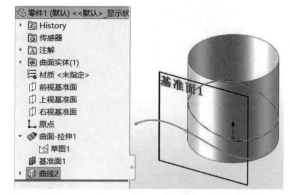

图 6-8　【投影曲线】属性管理器　　　　图 6-9　投影曲线及 FeatureManager 设计树

下面介绍如何利用两个相交基准面上的曲线投影得到曲线，如图 6-10 所示。

(1) 在两个相交的基准面上各绘制一个草图，这两个草图轮廓所隐含的拉伸曲面必须相交，才能生成投影曲线。完成后关闭每个草图。

(2) 按住 Ctrl 键选取这两个草图。

(3) 单击【曲线】工具栏中的【投影曲线】图标 🛅，或选择菜单栏中的【插入】→【曲线】→【投影曲线】命令。

(4) 在弹出的【投影曲线】属性管理器中的显示框中显示要投影的两个草图名称，同时在图形区域中显示所得到的投影曲线，如图 6-11 所示。

(5) 单击【确定】图标 ✔，生成投影曲线如图 6-10(c)所示。

(a) 投影的两个草图　　　　(b) 投影曲线　　　　(c) 生成的投影曲线

图 6-10　投影曲线

图 6-11　【投影曲线】属性管理器

6.1.2　通过 XYZ 点的曲线

样条曲线在数学上指的是一条连续、可导而且光滑的曲线，既可以是二维的也可以是三维的。利用三维样条曲线可以生成任何形状的曲线，SolidWorks 2022 中三维样条曲线的生成方式十分丰富。用户既可以自定义样条曲线通过的点，也可以指定模型中的点作为样条曲线通过的点，还可以利用点坐标文件生成样条曲线。

穿越自定义点的样条曲线经常应用在逆向工程的曲线生成上，通常逆向工程是先有一个实体模型，由三维向量床 CMM 或激光扫描仪取得点的资料，每个点包含 3 个数值，分别代表它的空间坐标(X，Y，Z)。

1. 自定义样条曲线通过的点

(1) 单击【曲线】工具栏中的【通过 XYZ 点的曲线】图标 ↳，或选择菜单栏中的【插入】→【曲线】→【通过 XYZ 点的曲线】命令。

(2) 在弹出的如图 6-12 所示的【曲线文件】对话框中输入自由点的空间坐标，同时在图形区域中可以预览生成的样条曲线。

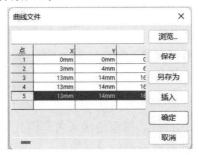

图 6-12　【曲线文件】对话框

(3) 当在最后一行的单元格中双击时，系统会自动增加一行。如果要在一行的上面再插入一个新的行，只要单击该行，然后单击【插入】按钮即可。

(4) 如果要保存曲线文件，单击【保存】或【另存为】按钮，然后指定文件的名称(扩展名为 .sldcrv)即可。

(5) 单击【确定】按钮，即可生成三维样条曲线。

除了在【曲线文件】对话框中输入坐标来定义曲线外，SolidWorks 2022 还可以将在文本编辑器、Excel 等应用程序中生成的坐标文件(后缀名为 .sldcrv 或 .txt)导入系统，从而生成样条曲线。

坐标文件应该为 X、Y、Z 3 列清单，并用制表符(Tab)或空格分隔。

2. 导入坐标文件以生成样条曲线

(1) 单击【曲线】工具栏中的【通过 XYZ 点的曲线】图标 ↳，或选择菜单栏中的【插入】→【曲线】→【通过 XYZ 点的曲线】命令。

(2) 在弹出的【曲线文件】对话框中单击【浏览】按钮查找坐标文件，然后单击【打开】按钮。

(3) 坐标文件显示在【曲线文件】对话框中，同时在图形区域中可以预览曲线效果。

(4) 可以根据需要编辑坐标直到满意为止。

(5) 单击【确定】图标 ✔，生成曲线。

3. 指定模型中的点作为样条曲线通过的点来生成曲线

(1) 单击【曲线】工具栏中的【通过参考点的曲线】图标 ，或选择菜单栏中的【插入】→【曲线】→【通过参考点的曲线】命令。

(2) 在弹出的【通过参考点的曲线】属性管理器中单击【通过点】栏下的显示框，然后在图形区域按照要生成曲线的次序选择通过的模型点。此时模型点在该显示框中显示，如图 6-13 所示。

(3) 如果想要将曲线封闭，选中【闭环曲线】复选框。

(4) 单击【确定】图标 ✔，生成通过模型点的曲线。

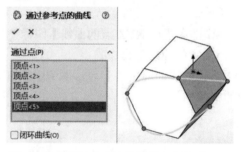

图 6-13　【通过参考点的曲线】属性管理器

6.1.3　组合曲线

组合曲线就是指将所绘制的曲线、模型边线或者草图几何进行组合，使之成为单一的曲线。组合曲线可以作为生成放样或扫描的引导曲线。SolidWorks 2022 可将多段相互连接的曲线或模型边线组合成为一条曲线。

(1) 单击【曲线】工具栏中的【组合曲线】图标 ，或选择菜单栏中的【插入】→【曲线】→【组合曲线】命令。

(2) 此时弹出【组合曲线】属性管理器，在图形区域中选择要组合的曲线、直线或模型边线(这些线段必须连续)，则所选项目将在【组合曲线】属性管理器中【要连接的实体】选项组中显示出来，如图 6-14 所示。

(3) 单击【确定】图标 ✔，生成组合曲线。

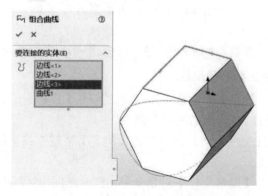

图 6-14　【组合曲线】属性管理器

6.1.4 螺旋线和涡状线

螺旋线和涡状线通常用于绘制螺纹、弹簧、蚊香片以及发条等零部件，在生成这些部件时，可以应用由【螺旋线/涡状线】工具生成的螺旋或涡状曲线作为路径或引导线。用于生成空间的螺旋线或者涡状线的草图必须只包含一个圆，该圆的直径将控制螺旋线的直径和涡旋线的起始位置。

图 6-15 显示了这两种曲线的状态。

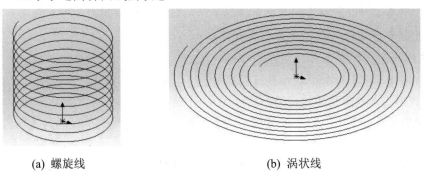

(a) 螺旋线　　　　　　　　　　　　　(b) 涡状线

图 6-15　螺旋线和涡状线

1. 生成一条螺旋线

(1) 单击【草图】控制面板中的【草图绘制】图标 ，打开一个草图并绘制一个圆。此圆的直径控制螺旋线的直径。

(2) 单击【曲线】工具栏中的【螺旋线】图标 ，或选择菜单栏中的【插入】→【曲线】→【螺旋线/涡状线】命令。

(3) 在弹出的【螺旋线/涡状线 1】属性管理器中，选择【定义方式】下拉列表框中的一种螺旋线定义方式，如图 6-16 所示。

图 6-16　【螺旋线/涡状线 1】属性管理器

- 螺距和圈数：指定螺距和圈数。

- 高度和圈数：指定螺旋线的总高度和圈数。
- 高度和螺距：指定螺旋线的总高度和螺距。

(4) 根据步骤(3)中指定的螺旋线定义方式指定螺旋线的参数。

(5) 如果要制作锥形螺旋线，则选中【锥形螺纹线】复选框并指定锥形角度以及锥度方向(向外扩张或向内扩张)。

(6) 在【起始角度】文本框中指定第一圈的螺旋线的起始角度。

(7) 如果选中【反向】复选框，则螺旋线将由原来的点向另一个方向延伸。

(8) 选中【顺时针】或【逆时针】单选按钮，以决定螺旋线的旋转方向。

(9) 单击【确定】图标 ✔，生成螺旋线。

2. 生成一条涡状线

(1) 单击【草图】控制面板中的【草图绘制】图标 ▦，打开一个草图并绘制一个圆。此圆的直径为起点处涡状线的直径。

(2) 单击【曲线】工具栏中的【螺旋线】图标 ☒，或选择菜单栏中的【插入】→【曲线】→【螺旋线/涡状线】命令。

(3) 在弹出的【螺旋线/涡状线 1】属性管理器中，选择【定义方式】下拉列表框中的【涡状线】，如图 6-17 所示。

(4) 在对应的【螺距】和【圈数】文本框中指定螺距和圈数。

(5) 如果选中【反向】复选框，则生成一个内张的涡状线。

(6) 在【起始角度】文本框中指定涡状线的起始位置。

(7) 选中【顺时针】或【逆时针】单选按钮，以决定涡状线的旋转方向。

(8) 单击【确定】图标 ✔，生成涡状线。

图 6-17　定义涡状线

6.1.5　分割线

分割线工具将草图投影到曲面或平面上，可以将所选的面分割为多个分离的面，从而选择操作其中一个分离面，也可将草图投影到曲面实体生成分割线，具体操作步骤如下：

(1) 添加基准面。选择菜单栏中的【插入】→【参考几何体】→【基准面】命令，或者单击【特征】控制面板中的【基准面】图标 ，系统弹出如图 6-18 所示的【基准面】属性管理器。在选择一栏中，选择图 6-19 中实体的上表面；在【偏移距离】 文本框中输入 "20.00 mm"，并调整基准面的方向。单击属性管理器中的【确定】图标 ✓，添加一个新的基准面，结果如图 6-20 所示。

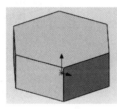
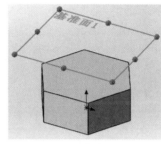

图 6-18 【基准面】属性管理器　　图 6-19 拉伸实体　　　　图 6-20 创建基准面

(2) 设置基准面。单击步骤(1)中添加的基准面，然后单击【前导视图】工具栏中的【正视于】图标 ，将该基准面作为绘制图形的基准面。

(3) 绘制样条曲线。选择菜单栏中的【工具】→【草图绘制实体】→【样条曲线】命令，在步骤(2)中设置的基准面上绘制一个样条曲线，结果如图 6-21 所示，然后退出草图绘制状态。

(4) 设置视图方向。单击【前导视图】工具栏中的【等轴测】图标 ，将视图以等轴测方向显示，结果如图 6-22 所示。

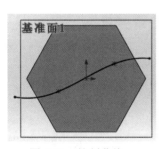
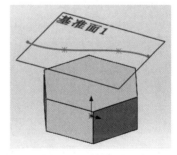

图 6-21 绘制曲线　　　　　　　图 6-22 等轴测视图

(5) 执行【分割线】命令。选择菜单栏中的【插入】→【曲线】→【分割线】命令，或单击【曲线】工具栏中的【分割线】图标 ，此时系统弹出【分割线】属性管理器。

(6) 设置属性管理器。在属性管理器中的【分割类型】选项组中，选中【投影】，在要投影的草图列表框中，选择图 6-21 中的草图曲线，在要分割的面列表框中，选择图 6-22 中实体的上表面，其他设置如图 6-23 所示。

(7) 确认设置。单击属性管理器中的【确定】图标 ✓，生成所需要的分割线。生成的分割线及其 FeatureManager 设计树如图 6-24 所示。

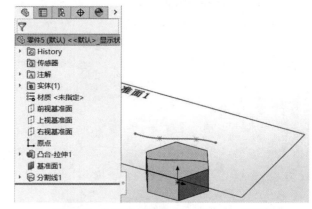

图 6-23　【分割线】属性管理器　　　　图 6-24　分割线及其 FeatureManager 设计树

6.1.6　实例——弹簧

本实例将要建模的弹簧如图 6-25 所示。本例基本建模方法是根据弹簧的螺旋线，结合【投影曲线】、【组合曲线】、【3D 草图】、【镜向实体】和【扫描】命令来完成模型创建。弹簧建模流程图如图 6-26 所示。

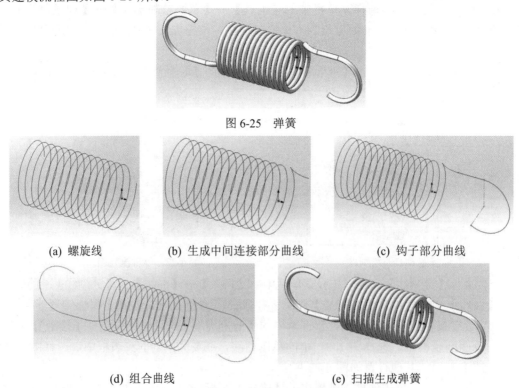

图 6-25　弹簧

(a)　螺旋线　　　　　(b)　生成中间连接部分曲线　　　　　(c)　钩子部分曲线

(d)　组合曲线　　　　　　　　　(e)　扫描生成弹簧

图 6-26　弹簧建模流程图

具体操作步骤如下：

(1) 新建文件。启动 SolidWorks 2022，选择菜单栏中的【文件】→【新建】命令，或者单击快速访问工具栏中的【新建】图标 ，在弹出的【新建 SOLIDWORKS 文件】对话框中单击【零件】图标 ，然后单击【确定】按钮，创建一个新的零件文件。

(2) 设置基准面。在左侧的 FeatureManager 设计树中选择【右视基准面】作为绘制图形的基准面。

(3) 绘制草图 1。单击【草图】控制面板中的【草图绘制】图标 ，打开一个草图并绘制一个圆，标注好尺寸后如图 6-27 所示。

(4) 生成螺旋线。选择菜单栏中的【插入】→【曲线】→【螺旋线/涡状线】命令，或单击【特征】控制面板中的【曲线】按钮下的【螺旋线/涡状线】图标 ，在弹出的【螺旋线/涡状线 1】属性管理器中，按如图 6-28 所示的参数进行设置，完成螺旋线的造型如图 6-29 所示。

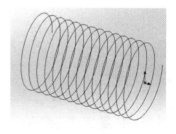

图 6-27　绘制草图 1　　　　图 6-28　螺旋线参数设置　　　　图 6-29　生成的螺旋线

(5) 绘制连接部分曲线草图。分别在右视基准面和上视基准面绘制一个半径为 15 的四分之一圆，注意起点都要与螺旋线的端点重合，绘制好后如图 6-30 所示。

(6) 投影曲线。单击【曲线】工具栏中的【投影曲线】图标 ，或选择菜单栏中的【插入】→【曲线】→【投影曲线】命令。在弹出的【投影曲线】属性管理器中选取【草图上草图】的方式，选择草图 2 和草图 3，同时在图形区域中显示所得到的投影曲线，如图 6-31 所示。

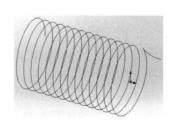

图 6-30　草图 2 和草图 3　　　　　　图 6-31　投影曲线

(7) 绘制钩子部分草图。选取前视基准面作为草绘平面，绘制草图 4，并标注好尺寸，如

图 6-32 所示。

(8) 组合曲线。在螺旋线的另一端用相同的方法绘制草图，然后使用【组合曲线】的命令，依次选择绘制好的各段曲线，组合生成一条完整的曲线，如图 6-33 所示。

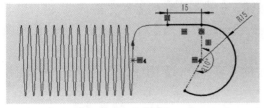

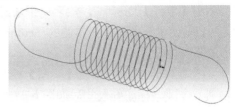

图 6-32　草图 4　　　　　　　　　　　　　　图 6-33　组合曲线

(9) 扫描特征。单击【特征】工具栏中的【扫描凸台/基体】图标 ，或选择菜单栏中的【插入】→【凸台/基体】→【扫描】命令。在弹出的【扫描】属性管理器中选取【圆形轮廓】的方式，并设置圆形直径大小为 3 mm，最终得到的弹簧如图 6-34 所示。

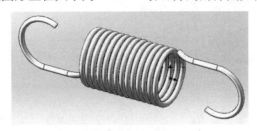

图 6-34　弹簧

6.2　曲面的创建

在 SolidWorks 2022 中，建立曲面后，可以用很多方式对曲面进行延伸。用户既可以将曲面延伸到某个已有的曲面，与其缝合或延伸到指定的实体表面，也可以输入固定的延伸长度，或者直接拖动其红色箭头手柄，实时地将边界拖到想要的位置。

另外，现在的版本可以对曲面进行修剪，可以用实体修剪，也可以用另一个复杂的曲面进行修剪。此外还可以将两个曲面或一个曲面和一个实体进行弯曲操作，SolidWorks 2022 将保持其相关性，即当其中一个发生改变时，另一个会同时发生相应改变。

在 SolidWorks 2022 中可以使用下列方法生成多种类型的曲面：

- 由草图拉伸、旋转、扫描或放样生成曲面。
- 从现有的面或曲面等距生成曲面。
- 从其他应用程序(如 Pro/ENGINEER、MDT、Unigraphics、SolidEdge、Autodesk Inventor 等)导入曲面文件。
- 由多个曲面组合成曲面。
- 曲面实体用来描述相连的零厚度的几何体，如单一曲面、圆角曲面等。一个零件中可以有多个曲面实体。

SolidWorks 2022 提供了专门的曲面控制面板，但在 SolidWorks 2022 软件的界面中，【曲面】面板并不出现在默认界面中，在面板工具栏的索引栏上单击鼠标右键，系统弹出图 6-35 所示的快捷菜单，选择【曲面】选项，即可打开【曲面】面板，如图 6-36 所示。

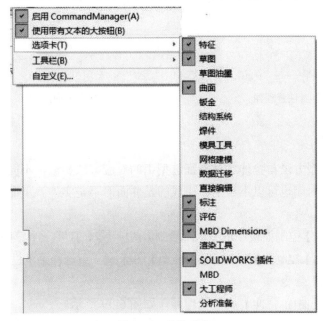

图 6-35　快捷菜单

图 6-36　【曲面】面板

本节主要介绍 SolidWorks 2022 中常用曲面的创建方法。

6.2.1　平面区域

【平面区域】命令的作用是使用草图或一组边线来生成平面区域。以下图素可以生成平面区域：

- 非相交闭合草图。
- 一组闭合边线。
- 多条共有平面分型线。
- 一对平面实体，如曲线或边线。

生成平面区域的操作步骤如下：

(1) 生成一个非相交、单一轮廓的闭环草图。

(2) 单击【曲面】面板上的【平面区域】图标 ，或选择【插入】→【曲面】→【平面区域】命令，系统弹出图 6-37 所示的【平面】属性管理器。

(3) 在该属性管理器中激活【边界实体】选项卡，然后在图形区中选择零件上的一组闭环边线(注意：所选的组中所有边线必须位于同一基准面上)，或者选择一个封闭的草图环。单击【确定】图标 ✓，即可生成平面区域，如图 6-38 所示。

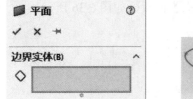

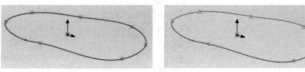

图 6-37　【平面】属性管理器　　　　　　　图 6-38　平面区域

6.2.2　拉伸曲面

拉伸曲面的造型方法与拉伸实体特征造型中的对应方法相似，不同点在于曲面拉伸操作的草图对象可以封闭也可以不封闭，生成的是曲面而不是实体。下面介绍该方式的操作步骤：

(1) 单击【草图】控制面板中的【草图绘制】图标 🔲，打开一个草图并绘制曲面轮廓。

(2) 单击【曲面】控制面板中的【拉伸曲面】图标 ✍，或选择菜单栏中的【插入】→【曲面】→【拉伸曲面】命令。

(3) 此时弹出【曲面-拉伸】属性管理器，如图 6-39 所示。

图 6-39　【曲面-拉伸】属性管理器

(4) 在【方向 1】选项组的终止条件下拉列表框中选择拉伸的终止条件。

(5) 在右侧的图形区域中检查预览。单击【反向】图标 ⟲，可向另一个方向拉伸。

(6) 在文本框中设置拉伸的深度。

(7) 如有必要，选中【方向 2】复选框，将拉伸应用到第二个方向。

(8) 单击【确定】图标 ✓，完成拉伸曲面的生成。

6.2.3 旋转曲面

旋转曲面的造型方法与旋转实体特征造型中的对应方法相似，下面介绍该方式的操作步骤：

(1) 单击【草图】控制面板中的【草图绘制】按钮，打开一个草图并绘制曲面轮廓以及将要绕其旋转的中心线。

(2) 单击【曲面】控制面板中的【旋转曲面】图标 ⚙，或选择菜单栏中的【插入】→【曲面】→【旋转曲面】命令。

(3) 此时弹出【曲面-旋转】属性管理器，同时在右面的图形区域中显示生成的旋转曲面，如图 6-40 所示。

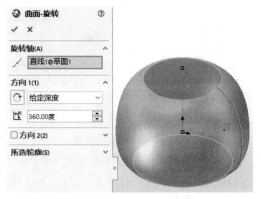

图 6-40 【曲面-旋转】属性管理器

(4) 在【旋转类型】下拉列表框中选择旋转类型。

(5) 在 🖼 文本框中指定旋转角度。

(6) 单击【确定】图标 ✔，生成旋转曲面。

6.2.4 扫描曲面

扫描曲面的方法同扫描特征的生成方法十分类似，也可以通过引导线扫描。在扫描曲面中最重要的一点，就是引导线的端点必须贯穿轮廓图元。通常必须产生一个几何关系，强迫引导线贯穿轮廓曲线。扫描曲面具体的操作步骤如下：

(1) 根据需要建立基准面，并绘制扫描轮廓和扫描路径。如果需要沿引导线扫描曲面，还要绘制引导线。

(2) 如果要沿引导线扫描曲面，需要在引导线与轮廓之间建立重合或穿透几何关系。

(3) 单击【曲面】控制面板中的【扫描曲面】图标 ✍，或选择菜单栏中的【插入】→【曲面】→【扫描】命令。

(4) 在弹出的【曲面-扫描】属性管理器中，单击 ⬠ 图标右侧的显示框，然后在图形区域中选择轮廓草图，则所选草图将出现在该显示框中。

(5) 单击【路径】图标 ⬡ 右侧的显示框，然后在图形区域中选择路径草图，则所选路径草图出现在该显示框中。此时，在图形区域中可以预览扫描曲面的效果，如图 6-41 所示。

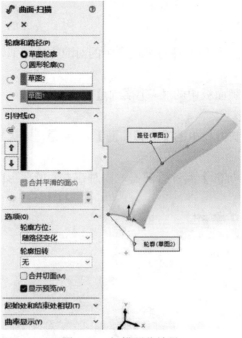

图 6-41　扫描预览效果

(6) 在【轮廓方位】下拉列表框中，选择以下选项之一：

- 随路径变化：草图轮廓随着路径的变化变换方向，其法线与路径相切。
- 保持法向不变：草图轮廓保持法线方向不变。
- 随路径和第一条引导线变化：如果引导线不止一条，选择该项将使扫描随第一条引导线变化。
- 随第一条和第二条引导线变化：如果引导线不止一条，选择该项将使扫描随第一条和第二条引导线同时变化。
- 沿路径扭转：沿路径扭转截面，在定义方式下按度数、弧度或旋转定义扭转。
- 以法向不变沿路径扭曲：通过将截面在沿路径扭曲时保持与开始截面平行而沿路径扭曲截面。

(7) 如果需要沿引导线扫描曲面，则激活【引导线】选项组，然后在图形区域中选择引导线。

(8) 单击【确定】图标 ✔，生成扫描曲面。

6.2.5　放样曲面

放样曲面的造型方法和放样实体特征造型中的对应方法相似，是通过曲线之间进行过渡而生成曲面的方法。放样曲面具体的操作步骤如下：

(1) 在一个基准面上绘制放样的轮廓。

(2) 依次建立另外几个基准面，并在上面绘制另外几个放样轮廓。这几个基准面不一定平行。

(3) 如有必要，还可以生成引导线来控制放样曲面的形状。

(4) 单击【曲面】控制面板中的【放样曲面】图标 ，或选择菜单栏中的【插入】→
【曲面】→【放样曲面】命令。

(5) 在弹出的【曲面-放样】属性管理器中，单击 图标右侧的显示框，然后在图形区
域中按顺序选择轮廓草图，则所选草图出现在该显示框中。在右侧的图形区域中显示生成
的放样曲面，如图 6-42 所示。

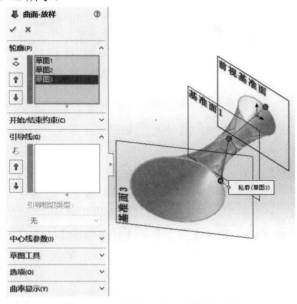

图 6-42　　【曲面-放样】属性管理器

(6) 单击【上移】图标 或【下移】图标 来改变轮廓的顺序。此项操作只针对两个
轮廓以上的放样特征。

(7) 如果要在放样的开始和结束处控制相切，则设置【起始处/结束处】选项组。

- 无：不应用相切。
- 垂直于轮廓：放样在起始和终止处与轮廓的草图基准面垂直。
- 方向向量：放样与所选的边线或轴相切，或与所选基准面的法线相切。

(8) 如果要使用引导线控制放样曲面，在【引导线】选项组中单击 图标右侧的显示
框，然后在图形区域中选择引导线。

(9) 单击【确定】图标 ，完成放样。

6.2.6　等距曲面

对于已经存在的曲面(不论是模型的轮廓面还是生成的曲面)，都可以像等距曲线一样
生成等距曲面。下面介绍该方式的操作步骤。

(1) 单击【曲面】控制面板中的【等距曲面】图标 ，或选择菜单栏中的【插入】→
【曲面】→【等距曲面】命令。

(2) 在弹出的【等距曲面】属性管理器中，单击 右侧的显示框，然后在右侧的图形
区域选择要等距的模型面或生成的曲面。

(3) 在【等距参数】选项组的文本框中指定等距曲面之间的距离。此时在右侧的图形

区域中显示等距曲面的效果，如图 6-43 所示。

(4) 如果等距面的方向有误，单击【反向】图标 ↗，反转等距方向。

(5) 单击【确定】图标 ✓，完成等距曲面的生成。

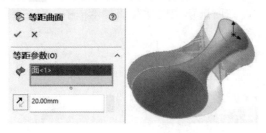

图 6-43   等距曲面效果

6.2.7   延展曲面

用户可以通过延展分割线、边线，并平行于所选基准面来生成曲面，如图 6-44 所示。延伸曲面在拆模时最常用。当零件进行模塑，产生公母模之前，必须先生成模块与分模面，延展曲面就是用来生成分模面的。延展曲面的具体操作步骤如下：

(1) 选择菜单栏中的【插入】→【曲面】→【延展曲面】命令。

(2) 在弹出的【延展曲面】属性管理器中，单击 ● 右侧的显示框，然后在右侧的图形区域中选择要延展的边线。

(3) 单击【延展参数】栏中的第一个显示框，然后在图形区域中选择模型面作为延展曲面方向，如图 6-45 所示。延展方向将平行于模型面。

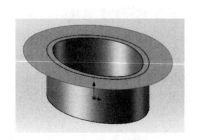

图 6-44   延展曲面效果

图 6-45   延展曲面

(4) 注意图形区域中的箭头方向(指示延展方向)，如有错误，单击【反向】↗ 图标。

(5) 在 🔂 图标右侧的文本框中指定曲面的宽度。

(6) 如果希望曲面继续沿零件的切面延伸，则选中【沿切面延伸】复选框。

(7) 单击【确定】图标 ✓，完成曲面的延展。

6.2.8   边界曲面

边界曲面特征可用于生成在两个方向上(曲面所有边)相切或曲率连续的曲面。边界曲面具体的操作步骤如下：

(1) 在一个基准面上绘制放样的轮廓。

（2）建立另一个基准面，并在上面绘制另一个放样轮廓。这两个基准面不一定平行。

（3）如有必要，还可以生成引导线来控制放样曲面的形状。

（4）单击【曲面】控制面板中的【边界曲面】图标 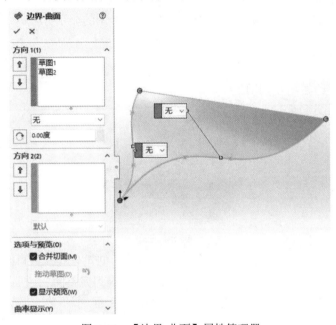，或选择菜单栏中的【插入】→【曲面】→【边界曲面】命令。

（5）弹出【边界-曲面】属性管理器，在图形区域中按顺序选择轮廓草图，则所选草图出现在该显示框中。在右侧的图形区域中将显示生成的边界曲面，如图 6-46 所示。

图 6-46　【边界-曲面】属性管理器

（6）单击【上移】图标 或【下移】图标 改变轮廓的顺序。此项操作只针对两个轮廓以上的边界方向。

（7）如果要在边界的开始和结束处控制相切，则设置【起始处/结束处】相切下拉列表框。

- 无：不应用相切约束，此时曲率为 0。
- 方向向量：根据需要为方向向量所选的实体应用相切约束。
- 垂直于轮廓：垂直曲线应用相切约束。
- 与面相切：使相邻面在所选曲线上相切。
- 与面的曲率：在所选曲线处应用平滑、具有美感的曲率连续曲面。

（8）单击【确定】图标 ，完成边界曲面的创建，如图 6-47 所示。

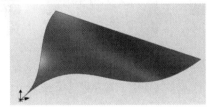

图 6-47　创建的曲面

【边界-曲面】属性管理器主要选项说明如下：

1. 【选项与预览】选项组

- 合并切面：如果对应的线段相切，则会使所生成的边界特征中的曲面保持相切。
- 拖动草图：单击该按钮，撤销先前的草图拖动并将预览返回到其先前状态。

2. 【曲率显示】选项组

- 网格预览：选中该复选框，显示网格，并在网格密度中调整网格行数。
- 曲率检查梳形图：沿方向 1 或方向 2 的曲率检查梳形图显示，在比例选项中调整曲率检查梳形图的大小，在密度选项中调整曲率检查梳形图的显示行数。

6.2.9　实例——三通

本例创建的三通如图 6-48 所示。

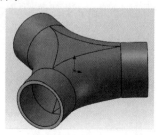

图 6-48　三通

建模思路：首先拉伸出三通的一个口的曲面，然后创建分割线，再圆周阵列出三个口的曲面；通过【放样曲面】、【曲面填充】、【缝合曲面】得到完整的三通曲面，最后通过【加厚】命令完成三通的三维造型，建模的流程如图 6-49 所示。

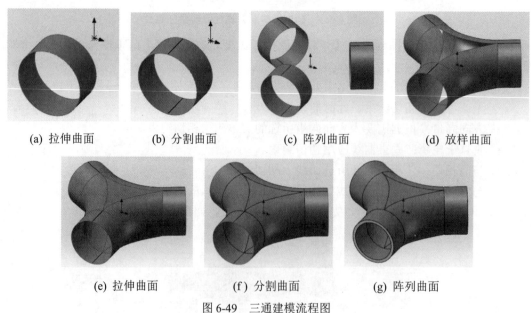

| (a) 拉伸曲面 | (b) 分割曲面 | (c) 阵列曲面 | (d) 放样曲面 |

| (e) 拉伸曲面 | (f) 分割曲面 | (g) 阵列曲面 |

图 6-49　三通建模流程图

具体操作步骤如下：

(1) 创建一个与前视基准面平行，距离为 60 的新基准面。

(2) 创建一个基准轴，位置是前视基准面与右视基准面的交线，如图 6-50 所示。

(3) 在新基准面上绘制一个直径 90 的圆作为草图，如图 6-51 所示。

(4) 单击【曲面】面板上的【拉伸曲面】图标 ，在系统弹出的【曲面拉伸】属性对话框中，将深度设置为 "50"，生成拉伸曲面，如图 6-52 所示。

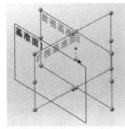

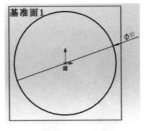

图 6-50 新建基准面和基准轴　　　图 6-51 草图　　　图 6-52 拉伸曲面

(5) 单击【特征】面板上的【分割线】图标 ，系统弹出【分割线】属性管理器，如图 6-53 所示，拔模方向选择【右视基准面】，要分割的面选择刚创建的拉伸曲面，结果如图 6-54 所示。

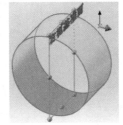

图 6-53 【分割线】属性管理器　　　图 6-54 分割曲面

(6) 单击【特征】面板上的【圆周阵列】图标 ，系统弹出【阵列(圆周)1】属性对话框，按照图 6-55 所示进行设置，结果如图 6-56 所示。

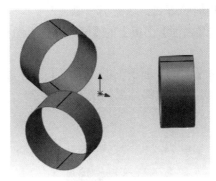

图 6-55 【阵列(圆周)1】属性管理器　　　图 6-56 阵列结果

(7) 单击【曲面】面板上的【放样曲面】图标 ，系统弹出【曲面-放样 3】属性对话框，选择两进两相邻拉伸曲面的外侧轮廓线，按照图 6-57 所示进行设置，其他参数保持默认，结果如图 6-58 所示。

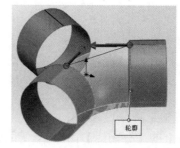

图 6-57 【曲面-放样 3】属性管理器 　　　图 6-58 　曲面放样结果

(8) 重复上一步的曲面放样操作，生成剩余部分的放样造型，结果如图 6-59 所示。

(9) 单击【曲面】面板上的【曲面填充】图标 ，系统弹出【曲面填充 1】属性对话框，选择图 6-59 箭头所指 3 条边线，适当设置其他参数，如图 6-60 所示，完成曲面填充。

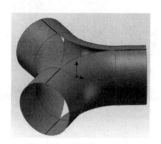

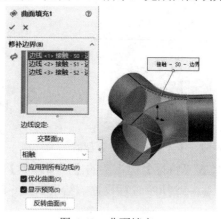

图 6-59 　放样后的效果 　　　　　图 6-60 　曲面填充

(10) 用相同的方式，填充另一侧。

(11) 单击【曲面】面板上的【缝合曲面】图标 ，选择所有曲面，缝合成一个整体，如图 6-61 所示。

(12) 单击【曲面】面板上的【加厚】图标 ，选择缝合曲面，设置厚度为 3 mm，即可完成三通的造型，最终结果如图 6-62 所示。

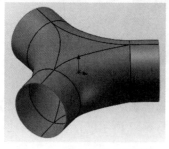

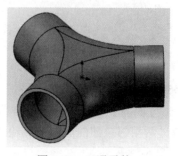

图 6-61 　缝合曲面后的效果 　　　　图 6-62 　三通零件

6.3　曲面的编辑

SolidWorks 2022 还提供了缝合曲面、延伸曲面、剪裁曲面、移动/复制/旋转曲面、删除曲面、替换面、中面、曲面切除等多种曲面编辑方式，相应的曲面编辑按钮在【曲面】控制面板中。接下来对各个曲面的编辑功能进行介绍。

6.3.1　缝合曲面

缝合曲面是将相连的两个或多个面和曲面连接成一体，缝合后的曲面不影响用于生成它们的曲面。缝合曲面需要注意以下方面：

- 曲面的边线必须相邻并且不重叠。
- 要缝合的曲面不必处于同一基准面上。
- 可以选择整个曲面实体或选择一个或多个相邻曲面实体。
- 缝合曲面不吸收用于生成它们的曲面。
- 空间曲面经过剪裁、拉伸和圆角等操作后，可以自动缝合，不需要进行缝合曲面操作。

将多个曲面缝合为一个曲面的操作步骤如下：

(1) 单击【曲面】控制面板中的【缝合曲面】图标 ，或选择菜单栏中的【插入】→【曲面】→【缝合曲面】命令，此时会出现如图 6-63 所示的【缝合曲面】属性管理器。在其中单击【选择】选项组中图标 右侧的显示框，然后在图形区域中选择要缝合的面，所选项目将列举在该显示框中。

(2) 单击【确定】图标 ，完成曲面的缝合工作，缝合后的曲面外观没有任何变化，但是多个曲面已经可以作为一个实体来选择和操作，如图 6-64 所示。

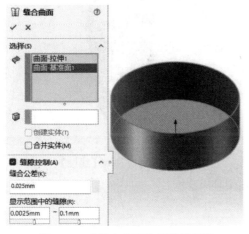

图 6-63　【缝合曲面】属性管理器

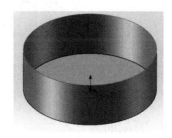

图 6-64　曲面缝合

【缝合曲面】属性管理器中主要选项说明如下：

- 缝合公差：控制哪些缝隙缝合在一起，哪些保持打开。大小低于公差的缝隙会缝合。
- 显示范围中的缝隙：只显示范围中的缝隙；拖动滑杆可更改缝隙范围。

6.3.2　延伸曲面

延伸曲面是指可以在现有曲面的边缘沿着切线方向，以直线或随曲面的弧度产生附加的曲面。延伸曲面的操作步骤如下。

(1) 单击【曲面】控制面板中的【延伸曲面】图标 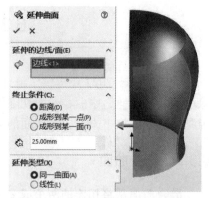 ，或选择菜单栏中的【插入】→【曲面】→【延伸曲面】命令。

(2) 在【延伸曲面】属性管理器中单击【拉伸的边线/面】选项组中的第一个显示框，然后在右侧的图形区域中选择曲面边线或曲面。此时被选项目出现在该显示框中，如图 6-65 所示。

图 6-65　【延伸曲面】属性管理器

(3) 在【终止条件】选项组中的单选按钮组中选择一种延伸结束条件。

- 距离：在 文本框中指定延伸曲面的距离。
- 成形到某一点：延伸曲面到图形区域中选择的某一点。
- 成形到某一面：延伸曲面到图形区域中选择的面。

(4) 在【延伸类型】选项组的单选按钮组中选择延伸类型。

- 同一曲面：沿曲面的几何体延伸曲面，如图 6-66(a)所示。
- 线性：沿边线相切于原来曲面来延伸曲面，如图 6-66(b)所示。

(5) 单击【确定】图标 ，完成曲面的延伸。如果在步骤(2)中选择的是曲面的边线，则系统会延伸这些边线形成的曲面；如果选择的是曲面，则曲面上所有的边线相等地延伸整个曲面。

(a) 延伸类型为【同一曲面】　　　　　(b) 延伸类型为【线性】

图 6-66　延伸类型

6.3.3　剪裁曲面

【剪裁曲面】命令是指采用布尔运算的方法在一个曲面与另一个曲面、基准面或者草图交叉处裁剪曲面，或者将曲面与其他曲面相互修剪的工具。剪裁曲面主要有两种方式，第一种是将两个曲面互相剪裁，第二种是以线性图元修剪曲面。下面介绍剪裁曲面的操作步骤。

(1) 单击【曲面】控制面板中的【剪裁曲面】图标 ，或选择菜单栏中的【插入】→【曲面】→【剪裁】命令。

(2) 在弹出的【剪裁曲面】属性管理器中的【剪裁类型】选项组中选择剪裁类型。

- 标准：使用曲面作为剪裁工具，在曲面相交处剪裁其他曲面。
- 相互：将两个曲面作为互相剪裁的工具。

(3) 如果在步骤(2)中选择了【标准】，则在【选择】选项组中单击【剪裁工具】栏图标右侧的显示框，然后在图形区域中选择一个曲面作为剪裁工具；单击【保留部分】图标右侧的显示框，然后在图形区域中选择曲面作为保留部分。所选项目会在对应的显示框中显示，如图 6-67 所示。

图 6-67　【剪裁曲面】属性管理器

(4) 如果在步骤(2)中选择了【相互】，则在【选择】选项组中单击【剪裁工具】栏图标右侧的显示框，然后在图形区域中选择作为剪裁曲面的至少两个相交曲面；单击图标右侧的显示框，然后在图形区域中选择需要的区域作为保留部分(可以是多个部分)，则所选项目会在对应的显示框中显示，如图 6-68 所示。

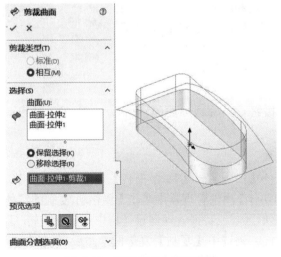

图 6-68　剪裁类型为相互剪裁

（5）单击【确定】图标 ✓，完成曲面的剪裁，如图 6-69 所示。

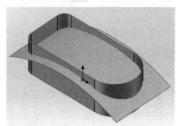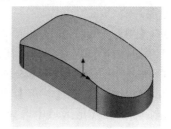

图 6-69　剪裁效果

6.3.4　移动/复制/旋转曲面

【移动/复制曲面】命令用于平移、旋转和复制曲面的操作。在 SolidWorks 2022 中，【移动/复制曲面】与【移动/复制实体】的属性管理器相同，均以【移动/复制实体】命名。用户可以像拉伸特征、旋转特征那样对曲面特征进行移动、复制、旋转等操作。

1. 要移动/复制曲面

（1）选择【插入】→【曲面】→【移动/复制】命令。

（2）弹出【移动/复制实体】属性管理器，分别单击最下面的【平移】、【旋转】按钮，切换到【平移】、【旋转】模式。

（3）单击【要移动/复制的实体】选项组中图标 🧊 右侧的显示框，然后在图形区域或特征管理器设计树中选择要移动/复制的实体。

（4）如果要复制曲面，则选中【复制】复选框，然后在 🔢 文本框中指定复制的数目。

（5）单击【平移】选项组中图标 🧊 右侧的显示框，然后在图形区域中选择一条边线来定义平移方向；或者在图形区域中选择两个顶点来定义曲面移动或复制体之间的方向和距离。

（6）也可以在【AX】、【AY】、【AZ】文本框中指定移动的距离或复制体之间的距离。此时在右侧的图形区域中可以预览曲面移动或复制的效果，如图 6-70 所示。

（7）单击【确定】按钮 ✓，完成曲面的移动/复制。

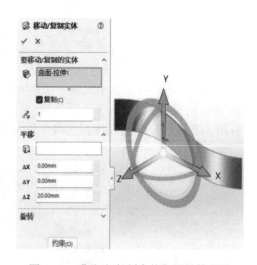

图 6-70　【移动/复制实体】属性管理器

2. 要旋转/复制曲面

（1）选择【插入】→【曲面】→【移动/复制】命令。

（2）在【移动/复制实体】属性管理器中单击【要移动/复制的实体】选项组中图标 🧊 右侧的显示框，然后在图形区域或特征管理器设计树中选择要旋转/复制的曲面。

（3）如果要复制曲面，则选中【复制】复选框，然后在 🔢 文本框中指定复制的数目。

（4）激活【旋转】选项，单击图标 🧊 右侧的显示框，在图形区域中选择一条边线定义旋转方向。

(5) 在 C_x、C_y、C_z 文本框中指定原点在 X 轴、Y 轴、Z 轴方向移动的距离，然后在 、 、 文本框中指定曲面绕 X、Y、Z 轴旋转的角度。此时在右侧的图形区域中可以预览曲面复制/旋转的效果，如图 6-71 所示。

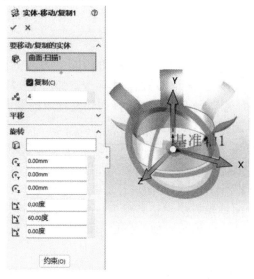

图 6-71　旋转曲面

(6) 单击【确定】图标 ✔，完成曲面的旋转/复制。

6.3.5　删除曲面

【删除曲面】命令可以从曲面实体或实体中删除一个面，并能对实体中的面进行删除和自动修补。删除曲面的操作步骤如下。

(1) 单击【曲面】控制面板中的【删除面】图标 ，或选择菜单栏中的【插入】→【面】→【删除】命令。

(2) 在【删除面】属性管理器中单击【选择】选项组中【要删除的面】图标 右侧的显示框，然后在图形区域或特征管理器中选择要删除的面。此时要删除的曲面在该显示框中显示，如图 6-72 所示。

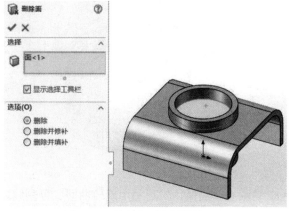

图 6-72　【删除面】属性管理器

(3) 如果选中【删除】单选按钮，将删除所选曲面；如果选中【删除并修补】单选按钮，则在删除曲面的同时，对删除曲面后的曲面进行自动修补；如果选中【删除并填补】单选按钮，则在删除曲面的同时，对删除曲面后的曲面进行自动填充。

(4) 单击【确定】图标 ✔，完成曲面的删除。

6.3.6 曲面切除

SolidWorks 2022 还可以利用曲面生成对实体的切除，具体的操作步骤如下：

(1) 选择【插入】→【切除】→【使用曲面】命令，弹出【使用曲面切除】属性管理器。

(2) 在图形区域或特征管理器设计树中选择切除要使用的曲面，所选曲面出现在【曲面切除参数】选项组的显示框中，如图 6-73(a)所示。

(3) 图形区域中箭头指示实体切除的方向。如有必要，单击【反向】图标改变切除方向。

(4) 单击【确定】图标 ✔，则实体被切除，如图 6-73(b)所示。

(5) 单击【剪裁曲面】图标 对曲面进行剪裁，得到实体切除效果，如图 6-73(c)所示。除了这几种常用的曲面编辑方法，还有圆角曲面、加厚曲面、填充曲面等多种编辑方法，各方法的操作基本与特征的编辑类似，这里不再赘述。

 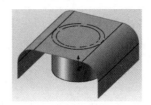 

(a)【使用曲面切除】属性管理器　　　　(b) 切除效果　　　(c) 切除后的效果

图 6-73　曲面切除

6.4　综合实例——轮毂

本例需要创建的轮毂如图 6-74 所示。

图 6-74　轮毂

建模思路：首先绘制轮毂主体曲面，然后利用旋转曲面、分割线以及放样曲面创建一个减重孔，阵列其他减重孔后裁剪曲面，最后切割曲面生成安装孔，建模的流程如图 6-75 所示。

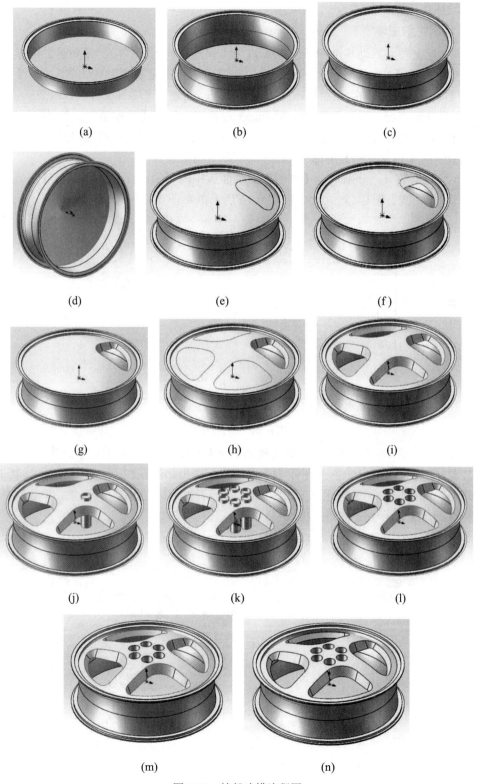

图 6-75 轮毂建模流程图

具体操作步骤如下：

1. 绘制轮毂主体

(1) 新建文件。启动 SolidWorks 2022，单击快速访问工具栏中的【新建】图标，或选择菜单栏中的【文件】→【新建】命令，在弹出的【新建 SOLIDWORKS 文件】对话框中单击【零件】图标，然后单击【确定】按钮，新建一个零件文件。

(2) 设置基准面。在左侧 FeatureManager 设计树中选择【前视基准面】，然后单击【前导视图】工具栏中的【正视于】图标，将该基准面作为绘制图形的基准面。单击【草图】控制面板中的【草图绘制】图标，进入草图绘制状态。

(3) 绘制草图 1。分别单击【草图】控制面板中的【中心线】图标、【三点圆弧】图标和【直线】图标，绘制如图 6-76 所示的草图并标注尺寸。

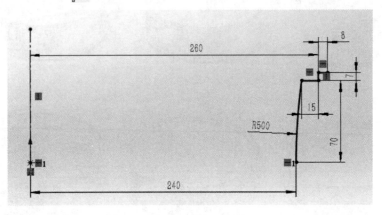

图 6-76　绘制草图 1

(4) 旋转曲面 1。选择菜单栏中的【插入】→【曲面】→【旋转曲面】命令，或单击【曲面】控制面板中的【旋转曲面】图标，此时系统弹出如图 6-77 所示的【曲面-旋转 1】属性管理器。选择步骤(3)中创建的草图中心线为旋转轴，其他采用默认设置，单击属性管理器中的【确定】图标，结果如图 6-78 所示。

图 6-77　【曲面-旋转 1】属性管理器　　　　图 6-78　旋转曲面 1

(5) 镜向旋转面。选择菜单栏中的【插入】→【阵列/镜向】→【镜向】命令，或单击【特征】控制面板中的【镜向】图标，此时系统弹出如图 6-79 所示的【镜向 1】属性管理器。选择【上视基准面】为镜向基准面，在视图中选择步骤(4)中创建的旋转曲面为要镜向的实体，单击属性管理器中的【确定】图标 ✔，结果如图 6-80 所示。

图 6-79 【镜向 1】属性管理器

图 6-80 镜向曲面

（6）缝合曲面。选择菜单栏中的【插入】→【曲面】→【缝合曲面】命令，或单击【曲面】控制面板中的【缝合曲面】图标 ，此时系统弹出如图 6-81 所示的【曲面-缝合 1】属性管理器。选择视图中所有的曲面，单击属性管理器中的【确定】图标 ✔，完成缝合曲面如图 6-82 所示。

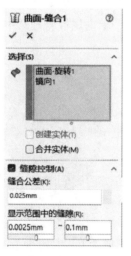

图 6-81 【曲面-缝合 1】属性管理器

图 6-82 缝合曲面

2. 绘制减重孔

（1）设置基准面。在左侧 FeatureManager 设计树中选择【前视基准面】，然后单击【前导视图】工具栏中的【正视于】图标 ，将该基准面作为绘制图形的基准面。单击【草图】控制面板中的【草图绘制】图标 ，进入草图绘制状态。

（2）绘制草图 2。分别单击【草图】控制面板中的【中心线】图标 和【三点圆弧】图标 ，绘制如图 6-83 所示的草图并标注尺寸。

（3）旋转曲面 2。选择菜单栏中的【插入】→【曲面】→【旋转曲面】命令，或单击【曲面】控制面板中的【旋转曲面】图标 ，此时系统弹出【曲面-旋转】属性管理器。选择步骤(2)中创建的草图中心线为旋转轴，其他采用默认设置，单击属性管理器中的【确定】图标 ✓，结果如图 6-84 所示。

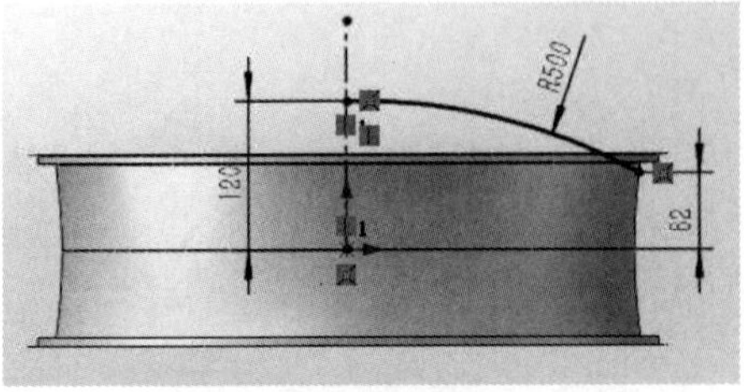

图 6-83　绘制草图 2

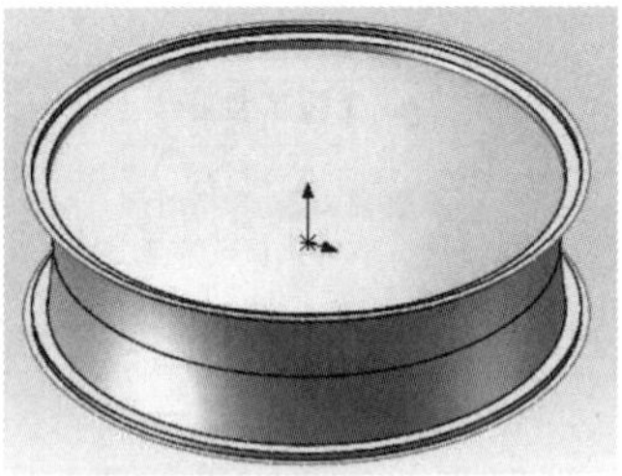
图 6-84　旋转曲面 2

(4) 设置基准面。在左侧 FeatureManager 设计树中选择【前视基准面】，然后单击【前导视图】工具栏中的【正视于】图标 ，将该基准面作为绘制图形的基准面。单击【草图】控制面板中的【草图绘制】图标 ，进入草图绘制状态。

(5) 绘制草图 3。分别单击【草图】控制面板中的【中心线】图标 和【直线】图标 ，绘制如图 6-85 所示的草图并标注尺寸。

(6) 旋转曲面 3。选择菜单栏中的【插入】→【曲面】→【旋转曲面】命令，或单击【曲面】控制面板中的【旋转曲面】图标 ，此时系统弹出【曲面-旋转】属性管理器。选择步骤(5)中创建的草图中心线为旋转轴，其他采用默认设置，单击属性管理器中的【确定】图标 ✓，结果如图 6-86 所示。

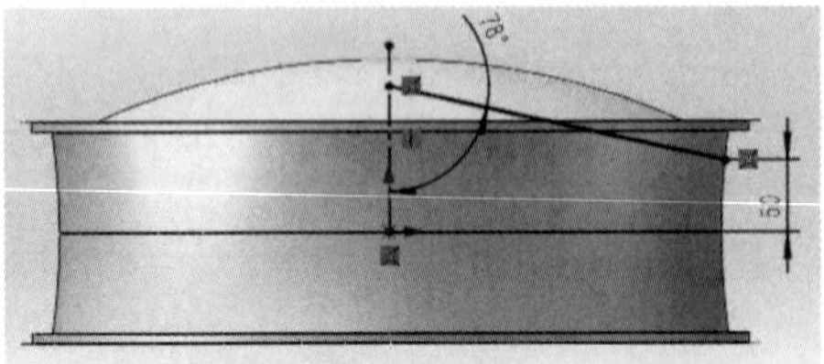

图 6-85　绘制草图 3

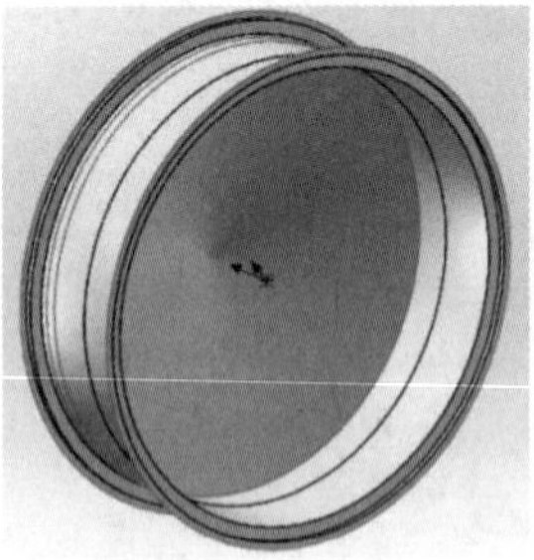
图 6-86　旋转曲面 3

(7) 设置基准面。在左侧 FeatureManager 设计树中选择【上视基准面】，然后单击【前导视图】工具栏中的【正视于】图标 ，将该基准面作为绘制图形的基准面。单击【草图】控制面板中的【草图绘制】图标 ，进入草图绘制状态。

(8) 绘制草图 4。分别单击【草图】控制面板中的【中心线】图标 、【直线】图标 、【圆心/起/终点画弧】图标 和【绘制圆角】图标 ，绘制如图 6-87 所示的草图并标注尺寸。

(9) 分割线。选择菜单栏中的【插入】→【曲线】→【分割线】命令，或单击【曲线】工具栏中的【分割线】图标 ，此时系统弹出如图 6-88 所示的【分割线】属性管理器。选择【分割类型】为【投影】，选择步骤(7)中绘制的草图为要投影的草图，选择步骤(3)

中创建的旋转曲面为分割的面,单击属性管理器中的【确定】图标 ✓,结果如图 6-89 所示。

图 6-87 绘制草图 4　　　图 6-88 【分割线】属性管理器　　　图 6-89 分割曲面

(10) 设置基准面。在左侧 FeatureManager 设计树中选择【上视基准面】,然后单击【前导视图】工具栏中的【正视于】图标 ↓,将该基准面作为绘制图形的基准面。单击【草图】控制面板中的【草图绘制】图标 □,进入草图绘制状态。

(11) 绘制草图 5。单击【草图】控制面板中的【转换实体引用】图标 ⬚,将步骤(5)中创建的草图转换为图素,然后单击【草图】控制面板中的【等距实体】图标 ⬡,将转换的图素向内偏移,偏移距离为 12,如图 6-90 所示。

(12) 分割线。选择菜单栏中的【插入】→【曲线】→【分割线】命令,或单击【曲线】工具栏中的【分割线】图标 ⬚,此时系统弹出【分割线】属性管理器。选择【分割类型】为【投影】,选择步骤(11)中绘制的草图为要投影的草图,选择步骤(6)中创建的旋转曲面为分割的面,单击属性管理器中的【确定】图标 ✓,结果如图 6-91 所示。

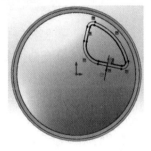

图 6-90 绘制草图 5　　　　　　　　图 6-91 分割曲面

(13) 删除面。选择菜单栏中的【插入】→【面】→【删除】命令,或单击【曲面】控制面板中的【删除面】图标 ⬚,此时系统弹出如图 6-92 所示的【删除面 1】属性管理器。选择创建的分割面为要删除的面,选中【删除】单选按钮,单击属性管理器中的【确定】图标 ✓,结果如图 6-93 所示。

图 6-92　【删除面 1】属性管理器　　　　　　图 6-93　删除面

(14) 放样曲面。选择菜单栏中的【插入】→【曲面】→【放样曲面】命令，或单击【曲面】控制面板中的【放样曲面】图标 ，系统弹出【曲面-放样 1】属性管理器，如图 6-94 所示。在【轮廓】选项组中，选择删除面后的上下对应的两个边线，单击【确定】图标 ，生成放样曲面。重复【放样曲面】命令，选择其他边线进行放样，结果如图 6-95 所示。

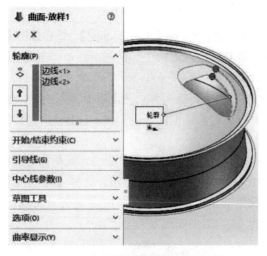

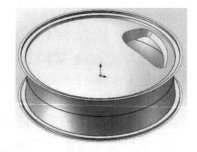

图 6-94　【曲面-放样】属性管理器　　　　　　图 6-95　放样曲面

(15) 缝合曲面。选择菜单栏中的【插入】→【曲面】→【缝合曲面】命令，或单击【曲面】控制面板中的【缝合曲面】图标 ，此时系统弹出如图 6-96 所示的【曲面-缝合 2】属性管理器。选择步骤(14)中创建的所有放样曲面，单击属性管理器中的【确定】图标 。

(16) 圆周阵列实体。选择菜单栏中的【视图】→【临时轴】命令，显示临时轴。选择【插入】→【阵列/镜向】→【圆周阵列】命令，或者单击【特征】控制面板中的【圆周阵列】图标 ，系统弹出【阵列(圆周)4】属性管理器。在阵列轴选项组中选择基准轴，在要阵列的特征选项组中选择步骤(15)中创建的缝合曲面，选中【等间距】复选框，在【实例数】 文本框中输入"4"，如图 6-97 所示。单击【确定】图标 ，完成圆周阵列实体操作，效果如图 6-98 所示。

图 6-96　【曲面-缝合 2】　　图 6-97　【阵列(圆周)4】　　图 6-98　阵列曲面
　　　　属性管理器　　　　　　　　属性管理器

(17) 剪裁曲面。选择菜单栏中的【插入】→【曲面】→【剪裁曲面】命令，或单击【曲面】控制面板中的【剪裁曲面】图标 ，此时系统弹出如图 6-99 所示的【曲面-剪裁 6】属性管理器。选中【相互】单选按钮，选择视图中所有的曲面为裁剪曲面，选中【移除选择】单选按钮，选择如图 6-98 所示的上下 6 个曲面为要移除的面，单击属性管理器中的【确定】图标 ，结果如图 6-100 所示。

图 6-99　【曲面-剪裁 6】属性管理器　　　　　图 6-100　剪裁曲面

3. 绘制安装孔

(1) 设置基准面。在左侧 FeatureManager 设计树中选择【上视基准面】，然后单击【前导视图】工具栏中的【正视于】图标 ⏚，将该基准面作为绘制图形的基准面。单击【草图】控制面板中的【草图绘制】图标 ▣，进入草图绘制状态。

(2) 绘制草图 6。单击【草图】控制面板中的【圆】图标 ⊙，绘制如图 6-101 所示的草图并标注尺寸。

(3) 拉伸曲面。选择菜单栏中的【插入】→【曲面】→【拉伸曲面】命令，或单击【曲面】控制面板中的【拉伸曲面】图标 ◈，此时系统弹出如图 6-102 所示的【曲面-拉伸 2】属性管理器。选择步骤(2)中创建的草图，设置终止条件为【给定深度】，输入拉伸距离为"130.00 mm"，单击属性管理器中的【确定】图标 ✔，结果如图 6-103 所示。

图 6-101　绘制草图 6　　　图 6-102　【曲面-拉伸 2】属性管理器　　　图 6-103　拉伸曲面

(4) 圆周阵列实体。选择菜单栏中的【插入】→【阵列/镜向】→【圆周阵列】命令，或单击【特征】控制面板中的【圆周阵列】图标 ⬡，系统弹出【阵列(圆周)3】属性管理器；在阵列轴列表框中选择基准轴，在要阵列的特征列表框中选择步骤(3)中创建的拉伸曲面，选中【等间距】复选框，在【实例数】文本框 ❀ 中输入"6"，如图 6-104 所示。单击【确定】图标 ✔，完成圆周阵列实体操作。选择菜单栏中的【视图】→【临时轴】命令，不显示临时轴，效果如图 6-105 所示。

图 6-104　【阵列(圆周)3】属性管理器　　　图 6-105　阵列拉伸曲面

（5）剪裁曲面。选择菜单栏中的【插入】→【曲面】→【剪裁曲面】命令，或单击【曲面】控制面板中的【剪裁曲面】图标 ，此时系统弹出如图 6-106 所示的【曲面-剪裁 7】属性管理器。选中【相互】单选按钮，选择最上面的曲面和圆周阵列的拉伸曲面，选中【移除选择】单选按钮，选择如图 6-106 所示的面为要移除的面，单击属性管理器中的【确定】图标 ，隐藏基准面 1，结果如图 6-107 所示。

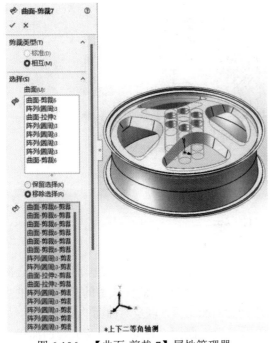

图 6-106　【曲面-剪裁 7】属性管理器　　　　　　图 6-107　剪裁曲面

（6）加厚曲面。选择菜单栏中的【插入】→【凸台/基体】→【加厚】命令，此时系统弹出如图 6-108 所示的【加厚 1】属性管理器。选择视图中的缝合曲面，单击【加厚侧面 2】图标 ，输入厚度为"5.00 mm"，单击属性管理器中的【确定】图标 ，结果如图 6-109 所示。

图 6-108　【加厚 1】属性管理器　　　　　　图 6-109　加厚曲面

（7）缝合曲面。选择菜单栏中的【插入】→【曲面】→【缝合曲面】命令，或单击【曲面】控制面板中的【缝合曲面】图标 ，此时系统弹出如图 6-110 所示的【曲面-缝合 3】属性管理器。选择视图中所有的曲面，选中【合并实体】复选框，单击属性管理器中的【确定】图标 ✔，最终得到的结果如图 6-111 所示。

图 6-110　【曲面-缝合 3】属性管理器　　　　图 6-111　缝合曲面

本 章 小 结

本章主要介绍了曲线、曲面的基本功能，其中曲线部分主要介绍投影曲线、组合曲线、螺旋线/涡状线、分割线、通过参考点的曲线、通过 XYZ 点的曲线等的几种曲线的生成方法。曲面部分主要介绍在曲面工具栏上常用到的曲面工具，以及对曲面的修改方法，如延伸曲面、剪裁曲面、解除剪裁曲面、圆角曲面、填充曲面、移动/复制及缝合曲面等。SolidWorks 2022 的曲线与曲面功能为复杂形状的设计提供了强大的支持，掌握这些功能将有助于用户创造出更加精美的设计作品。

习　　题

1. 创建图 6-112、图 6-113 所示的曲面造型，尺寸自定。

图 6-112　曲面造型 1　　　　　　　　图 6-113　曲面造型 2

2. 创建图 6-114、图 6-115 所示的曲面造型, 尺寸自定。

图 6-114　曲面造型 3

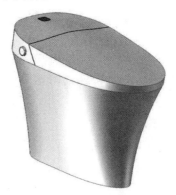

图 6-115　曲面造型 4

第 7 章　装配体设计

- 熟练掌握各种装配约束类型的用法；
- 熟练掌握装配体中零部件的编辑方法；
- 熟练掌握生成装配体爆炸视图的方法。

本章导读

　　SolidWorks 2022 具备强大的装配体设计功能，可以很方便地将零部件插入到装配体文件中，并按照一定的约束关系进行装配，帮助用户更好地进行装配体设计，提高设计效率并确保设计的准确性。在实际应用中，可以根据具体的设计需求选择合适的方法进行装配体设计。本章就不同的装配体设计方法进行探讨。

7.1　装配体概述

　　装配体的设计，即将各零部件依次插入装配体模型中，然后通过给零部件添加约束关系来实现对零部件的限制，从而使它们构成一个完整的装配体，如图 7-1 所示。

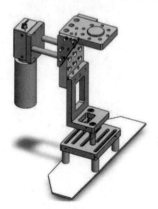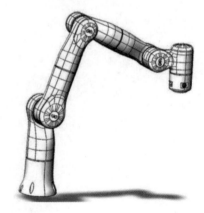

图 7-1　装配体示例

7.1.1　新建装配体

新建装配体模型的方法有如下两种：

(1) 打开 SolidWorks 2022 软件，在欢迎界面中的【新建】选项卡中选择【装配体】，如图 7-2 所示，即可进入装配体模板。

图 7-2　SolidWorks 2022 欢迎界面

(2) 单击【新建】图标 🗋，弹出【新建 SOLIDWORKS 文件】窗口，在新手界面的【模板】窗口中单击【gb_assembly】图标 🎨，再单击【确定】按钮，如图 7-3 所示，即可进入装配体模板；或者在【高级】界面下单击【装配体】图标 🍊，再单击【确定】按钮，如图 7-4 所示，也可进入装配体模板。

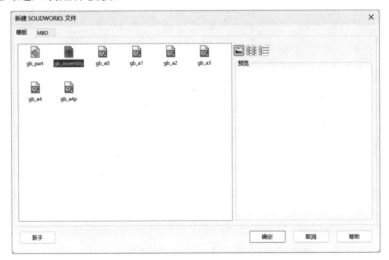

图 7-3　【新建 SOLIDWORKS 文件】新手界面

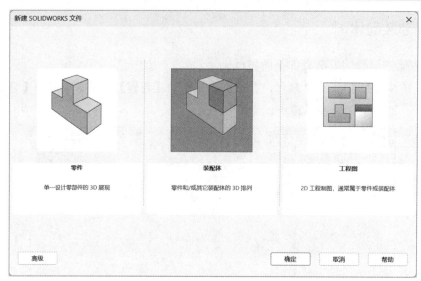

图 7-4 【新建 SOLIDWORKS 文件】高级界面

7.1.2 插入零部件

新建装配体后，系统会自动进入零部件浏览选择界面，在弹出的【打开】窗口中选择拟装配的零部件；选中零部件后，单击【打开】按钮，按住鼠标中键，将零部件移动到合适位置后松开鼠标中键，再单击鼠标左键，即可把选中的零件放入当前位置。

7.1.3 继续插入零部件

在【装配体】界面中单击【插入零部件】图标，在弹出的【插入零部件】属性管理器中，单击【浏览】，选择要继续插入的零部件，如图 7-5 所示；按住鼠标中键，将零部件移动到合适位置后松开鼠标中键，单击鼠标左键，即可把选中的零件放入当前位置。此时，单击鼠标左键选中第二个零件，相对第一个零件可以自由拖动。

同理，若一次性需插入多个零部件，在单击【浏览】后，可按住键盘上的 Ctrl 键，同时选择所有要插入的零部件，即可一次性插入多个零部件，然后依次将新插入的零部件放至合适位置。

7.1.4 删除零部件

图 7-5 【插入零部件】属性管理器

(1) 在【FeatureManager 设计树】或图形区域中选中要删除的零部件。

(2) 按下 Delete 键，弹出【确认删除】窗口，如图 7-6 所示。

(3) 单击【是】按钮，即可删除选中的零部件。

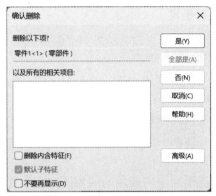

图 7-6 【确认删除】窗口

7.2 零部件的装配关系

插入的零部件相对位置并未定义，缺少约束，每个零部件都可以沿任意方向进行平移或旋转，因此需要通过给零部件添加约束关系来限制零部件的位置。

单击【装配体】面板中的【配合】图标 ◈，系统弹出【配合】属性管理器，其中有标准、高级、机械 3 种配合选择，每种配合又包含多种配合类型，如图 7-7 所示。

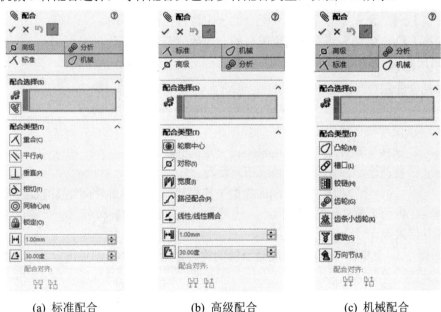

(a) 标准配合   (b) 高级配合   (c) 机械配合

图 7-7 【配合】属性管理器

1. 标准配合

标准配合的配合类型有以下几种：

重合(C)：定位所选择的面、边线及基准面(相互组合或与单一顶点组合)，使其共享同一个无限基准面。

平行(R)：使所选实体相互平行。

⊥ 垂直(P)：使所选实体相互垂直。

⋌ 相切(T)：使所选实体相切。

◎ 同轴心(N)：使所选实体中心线重合。

🔒 锁定(O)：使所选实体相对位置固定不动。

图中其他图标的含义及功能如下：

【距离】↦：定义所选实体间的相对距离。

【角度】◭：定义所选实体间的相对角度。

配合对齐有两种对齐方式：

【同向对齐】⮁：在所选面的法向或轴向的相同方向放置零部件。

【反向对齐】⮃：在所选面的法向或轴向的相反方向放置零部件。

2. 高级配合

高级配合的配合类型有以下几种：

⊕ 轮廓中心：使矩形和圆形轮廓中心对齐，并完全定义组件。

⌀ 对称(Y)：使所选实体绕基准面或平面对称。

‖ 宽度(I)：使所选实体位于凹槽宽度中心。

⌒ 路径配合(P)：使零部件上所选的点约束到路径。

⬨ 线性/线性耦合：在一个零部件的平移和另一个零部件的平移之间建立几何关系。

图中其他两个图标的含义及功能如下。

【距离】⊢：允许零部件在距离配合的一定数值范围内移动。

【角度】◭：允许零部件在角度配合的一定数值范围内移动。

3. 机械配合

机械配合的配合类型有以下几种：

⬭ 凸轮(M)：使圆柱、基准面或点与一系列相切的拉伸曲面相配合。

⬭ 槽口(L)：使滑块在槽口中移动。

▤ 铰链(H)：使两个零件之间的移动限制在一定的旋转范围内。

⬡ 齿轮(G)：使两个零部件绕所选轴线相对旋转。

✸ 齿条小齿轮(K)：一个零部件的(齿条)的线型平移引起另一个零部件(小齿轮)做圆周运动。

♟ 螺旋(S)：将两个零部件约束为同心，还可在一个零部件的旋转和另一个零部件的平移之间添加几何关系。

♟ 万向节(U)：一个零部件(输出轴)绕自身轴的旋转是由另一个零部件(输入轴)绕其轴的旋转驱动的。

7.3　零部件的操作

使用 SolidWorks 2022 装配零部件时，如装配体中出现多个相同零部件时，使用【阵列】或【镜向】命令，可以避免多次插入零部件的重复操作。使用【移动】或【旋转】命令，可以平移或旋转零部件。

(1) 装配重复零部件：利用复制、镜向或阵列等方法生成重复零件。

(2) 修改已有的零部件：通过隐藏/显示零部件的功能简化复杂的装配体关系。

7.3.1 线性零部件阵列

线性零部件阵列可以生成零部件的线性阵列。下面以图 7-8 和图 7-9 为例，说明零部件线性阵列的一般操作步骤。

(1) 调出阵列命令。单击【装配体】面板中的【线性零部件阵列】图标 ⊞⊞，弹出【线性阵列】属性管理器，如图 7-9 所示。

(2) 确定阵列方向。在图形区选取图 7-8(a)所示的两个边为阵列的方向 1 和方向 2。

(3) 设置间距及实例数。在【线性阵列】属性对话框中的【方向 1(1)】输入间距为"40.00 mm"，实例数为"5"，【方向 2(2)】输入间距为"40.00 mm"，实例数为"3"，如图 7-9 所示。

(4) 阵列零部件。选择要阵列的零部件，单击【确定】图标 ✓，如图 7-8(a)所示；完成线性阵列的操作，结果如图 7-8(b)所示。

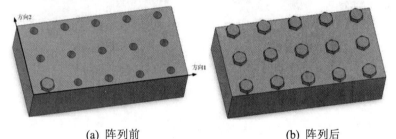

(a) 阵列前　　　　　　　　　　　　　(b) 阵列后

图 7-8　线性阵列

图 7-9　【线性阵列】属性管理器

7.3.2 圆周零部件阵列

圆周零部件阵列类型可以生成零部件的圆周阵列。下面以图 7-10 和图 7-11 为例，说明零部件圆周阵列的一般操作步骤。

(1) 调出阵列命令。单击【装配体】面板中的【圆周零部件阵列】图标 🔩，弹出【圆周阵列】属性管理器，如图 7-11 所示。

(2) 设置圆周阵列的阵列轴、角度和实例数。输入角度为"45.00 度"，实例数为"8"，如图 7-11 所示。

(3) 阵列零部件。选择要阵列的零部件，单击【确定】图标 ✔，如图 7-10(a)所示；完成圆周阵列的操作后，结果如图 7-10(b)所示。

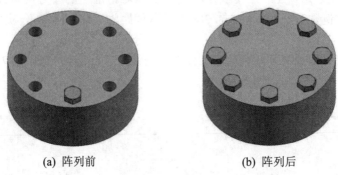

  (a) 阵列前   (b) 阵列后

图 7-10 圆周阵列

图 7-11 【圆周阵列】属性管理器

7.3.3 镜向零部件

同一装配体中有相同零部件且为对称结构关系时，可以使用【镜向零部件】命令完成，下面以图 7-12 和图 7-13 为例，说明零部件镜向的一般操作步骤。

(1) 调出【镜向零部件】命令。单击【装配体】面板中的【镜向零部件】图标 🔁，弹出【镜向零部件】属性管理器，如图 7-13 所示。

(2) 镜向零部件。选择镜向基准面、要阵列的零部件，单击【确定】图标 ✔，如图 7-12(a)所示；完成镜向零部件的操作后，结果如图 7-12(b)所示。

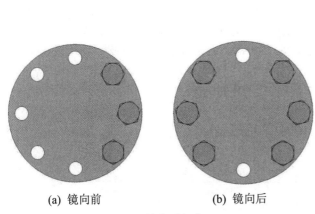

(a) 镜向前　　　　　　　　(b) 镜向后

图 7-12　镜向零部件

图 7-13　【镜向零部件】属性管理器

7.3.4　移动零部件

若装配体 FeatureManager 设计树中零部件的名称前有 "(-)" 符号，则表示该零部件尚未被约束，可以进行移动。移动零部件的操作步骤如下：

(1) 调出移动命令。单击【装配体】面板中的【移动零部件】图标 下的三角图标，选择【移动零部件】。

(2) 选择移动方式。弹出【移动零部件】属性管理器，这时光标变为 ，选中要移动的零部件进行移动，如图 7-14 所示。

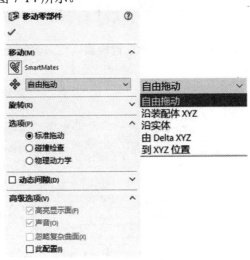

图 7-14　零部件移动方式

零部件移动方式有：

【自由拖动】：可以使选择的零部件沿任意方向拖动。

【沿装配体 XYZ】：可以使选择的零部件沿装配体的 X、Y、Z 方向进行移动。

【沿实体】：选择实体，则沿着实体所在直线或平面进行移动。

【由 Delta XYZ】：在弹出的移动窗口中定义 ΔX、ΔY、ΔZ 的数值，然后单击【应用】按钮，所选中的零部件将会移动相应的数值，如图 7-15(a)所示。

【到 XYZ 位置】：在弹出的移动窗口中定义 ·x、·y、·z 的数值，然后单击【应用】按钮，所选中的零部件将会移动到相应坐标位置，如图 7-15(b)所示。

(3) 完成移动。单击【确定】图标 ✓ 或 Esc 键，或者再次单击【移动零部件】按钮，完成零部件移动。

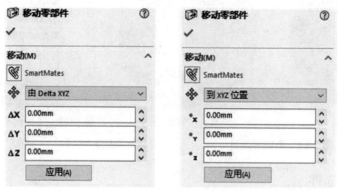

(a) 零部件【由 Delta XYZ】移动　　(b) 零部件【到 XYZ 位置】

图 7-15　零部件移动方式

7.3.5　旋转零部件

若装配体 FeatureManager 设计树中零部件的名称前有"(-)"符号，则表示该零部件尚未被约束，可以进行旋转。旋转零部件的操作步骤如下：

(1) 调出旋转命令。单击【装配体】面板中的【移动零部件】图标 下的三角图标，选择【旋转零部件】命令。

(2) 旋转方式。弹出【旋转零部件】属性管理器，这时光标变为 ，选中要旋转的零部件进行旋转，如图 7-16 所示。

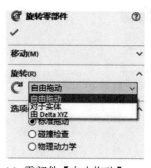  

(a) 零部件【自由拖动】　　(b) 零部件【对于实体】旋转　　(c) 零部件【由 Delta XYZ】旋转

图 7-16　零部件的旋转方式

零部件旋转方式有：

【自由拖动】：可以使选择的零部件绕自身的体心自由旋转。

【对于实体】：选择实体上的一条直线，则零部件将沿着该直线进行旋转。

【由 Delta XYZ】：在弹出的移动窗口中定义 ·x、·y、·z 的数值，然后单击【应用】

按钮，所选中的零部件将会绕着装配体的轴旋转相应的数值。

(3) 单击【确定】图标✓或按 Esc 键，或者再次单击【旋转零部件】按钮，完成零部件旋转。

7.3.6 压缩零部件

为了减少工作时的数据量并更有效地利用系统资源，可以根据工作范围指定特定的零部件为压缩状态。这样不仅可以加快装配体的显示和重建速度，还能减少所需的计算资源，从而在保证数据完整性的前提下提高系统的效率和性能。

在激活的配置中压缩配合关系的步骤如下：

(1) 在 FeatureManager 设计树中，在需要压缩的零部件上单击鼠标右键，在弹出的快捷菜单中单击【压缩】图标↓，完成压缩。

(2) 如要解除对配合的压缩，则可在 FeatureManager 设计树中，在需要解除压缩的零部件上单击鼠标右键，在弹出的快捷菜单中单击【解除压缩】图标↑，完成解除压缩。

7.4　干 涉 检 查

对于复杂的装配体，仅仅通过视觉来检查零部件之间是否有干涉的情况是件困难的事。在 SolidWorks 2022 中，可以利用检查发现装配体中零部件之间的干涉。该命令可以选择一系列零部件并寻找它们之间的干涉，在图形区将有问题的区域显示出来，并在对话框中显示造成干涉的零件。

干涉检查具体操作步骤如下：

(1) 打开已有的装配体。

(2) 单击菜单栏中【评估】工具栏下的【干涉检查】图标，系统会弹出【干涉检查】属性管理器。

(3) 勾选【视重合为干涉】选项，单击【计算】按钮，如图 7-17 所示。

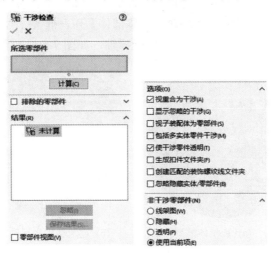

图 7-17　【干涉检查】属性管理器

(4) 干涉检查结果会显示在【结果】选项组中，如图 7-18 所示。

图 7-18　干涉检查结果

7.5　爆　炸　视　图

装配体中的爆炸视图就是将装配体中的各个零部件沿着直线或坐标轴移动，使它们从装配体中分解出来，可以清晰地展示每个零部件的相对位置和连接方式。这种爆炸视图可以帮助用户更直观地了解装配体的组成结构，以及各个零部件之间的关系。

下面以图 7-19(a)所示的装配体模型为例，说明生成爆炸视图的一般操作步骤。

(1) 打开已有装配体，如图 7-19(a)所示。

(2) 单击【装配体】工具栏中的【爆炸视图】图标 🔩，系统弹出【爆炸】属性管理器。

(3) 在【添加阶梯】选项组的【爆炸步骤零部件】列表框 🔲 中，单击图 7-19(a)中所示的【螺钉】零件，显示该零件的可移动方向坐标轴，如图 7-19(b)所示。

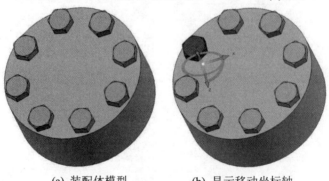

(a) 装配体模型　　　　(b) 显示移动坐标轴

图 7-19　装配体(螺钉)

(4) 选择图 7-19(b)中任一方向为该零件的爆炸方向，然后在图 7-20 所示的【添加阶梯】选项组的【爆炸距离】 中设置适当的数值，如 "60.00 mm"。

(5) 单击【添加阶梯】按钮，第一个螺钉爆炸完成。依次完成其他螺钉爆炸，单击属性管理器中的【确定】图标 ✔，最终生成的爆炸视图如图 7-21 所示。

(6) 单击 FeatureManager 设计树中的【ConfigurationManager】图标 ，当前配置自动生成【爆炸视图 1】，其包含了爆炸步骤 1～爆炸步骤 8，并可对其进行编辑，如图 7-22 所示。

图 7-20　【添加阶梯】选项组

图 7-21　装配体爆炸图

图 7-22　配置管理器

7.6　气缸组件装配实例

本节以工程设计中常用的气缸组件为例进行装配过程讲解，气缸组件装配模型如图 7-23 所示。装配体设计的具体步骤如下。

图 7-23　气缸组件装配模型

(1) 启动 SolidWorks 2022，单击【文件】→【新建】图标 ，在弹出的【新建 SOLIDWORKS 文件】对话框中单击【装配体】图标 ，再单击【确定】按钮，进入装配环境。

(2) 进入装配环境后，系统会自动弹出【开始装配体】属性管理器，如图 7-24 所示；单击【浏览】按钮，系统弹出【打开】对话框；选择已创建的【铝通】零件，将其放至图形区域中，如图 7-25 所示。

图 7-24 【开始装配体】属性管理器

图 7-25 插入【铝通】零件

(3) 单击【装配体】面板中的【插入零部件】图标 ，弹出【插入零部件】属性管理器，如图 7-26 所示；单击【浏览】按钮，在弹出的【打开】对话框中选择已创建的【安装板 1】零件，将其插入装配界面中，效果如图 7-27 所示。

图 7-26 【插入零部件】属性管理器

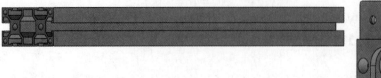

图 7-27 插入【安装板 1】零件

(4) 单击【装配体】面板中的【配合】图标 ✎，弹出【配合 1】属性管理器；单击【标准】选项中的【重合】图标 ⼈，在【配合选择】 ⼊ 中，分别选择【安装板 1】的面 1 和【铝通】的面 2，如图 7-28 所示，再单击【确定】图标 ✔，完成【重合 1】配合。然后，重合装配【铝通】的面 3 和【安装板 1】的面 4，如图 7-29 所示。最后，重合装配【铝通】的面 5 和【安装板 1】的面 6，如图 7-30 所示。最终装配结果如图 7-31 所示。

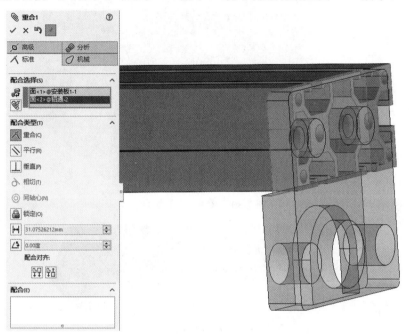

图 7-28 【重合 1】配合

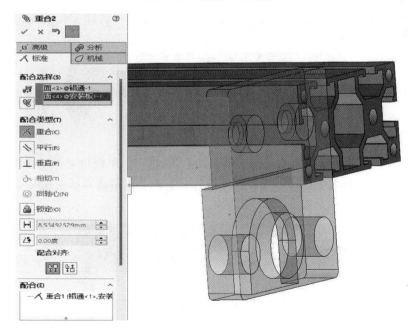

图 7-29 【重合 2】配合

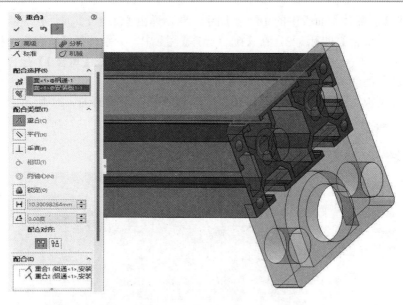

图 7-30　【重合 3】配合

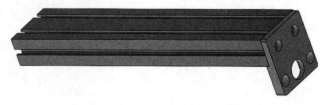

图 7-31　【安装板 1】配合结果

(5) 单击【装配体】面板中的【插入零部件】图标 🖢，系统自动弹出【插入零部件】属性管理器；单击【浏览】按钮，在弹出的【打开】对话框中选择【安装板 2】，将其插入装配界面中，配合方式与【安装板 1】相同，配合结果如图 7-32 所示。

图 7-32　【安装板 2】配合结果

(6) 单击【装配体】面板中的【插入零部件】图标 🖢，系统自动弹出【插入零部件】属性管理器；单击【浏览】按钮，在弹出的【打开】对话框中选择已创建的【导杆】零部件，将其插入装配界面中，如图 7-33 所示。

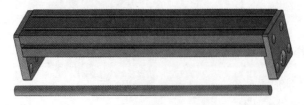

图 7-33　插入【导杆】

(7) 单击【装配体】面板中的【配合】图标 🖉，系统弹出【配合 1】属性管理器；单击

【标准】选项中的【同轴心】图标 ◎ ，在【配合选择】🖈 中，分别选择【导杆】的面 1 和【安装板 2】的面 2；单击【确定】图标 ✔ ，完成【同心 1】配合，如图 7-34 所示。单击【标准】选项中的【重合】图标 人 ，在【配合选择】🖈 中，分别选择【安装板 2】的面 1 和【导杆】的面 2，如图 7-35 所示；单击【确定】图标 ✔ ，完成【重合 7】配合。

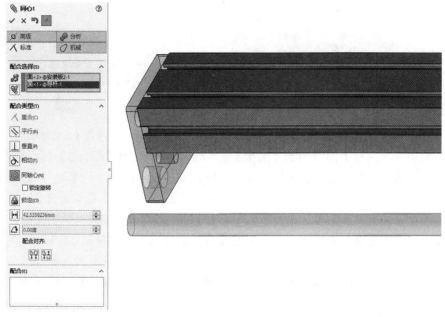

图 7-34   【同心 1】配合

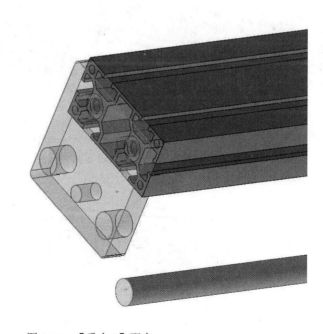

图 7-35   【重合 7】配合

(8) 单击【装配体】面板中的【插入零部件】图标 🖈 ，系统自动弹出【插入零部件】属性管理器；单击【浏览】按钮，在弹出的【打开】对话框中选择第 2 个已创建的【导杆】

零部件，并将其插入装配界面中。重复步骤(7)，装配结果如图 7-36 所示。

(9) 单击【装配体】面板中的【插入零部件】图标 🖱，系统自动弹出【插入零部件】属性管理器；单击【浏览】按钮，在弹出的【打开】对话框中选择已创建的【直线轴承】零部件，并将其插入装配界面中，如图 7-37 所示。

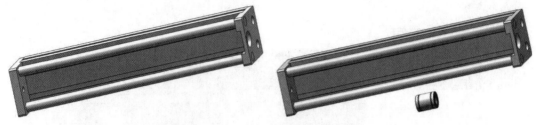

图 7-36　【导杆】装配结果　　　　　　　　图 7-37　插入【直线轴承】

(10) 单击【装配体】面板中的【配合】图标 🖉，系统弹出【配合 3】属性管理器；单击【标准】选项中的【同轴心】图标 ◎，在【配合选择】🗃 中，分别选中【轴线轴承】和【导杆 1】要配合的面；单击【确定】图标 ✔，完成【同心 3】配合，如图 7-38 所示。

(11) 单击【装配体】面板中的【插入零部件】图标 🖱，系统自动弹出【插入零部件】属性管理器；单击【浏览】按钮，在弹出的【打开】对话框中选择第 2、3、4 个已创建的【直线轴承】零部件，将其插入装配界面中。在【导杆 1】上重复 1 次步骤(10)，在【导杆 2】上重复 2 次步骤(10)，保证每根【导杆】上放置 2 个【直线轴承】，最终装配结果如图 7-39 所示。

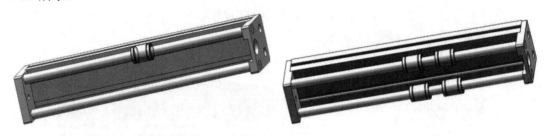

图 7-38　【同心 3】配合　　　　　　　　图 7-39　插入 4 个【直线轴承】

(12) 单击【装配体】面板中的【插入零部件】图标 🖱，系统自动弹出【插入零部件】属性管理器；单击【浏览】按钮，在弹出的【打开】对话框中选择已创建的【轴承座】零部件，将其插入装配界面中，如图 7-40 所示。

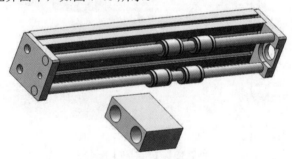

图 7-40　插入【轴承座】

(13) 单击【装配体】面板中的【配合】图标 🖉，系统弹出【配合 7】属性管理器；单击【标准】选项中的【同轴心】图标 ◎，在【配合选择】 中，分别选择【轴承座】的面 1 和【导杆 2】的面 2，如图 7-41 所示；单击【确定】图标 ✓，完成【同心 7】配合。单击【标准】选项中的【重合】图标 人，在【配合选择】 中，分别选择【轴承座】的面 2 和【直线轴承】的面 1，如图 7-42 所示；单击【确定】图标 ✓，完成【重合 11】配合。

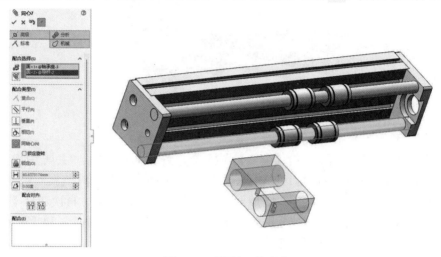

图 7-41　【同心 7】配合

图 7-42　【重合 11】配合

(14) 对剩余 3 个【直线轴承】重复步骤(13)，装配结果如图 7-43 所示。

图 7-43　【直线轴承】与【导杆】的配合

(15) 单击【装配体】面板中的【插入零部件】图标 ，系统自动弹出【插入零部件】

属性管理器；单击【浏览】按钮，在弹出的【打开】对话框中选择已创建的【气缸 CXSJM20-40】零部件，将其插入装配界面中，如图 7-44 所示。

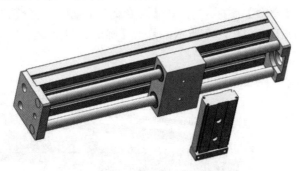

图 7-44　插入【气缸 CXSJM20-40】

(16) 单击【装配体】面板中的【配合】图标 ◎，系统弹出【配合 9】属性管理器；单击【标准】选项中的【同轴心】图标 ◎，在【配合选择】 中，分别选择【气缸 CXSJM20-40】的面 1 和【轴承座】的面 2，如图 7-45 所示；单击【确定】图标 ✔，再次选择【同轴心】图标 ◎；在【配合选择】 中，分别选择【气缸 CXSJM20-40】的面 3 和【轴承座】的面 4，如图 7-46 所示；单击【确定】图标 ✔，完成【同心 10】配合。

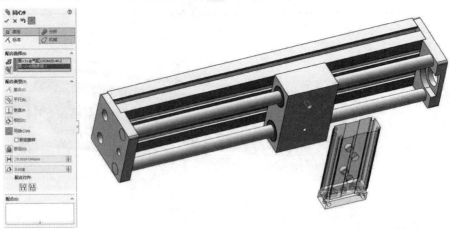

图 7-45　【同心 9】配合

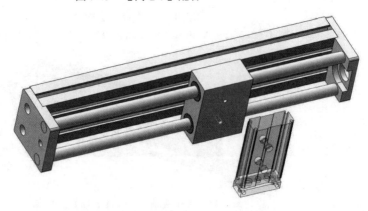

图 7-46　【同心 10】配合

(17) 单击【标准】选项中的【重合】图标  ，在【配合选择】 中，分别选择【轴承座】的面 5 和【气缸 CXSJM20-40】的面 6，如图 7-47 所示；单击【确定】图标 ✔，完成【重合 13】配合，如图 7-48 所示。

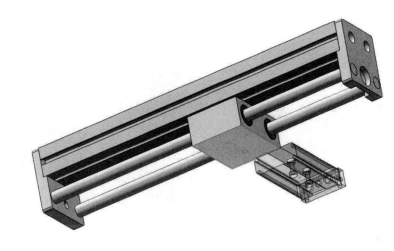

图 7-47 【重合 13】配合

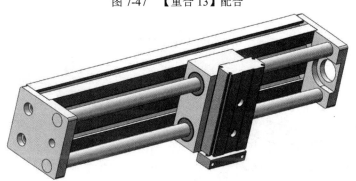

图 7-48 【气缸 CXSJM20-40】与【轴承座】的配合

(18) 单击【装配体】面板中的【插入零部件】图标 ，系统自动弹出【插入零部件】属性管理器；单击【浏览】按钮，在弹出的【打开】对话框中选择已创建的【气缸】零部件，将其插入装配界面中，如图 7-49 所示。

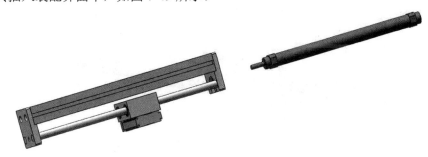

图 7-49 插入【气缸】

(19) 单击【装配体】面板中的【配合】图标 ，系统弹出【配合 12】属性管理器；单击【标准】选项中的【同轴心】图标 ◎，在【配合选择】 中，分别选择【安装板 1】

的面 3 和【气缸】的面 4，如图 7-50 所示；单击【确定】图标 ✓，完成【同心 12】配合，如图 7-51 所示。

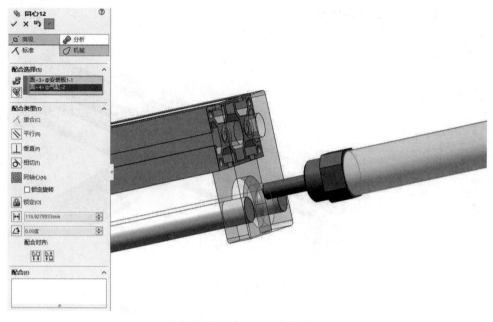

图 7-50　【同心 12】配合

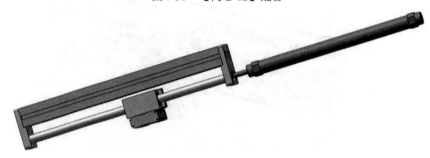

图 7-51　【气缸】与【安装板 1】的配合

(20) 单击【装配体】面板中的【插入零部件】图标 📷，系统自动弹出【插入零部件】属性管理器；单击【浏览】按钮，在弹出的【打开】对话框中选择已创建的【连接头】零部件，将其插入装配界面中，如图 7-52 所示。

图 7-52　插入【连接头】

(21) 单击【标准】选项中的【重合】图标 ⼈，在【配合选择】📷 中，分别选择【连接头】的面 1 和【气缸 CXSJM20-40】的面 2，如图 7-53 所示，单击【确定】图标 ✓；再

次单击【标准】选项中的【重合】图标，在【配合选择】中，分别选择【连接头】
的面 1 和【轴承座】的面 2，如图 7-54 所示，单击【确定】图标，完成【重合 15】配合。

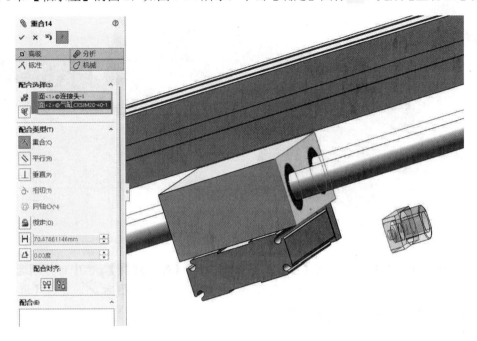

图 7-53　【重合 14】配合

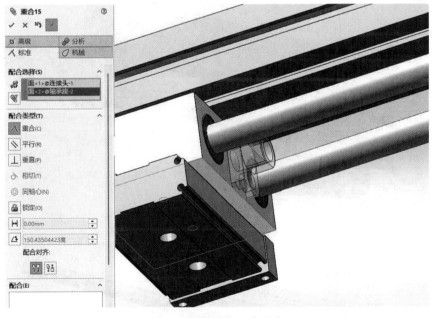

图 7-54　【重合 15】配合

(22) 单击【装配体】面板中的【配合】图标，系统弹出【配合】属性管理器；单击
【标准】选项中的【同轴心】图标，在【配合选择】中，分别选择【气缸】的面 1
和【连接头】的面 2，如图 7-55 所示；单击【确定】图标，完成【同心 13】配合。

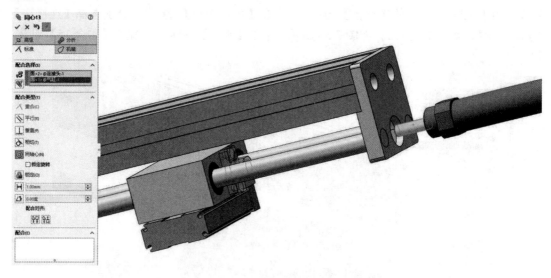

图 7-55   【同心 13】配合

(23) 单击【标准】选项中的【重合】图标 ⅄，在【配合选择】📌 中，分别选择【轴承座】的面 2 和【气缸】的面 1，如图 7-56 所示；单击【确定】图标 ✔，完成【重合 16】配合。图 7-57 为气缸组件模型最终装配结果。

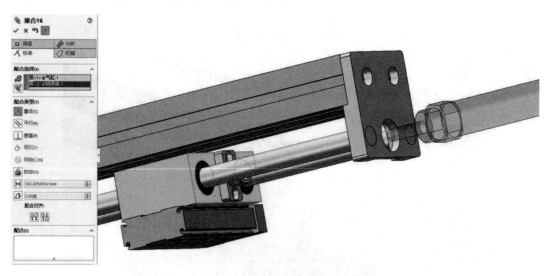

图 7-56   【重合 16】配合

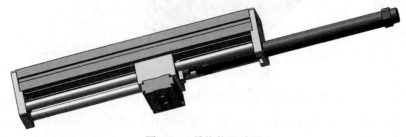

图 7-57   最终装配结果

本 章 小 结

本章介绍了装配体设计的基本知识，主要包括装配体介绍，以及零部件的操作，包括线性阵列、圆周阵列、镜向、移动、旋转等。本章通过实例详细讲解了气缸组件的装配过程，使读者进一步熟悉 SolidWorks 2022 中的装配体设计过程。

习   题

1. 移动零部件有哪几种方式？
2. 创建尺寸如图 7-58(a)～(e)所示的零件，所有零件厚度均为 10 mm，并将零件 1～4 装配到零件 5 上，装配效果如图 7-58(f)所示。

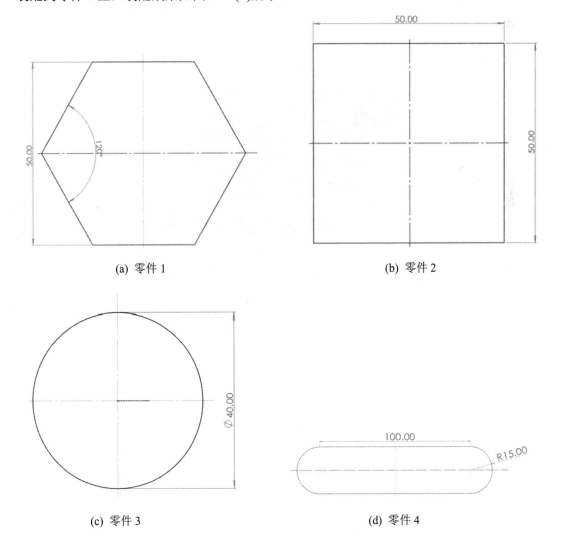

(a) 零件 1

(b) 零件 2

(c) 零件 3

(d) 零件 4

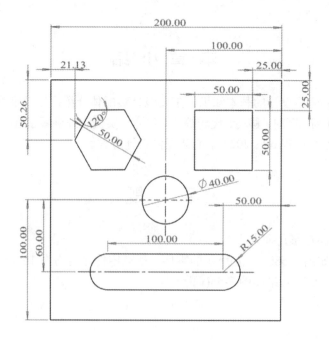

(e) 零件 5

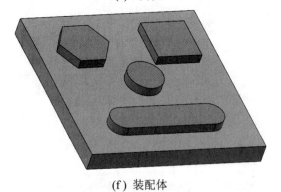

(f) 装配体

图 7-58　装配设计练习题

第 8 章　生 成 工 程 图

知识要点

- 工程图的绘制方法；
- 定义图纸格式；
- 模型视图的绘制；
- 编辑工程视图。

本章导读

在产品的研发、设计和制造等过程中，各类技术人员需要经常进行交流和沟通，工程图则是经常使用的交流工具。随着科学技术的发展，3D 设计技术有了很大的发展与进步，但是三维模型并不能将所有的设计参数表达清楚，有些信息(如加工要求的尺寸精度、几何公差和表面粗糙度等)仍然需要借助二维的工程图将其表达清楚。因此，工程图的创建是产品设计中较为重要的环节，也是对设计人员最基本的能力要求。

8.1　创建工程图

默认情况下，SolidWorks 2022 系统在工程图和零件或装配体三维模型之间提供完全链接的功能，全相关意味着无论什么时候修改零件或装配体的三维模型，所有相关的工程视图将自动更新，以反映零件或装配体的形状和尺寸变化；当在一个工程图中修改一个零件或装配体的尺寸时，系统将自动地将相关的其他工程图以及三维零件或装配体中的相应尺寸加以更新。

在安装 SolidWorks 2022 软件时，可以设定工程图与三维模型之间的单向链接关系，这样当在工程图中对尺寸进行修改时，三维模型不会更新。如果要改变此选项，只有再重新安装一次软件。

此外，SolidWorks 2022 系统提供了多种类型的图形文件输出格式，包括最常用的 DWG、DXF 及其他几种常用的标准格式。

工程图包括一个或多个由零件或装配体生成的视图。在生成工程图之前，必须先保存与它有关的零件或装配体的三维模型。

创建工程图的操作步骤如下：

(1) 选择菜单栏中的【文件】→【新建】命令，或者单击【快速访问】工具栏中的【新建】图标 。

(2) 在弹出的【新建 SOLIDWORKS 文件】对话框中单击【工程图】图标，如图 8-1 所示。

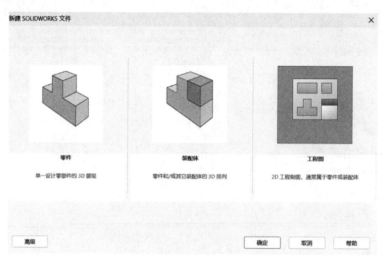

图 8-1　新建【SOLIDWORKS 文件】对话框

(3) 单击【高级】按钮。

(4) 在【模板】选项卡中，选择图纸格式，如图 8-2 所示。

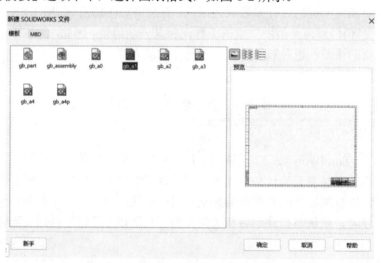

图 8-2　【模板】选项卡

(5) 在该对话框中单击【确定】按钮，进入工程图编辑状态。

工程图窗口中也包括 FeatureManager 设计树，它与零件和装配体窗口中的 FeatureManager 设计树相似，是项目各层次关系的清单。每张图纸有一个图标，每张图纸下有图纸格式和每个视图的图标，工程图窗口如图 8-3 所示。

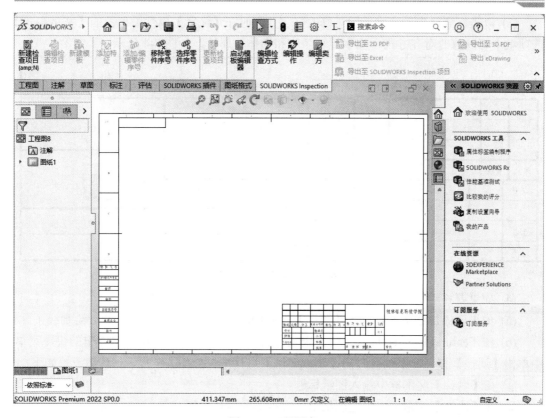

图 8-3   工程图窗口

标准视图包括视图中显示的零件和装配体的特征清单。派生的视图(如局部或剖面视图)包含不同的特定视图项目(如局部视图图标、剖面线等)。

工程图窗口的顶部和左侧有标尺,标尺会报告图纸中光标指针的位置。选择菜单栏中【视图】→【用户界面】→【标尺】命令,可以打开或关闭标尺。

工程图文件的扩展名为".slddrw"。新工程图使用所插入的第一个模型名称。保存工程图时,模型名称作为默认文件名出现在"另存为"对话框中,并带有扩展名".slddrw"。

8.2   定义图纸格式

SolidWorks 2022 提供的图纸格式不符合单位标准,用户可以自定义工程图纸格式以符合本单位的标准格式。

8.2.1   定义图纸格式

定义图纸格式的具体步骤如下:

(1) 用鼠标右键单击工程图图纸的空白区域,或用鼠标右键单击 FeatureManager 设计树的【图纸 1】 图标。

(2) 在弹出的快捷菜单中选择【编辑图纸格式】命令。

(3) 双击标题栏中的文字，即可修改文字。同时在【注释】属性管理器的【文字格式】选项组中可以修改对齐方式、文字旋转角度和字体等属性，如图 8-4 所示。

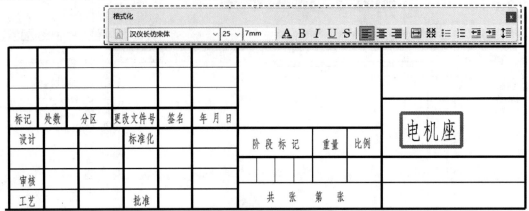

图 8-4　【注释】属性管理器

(4) 如果要移动线条或文字，单击该项目后将其拖动到新的位置。

(5) 如果要添加线条，则单击【草图】控制面板中的【直线】按钮，然后绘制线条。

(6) 在 FeatureManager 设计树中，用鼠标右键单击【图纸】图标，在弹出的快捷菜单中单击【属性】按钮，系统会弹出【图纸属性】对话框，如图 8-5 所示。具体设置如下：

① 在【名称】文本框中输入图纸标题。

② 在【比例】文本框中指定图纸上所有视图的默认比例。

③ 在【标准图纸大小】列表框中选择一种标准纸张(如 A4、B5 等)。如果选中【自定义图纸大小】单选按钮，则需要在下面的【宽度】和【高度】文本框中指定纸张的大小。

④ 单击【浏览】按钮，可使用其他图纸格式。

图 8-5　【图纸属性】对话框

⑤ 在【投影类型】选项组中选中【第一视角】或【第三视角】。

⑥ 在【下一视图标号】指定下一视图要使用的英文字母代号。

⑦ 在【下一基准标号】指定下一基准要使用的英文字母代号。

⑧ 如果在图纸里显示了多个三维模型文件，则需要在【使用模型中此处显示的自定义属性值】下拉列表框中选择一个视图，工程图将使用该视图包含模型的自定义属性。

(7) 单击【应用更改】按钮，关闭【图纸属性】对话框。

8.2.2 保存图纸格式

保存图纸格式的具体步骤如下：

(1) 选择菜单栏中的【文件】→【保存图纸格式】命令，系统会自动弹出【保存图纸格式】对话框。

(2) 如果要替换软件提供的标准图纸格式，则在下拉列表框中选择一种图纸格式，单击【保存】按钮，图纸格式将被保存在【安装目录/data】下。

(3) 如果要使用新的图纸格式，可以选择图纸格式类型，最后单击【保存】按钮。

8.3 创建标准三视图

在创建工程图前，应根据零件的三维模型，考虑和规划零件视图，如工程图由几个视图组成、是否需要剖面视图等。考虑清楚后再进行零件视图的创建工作，否则如同手工绘图一样，无法很好地表达零件的空间关系。

标准三视图是指从三维模型的主视、侧视、俯视 3 个正交角度投影生成的 3 个正交视图，如图 8-6 所示。

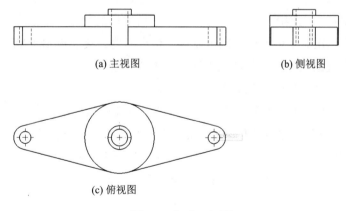

(a) 主视图   (b) 侧视图

(c) 俯视图

图 8-6 标准三视图

8.3.1 用标准方式生成标准三视图

创建标准三视图的执行方式如下：

(1) 工具栏方式：单击【工程图】工具栏中的【标准三视图】图标 ⊞ 。

(2) 菜单栏方式：选择菜单栏中的【插入】→【工程图视图】→【标准三视图】命令。

用标准方法生成标准三视图的操作步骤如下：

(1) 打开零件或装配体文件，或打开包含所需模型视图的工程图文件。

(2) 新建一张工程图。

(3) 单击【工程图】控制面板中的【标准三视图】图标 ⊞ 。

(4) 单击【确定】按钮，完成标准三视图的创建。

8.3.2   用拖动的方式生成标准三视图

用拖动的方式生成标准三视图的步骤如下：

(1) 新建一张工程图。

(2) 将零件或装配体文档从【文件探索器】拖放到工程图窗口中。

(3) 将打开的零件或装配体文件的名称从 FeatureManager 设计树顶部拖放到工程图窗口中。

(4) 将视图添加到工程图上。

8.4   创建模型视图

创建模型视图的执行方式如下：

(1) 工具栏方式：单击【工程图】工具栏中的【模型视图】图标 ⊛ 。

(2) 菜单栏方式：选择菜单栏中的【插入】→【工程图视图】→【模型】命令。

标准视图是最基本也是最常用的工程图，但它所提供的视角十分固定，有时不能很好地描述模型的实际情况。采用模型视图可以解决这个问题。SolidWorks 2022 可提供在标准三视图中插入模型视图的功能，可以从不同角度生成工程图。

创建模型视图的具体操作步骤如下：

(1) 选择菜单栏中的【插入】→【工程图视图】→【模型视图】命令。

(2) 和生成标准三视图中选择模型的方法一样，在零件或装配体中选择一个模型文件。

(3) 回到工程图文件中时，用光标拖动一个视图方框表示模型视图大小。

(4) 在【模型视图】属性管理器的【方向】选项组中选择视图投影方向。

(5) 从工程图中放置模型视图，如图 8-7 所示。

(6) 如果要更改模型视图的投影方向，则双击【方向】选项中的视图方向。

(7) 如果要更改模型视图的显示比例，则选中【使用自定义比例】单选按钮，然后输入显示比例。

(8) 单击【确定】按钮，完成模型视图输入。

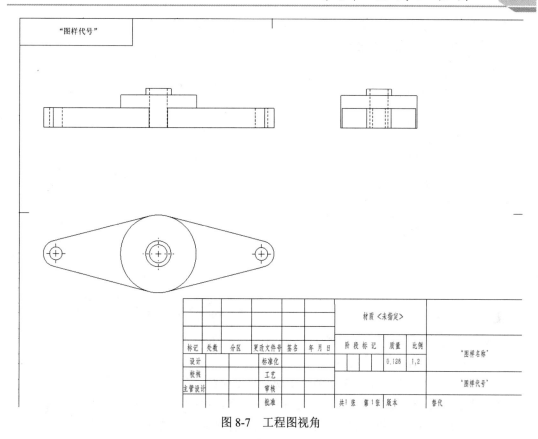

图 8-7　工程图视角

8.5　创 建 视 图

8.5.1　剖面视图

创建剖面视图的执行方式如下：

(1) 工具栏方式：单击【工程图】工具栏中的【剖面视图】图标。

(2) 菜单栏方式：选择菜单栏中的【插入】→【工程图视图】→【剖面视图】命令。

剖面视图是指用一条剖切线分割工程图中的一个视图，然后从垂直于生成的剖面方向投影得到的视图，如图 8-8 所示。

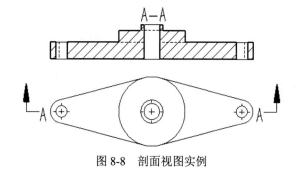

图 8-8　剖面视图实例

要生成一个剖面视图，可按以下步骤操作：

(1) 打开要生成剖面视图的工程图。

(2) 单击【工程图】控制面板中的【剖面视图】图标 $\updownarrow$。

(3) 此时会出现【剖面视图辅助】属性管理器，如图 8-9 所示。在绘制时会激活快捷菜单，如图 8-10 所示。

图 8-9   【剖面视图辅助】属性管理器

图 8-10   快捷菜单

(4) 在工程图上绘制剖面视图。

① 单击【竖直】图标 $\downarrow$，在视图中出现竖直剖切线，在适当位置放置竖直剖切线后在快捷菜单中单击【确定】图标 $\checkmark$，系统会在垂直于剖切线的方向出现一个方框，表示剖切视图的大小。拖动这个方框到合适位置，将剖切视图放置在工程图中，如图 8-11 所示。

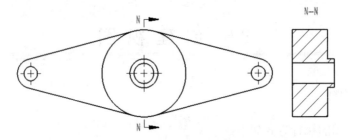

图 8-11   竖直剖切视图

② 单击【水平】 $\leftrightarrow$ 图标，在视图中出现水平剖切线，在适当位置放置水平剖切线后在快捷菜单中单击【确定】图标 $\checkmark$，系统会在水平于剖切线的方向出现一个方框，表示剖切视图的大小。拖动这个方框到合适位置，将剖切视图放置在工程图中，如图 8-12 所示。

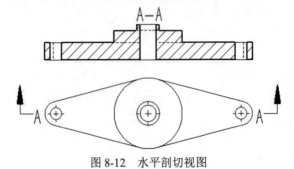

图 8-12   水平剖切视图

③ 同样的方式，单击【辅助视图】图标、【对齐视图】图标生成剖面图，以对齐剖面视图，如图 8-13 所示。

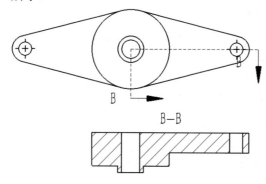

图 8-13　旋转剖面视图 B-B

④ 完成视图放置后，在【剖面视图 L-L】属性管理器中设置选项，如图 8-14 所示。

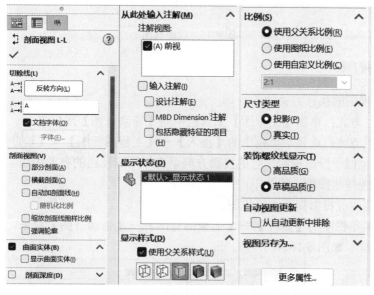

图 8-14　【剖面视图 L-L】属性管理器

a. 如果单击【反转方向】按钮，则会反转切割方向。

b. 在【名称】文本框中指定与剖面线或剖面视图相关的字母。

c. 如果剖面线没有完全穿过视图，则勾选【部分剖面】复选框，将会生成局部剖面视图。

d. 【使用自定义比例】单选按钮用于定义剖面视图在工程图纸上的显示比例。

⑤ 单击【确定】图标，完成剖面图视图插入。

8.5.2　投影视图

创建投影视图的执行方式如下：

(1) 工具栏方式：单击【工程图】工具栏中的【投影视图】图标。

(2) 菜单栏方式：选择菜单栏中的【插入】→【工程图视图】→【投影视图】命令。

下面介绍生成投影视图的操作步骤。

(1) 打开要生成投影视图的工程图。

(2) 选择菜单栏中的【插入】→【工程图视图】→【投影视图】命令。

(3) 系统将根据光标指针在所选视图的位置决定投影方向。可以从所选视图的上、下、左、右 4 个方向生成投影视图。

(4) 系统会在投影方向出现一个方框，表示投影视图的大小，拖动这个方框到适当位置，投影视图会被放置在工程图中，如图 8-15 所示。

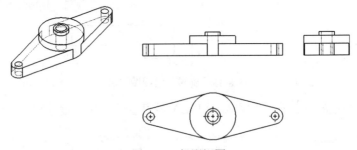

图 8-15　投影视图

8.5.3　辅助视图

创建辅助视图的执行方式如下：

(1) 工具栏方式：单击【工程图】工具栏中的【辅助视图】图标 ↕。

(2) 菜单栏方式：选择菜单栏中的【插入】→【工程图视图】→【辅助视图】命令。

辅助视图类似于投影视图，它的投影方向垂直于所选视图的参考边线。

生成辅助视图的操作步骤如下：

(1) 打开要生成投影视图的工程图。

(2) 选择菜单栏中的【插入】→【工程图视图】→【辅助视图】命令，系统弹出【辅助视图】对话框，如图 8-16 所示。

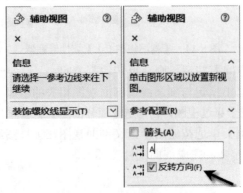

图 8-16　【辅助视图】对话框

(3) 选择要生成辅助视图的工程图视图中的一条直线作为参考边线，参考边线可以是零件的边线、侧影轮廓线、轴线或所绘制的直线。

(4) 在参考边线方向会出现一个方框，表示辅助视图的大小，拖动这个方框到适当位置，辅助视图会被放置在工程图中，如图 8-17 所示。

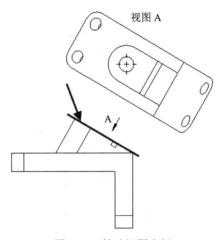

图 8-17　辅助视图实例

8.5.4　局部视图

绘制局部视图的操作步骤如下：

(1) 打开资源包，打开局部视图。

(2) 单击【工程图】控制面板中的【局部视图】按钮。

(3) 此时，【草图】工具栏中的【圆】按钮被激活，利用它在要放大的区域绘制一个圆。

(4) 系统会弹出一个方框，表示局部视图的大小，拖动这个方框到合适位置，局部视图会放置在工程图中。

(5) 在【局部视图】属性管理器中设置相关选项，如图 8-18 所示。

① 单击【样式】下拉列表框图标 Ⓐ，选择局部视图样式，具体选项如图 8-19 所示。

图 8-18　【局部视图】属性管理器　　　　图 8-19　【样式】选项

② 在【标号】图标Ⓐ文本框中输入局部放大视图的字母或数字。

③ 勾选【完整外形】，则系统会显示局部视图中的轮廓外形。

④ 勾选【钉住位置】，则在改变派生局部视图的视图大小时，局部视图大小不会改变。

⑤ 勾选【缩放剖面线图样比例】，则会根据局部视图的比例缩放剖面线图样比例。

⑥ 单击【确认】完成建图，如图 8-20 所示。

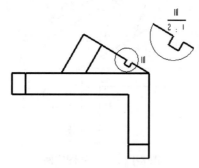

图 8-20　局部视图举例

8.5.5　断裂视图

工程图中有一些截面相同的长杆件(如长轴、螺纹杆等)，这些零件在某个方向的尺寸会比其他地方的尺寸大很多，而且截面没有变化。因此可以利用断裂视图将零件用较大比例显示在工程图上。下面介绍生成断裂视图的具体操作步骤。

(1) 打开资源包：打开需要进行操作的案例文件。

(2) 单击【工程图】控制面板中的【断裂视图】图标 ，弹出【断裂视图】属性管理器，如图 8-21 所示。

① 【竖直切除】 ：设置添加的折断线为竖直方向。

② 【水平切除】 ：设置添加的折断线为水平方向。

③ 【缝隙大小】：设置两条折断线之间的距离。

④ 【折断线样式】：在下拉列表中选择折断线的样式，包括【直线切断】、【曲线切断】、【锯齿线切断】和【小锯齿线切断】4 种。

图 8-21　【断裂视图】属性管理器

(3) 将折断线拖到希望生成断裂视图的位置。

(4) 单击【确定】按钮，完成断裂视图，如图 8-22 所示。

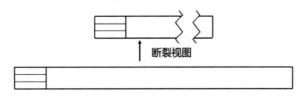

图 8-22　断裂视图举例

8.6　视 图 操 作

在上一节派生视图中，许多视图的生成位置和角度都受到了其他条件的限制(如辅助视图的位置和参考边线相垂直)。在 SolidWorks 2022 中，用户可以自己任意调节视图的位置和角度，以及显示和隐藏，还可以更改工程图中的线型、线条颜色等。

8.6.1　移动和旋转

移动视图：将光标指针移动到视图边界上时，光标指针变为可移动形状，表示可以拖动该视图。如果移动的视图与其他视图之间没有对齐或约束关系，可以拖到任意位置。如果视图与其他视图之间有对齐或约束关系，若要任意移动视图，其操作步骤如下：

(1) 单击要移动的视图。

(2) 选择菜单栏中的【工具】→【对齐工程图视图】→【解除对齐关系】命令。

(3) 单击该视图，即可拖动到任意位置。

旋转视图：SolidWorks 2022 中提供了两种旋转视图的方式，一种是绕着所选边线旋转视图，另一种是围绕视图中心点以任意角度旋转视图。

1. 绕着所选边线旋转视图

(1) 打开资源包，打开任意工程视图。

(2) 选择菜单栏中的【工具】→【对齐工程视图】→【水平边线】命令，或者选择菜单栏中的【工具】→【对齐工程视图】→【竖直边线】命令。

(3) 此时视图会旋转，直到所选边线为水平或竖直状态。

2. 围绕视图中心点以任意角度旋转视图

(1) 选择要旋转的工程图。

(2) 单击鼠标右键，系统会弹出【旋转工程视图】对话框，如图 8-23 所示。

(3) 在【旋转工程视图】对话框的【工程视图角度】中输入要旋转的角度或使用鼠标旋转视图。

(4) 如果在【旋转工程视图】对话框中勾选了【相关视图反映新的方向】，则与该视图相关的视图将随着该视图旋转进行相应的旋转。

(5) 如果勾选了【随视图旋转中心符号线】，则中心符号将随视图一起进行旋转。

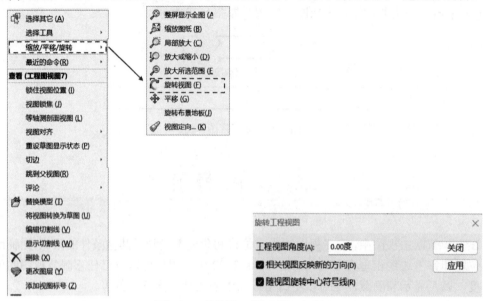

图 8-23　【旋转工程视图】对话框

8.6.2　显示和隐藏

在编辑工程图时，可以使用【隐藏】命令来隐藏一个视图。隐藏视图后，可以使用【显示】命令再次显示此视图。

显示或隐藏视图的操作步骤如下：

(1) 在 FeatureManger 设计树或图形区中要隐藏的视图上单击鼠标右键。

(2) 在弹出的快捷菜单中选择【隐藏】命令，此时视图被隐藏起来。当光标移动到该视图的位置时，将只显示该视图的边界。

(3) 如果要查看工程图中隐藏视图的位置，但不显示它们，则选择菜单栏中的【视图】→【隐藏/显示】→【被隐藏的视图】命令，此时被隐藏的视图将显示。

(4) 如果要显示被隐藏视图的位置，则单击【显示】命令。

8.6.3　更改零部件线型

在装配体中，为了区别不同零部件，可以改变每一个零部件边线的线型。

下面介绍改变零部件边线线型的操作步骤。

(1) 在工程视图中右击要改变线型的视图。

(2) 在弹出的快捷菜单中选择【零部件线型】命令，系统会弹出【零部件线型】对话框，如图 8-24 所示。

(3) 取消勾选【使用文档默认值】复选框。

(4) 在对应的【线条样式】和【线粗】下拉列表框中选择线条样式和线条粗细。

(5) 重复第(4) 步，直到为所有边线线型设定线型。

(6) 如果选中【应用到】选项组中的【从选择】单选按钮，则会将此边线线型设置应用到该零件视图和它的从属视图中。

(7) 如果选中【所有视图】单选按钮，则将此边线线型设置应用到该零件的所有视图中。

(8) 如果零件在图层中，可以从【图层】下拉列表框中改变零件边线的图层。

(9) 单击【确定】按钮，关闭该对话框，应用边线线型设置。

图 8-24　【零部件线型】对话框

8.6.4　图层

图层是一种管理素材的方法，可以将图层看作重叠在一起的透明塑料纸，假如某一图层上没有任何可视元素，就可以透过该图层看到下一图层的图像。用户可以在每个图层上生成新的实体，然后指定实体的颜色、线条粗细和线型；还可以将标注尺寸、注解等项目放置在单一图层上，避免它们与工程图实体之间的干涉。SolidWorks 2022 还可以隐藏图层，或将实体从一个图层上移动到另一个图层上。

图层操作的具体操作步骤如下：

(1) 选择菜单栏中的【视图】→【工具栏】→【图层】命令，打开【图层】工具栏，如图 8-25 所示。

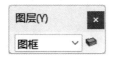

图 8-25　图层管理

(2) 单击【图层属性】图标 ，打开【图层】对话框。

(3) 在【图层】对话框中单击【新建】按钮，则在该对话框中建立一个新的图层，如图 8-26 所示。

图 8-26   【图层】对话框

(4) 在【名称】选项中指定图层的名称。

(5) 双击【说明】选项，然后输入该图层的说明文字。

(6) 在开关选项中有一个眼睛图标，若要隐藏该图层，则双击该图标，图层上的所有实体都将被隐藏；要重新打开图层再次双击该图标即可。

(7) 如果要指定图层上实体的线条颜色，单击【颜色】选项，在弹出的【颜色】对话框中选中颜色，如图 8-27 所示。

图 8-27   【颜色】对话框

(8) 如果要指定图层上实体的线条样式或厚度，则单击【样式】或【厚度】选项，然后从弹出的清单上选择想要的样式或厚度。

(9) 如果建立了多个图层，可以使用【移动】按钮重新排列图层的顺序。

(10) 单击【确定】按钮，关闭该对话框。

建立了多个图层时，只要在【图层】工具栏的【图层】下拉列表框中选择图层，就可以导航到任意的图层。

8.7 尺 寸 标 注

工程图中的尺寸标注是与模型相关联的，而且模型中的尺寸修改会反映到工程图中。通常用户在生成每个零件特征时就会生成尺寸，然后将这些尺寸插入各个工程视图中。在模型中改变尺寸会更新工程图，在工程图中改变插入的尺寸也会改变模型。

SolidWorks 2022 的工程图模块具有方便的尺寸标注功能，既可以由系统根据已有约束自动地标注尺寸，还可以由用户根据需要进行手动尺寸标注。

8.7.1 自动标注尺寸

【自动标注尺寸】命令可以一步生成全部的尺寸标注。下面介绍其一般操作步骤。

(1) 打开要生成剖面视图的工程图。

(2) 单击【工程图】控制面板中的【注解】按钮，单击【智能尺寸】图标，系统会弹出【尺寸】对话框，单击【自动标注尺寸】选项卡，系统弹出图 8-28 所示的【自动标注尺寸】属性管理器。

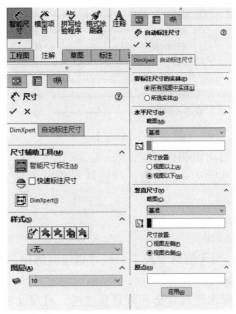

图 8-28 【自动标注尺寸】属性管理器

(3) 在【要标注尺寸的实体】区域中选中【所有视图中实体】单选项，在【水平尺寸】和【竖直尺寸】区域中的【略图】下拉列表中均选择【基准】选项。

(4) 选取要标注尺寸的视图。

(5) 单击【确定】图标，完成尺寸的标注，如图 8-29 所示。

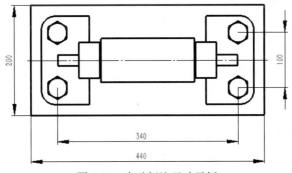

图 8-29 自动标注尺寸示例

8.7.2　手动标注尺寸

当自动生成尺寸不能全面地表达零件的结构，或在工程图中需要增加一些特定的标注时，就需要手动标注尺寸。这类尺寸受零件模型所驱动，所以又常被称为从动尺寸。手动标注的尺寸与零件或组件间具有单向关联性，即这些尺寸受零件模型所驱动。当零件模型的尺寸改变时，工程图中的尺寸也随之改变；但这些尺寸的值在工程图中不能被修改。选择下拉菜单【工具】→【尺寸】命令，利用该选项完成尺寸标注，如图 8-30 所示。

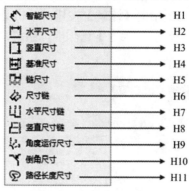

图 8-30　【尺寸】子菜单

以下是图 8-30 中的各选项说明：

H1：根据用户选取的对象及光标位置，智能地判断尺寸类型。

H2：创建水平尺寸。

H3：创建竖直尺寸。

H4：创建基准尺寸。

H5：链尺寸(关联尺寸)用于将两个或多个尺寸值相互绑定，修改其中一个尺寸时，其他关联尺寸会自动同步更新。

H6：创建尺寸链。包括水平尺寸链和竖直尺寸链，且尺寸链的类型(水平或竖直)由所选点的方位来定义。

H7：创建水平尺寸链。

H8：创建竖直尺寸链。

H9：创建角度运行尺寸。

H10：创建倒角尺寸。

H11：创建路径长度尺寸。

下面将详细介绍标注基准尺寸和倒角尺寸的方法。

1. 标注基准尺寸

基准尺寸为工程图的参考尺寸，用户无法更改其数值或使用其数值来驱动模型。下面以图 8-31 为例，说明标注基准尺寸的一般操作步骤。

(1) 打开文件案例。

(2) 在工具栏中选择【注释】→【智能尺寸】下拉菜单→【基准尺寸】命令。

(3) 依次选取图 8-31 所示的直线、圆心。

(4) 按 Esc 键，完成基准尺寸的标注。

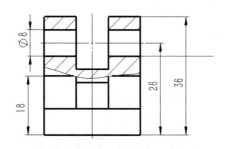

图 8-31 标注基准尺寸

2. 标注倒角尺寸

下面以图 8-32 为例，说明标注倒角尺寸的一般操作步骤。

(1) 打开文件。

(2) 单击工具栏中的【注释】→【智能尺寸】下拉选项中的【倒角尺寸】 图标。

(3) 在系统【选择倒角的边线、参考边线，然后选择文字位置】的提示下，依次选取图 8-32 所示的直线 1 和直线 2。

(4) 放置尺寸。选择合适的位置单击以放置尺寸。

(5) 定义标注尺寸文字类型。在图 8-33 所示的【标注尺寸文字】区域中输入标注尺寸。

(6) 单击【确定】图标 ，完成倒角尺寸的标注。

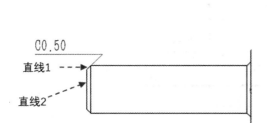

图 8-32 倒角标注

图 8-33 【倒角】属性对话框

除此以外图 8-33【标注尺寸文字】区域左下角的 3 个图标分别为： ：【距离 × 距离】，如图 8-34 所示； ：【距离 × 角度】，如图 8-35 所示； ：【角度 × 距离】，如图 8-36 所示。

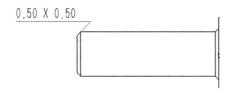

图 8-34 【距离 × 距离】示例

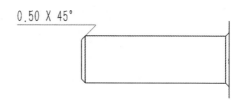

图 8-35 【距离 × 角度】示例

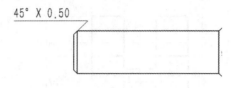

图 8-36　【角度×距离】示例

8.8　标注尺寸公差

下面以图 8-37 为例，说明标注尺寸公差的一般操作步骤。

(1) 打开文件对应案例。

(2) 在工具栏中单击【注释】→【智能尺寸】按钮。

(3) 选取图 8-36 所示的圆孔，选择合适的位置单击以放置尺寸。

(4) 定义公差。在【尺寸】对话框的【公差/精度】区域中按图 8-38 所示的参数进行设置。

(5) 单击【尺寸】属性管理器中的【确定】图标 ✔，完成尺寸公差的标注。

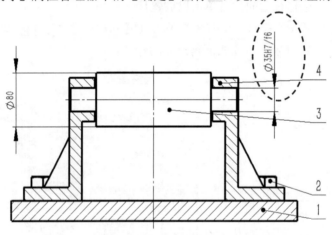

图 8-37　标注尺寸公差

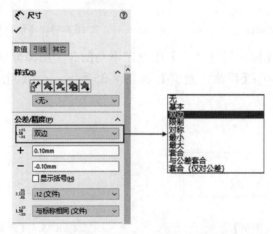

图 8-38　【尺寸】属性管理器中【公差/精度】选项

8.9　尺 寸 的 操 作

从 8.8 节尺寸标注的操作中可见，由系统自动显示的尺寸在工程图上有时会显得杂乱无章，如尺寸相互遮盖、尺寸间距过松或过密、某个视图上的尺寸太多、出现重复尺寸(如两个半径相同的圆标注两次)等，这些问题通过尺寸的操作工具都可以解决。尺寸的操作包括尺寸(包括尺寸文本)的移动、隐藏和删除，尺寸属性的修改。下面分别对它们进行介绍。

8.9.1　移动、隐藏和删除尺寸

1. 移动尺寸及尺寸文本

移动尺寸及尺寸文本有以下 3 种方法：

(1) 拖拽要移动的尺寸，可在同一视图内移动尺寸。

(2) 按住 Shift 键拖拽要移动的尺寸，可将尺寸移至另一个视图。

(3) 按住 Ctrl 键拖拽要移动的尺寸，可将尺寸复制至另一个视图。

2. 隐藏与显示尺寸

隐藏与显示尺寸，具体方法如下：

(1) 选中需要隐藏的尺寸并单击鼠标右键，在弹出的快捷菜单中选中【隐藏】命令。

(2) 选择下拉菜单【视图】→【隐藏/显示】→【注解】命令，此时被隐藏的尺寸呈灰色。

(3) 选择要显示的尺寸，再按【Esc】则显示出来。

3. 删除尺寸

删除尺寸的具体方法为：选中要删除的尺寸，按 Delete 键即可删除尺寸。

8.9.2　修改尺寸属性

修改尺寸包括修改尺寸的精度、尺寸的显示方式、尺寸的文本、尺寸线和尺寸的公差显示等。系统弹出【尺寸】属性管理器，在【尺寸】属性管理器中有【数值】选项卡(图 8-39)、【引线】选项卡(图 8-40)和其它选项卡(图 8-41)，利用这 3 个选项卡可以修改尺寸的属性。

图 8-39 所示的【数值】选项卡中各选项的说明如下：

【覆盖数值】：选中此复选框时，可通过输入数值来修改尺寸值。

【标注尺寸文字】区域：当尺寸的属性较复杂时，可通过单击 $\boxed{\varnothing}$ 等按钮，为尺寸添加相应的尺寸属性。

图 8-40 所示的【引线】选项卡中各选项的说明如下：

$\boxed{\text{※}}$：单击此图标，尺寸箭头向外放置。

$\boxed{\text{↖}}$：单击此图标，尺寸箭头向内放置。

$\boxed{\text{※}}$：单击此图标，尺寸箭头按实际放置。

☐使用文档的折弯长度：对引线弯长度自定义。

图 8-41 所示的【其它】选项卡中各选项的说明如下：

【文本字体】：取消选中【使用文档字体】复选框，则【字体】按钮变为可选，单击该按钮，系统弹出【选中字体】对话框，利用该对话框可定义尺寸文本的字体。

【覆盖数值】：选中后可修改尺寸，注意修改后的尺寸是假尺寸，模型大小不会改变。

【图层】：利用该区域的下拉列表来定义所属图层。

图 8-39　【数值】选项卡　　　图 8-40　【引线】选项卡　　　图 8-41　【其它】选项卡

8.10　工程图其他标注

8.10.1　文本注释

在工程图中，除了尺寸标注外，还应有相应的文字说明，即技术要求，如工件的热处理要求、表面处理要求等。所以在创建完视图的尺寸标注后，还需要创建相应的注释标注。选择【注释】命令，利用该对话框可以创建用户所要求的属性注释。

(1) 打开文件案例。

(2) 选择命令。选择下拉菜单【注解】→【注释】命令，系统弹出【注释】属性对话框，如图 8-42 所示。

(3) 定义引线类型。单击【引线】区域中的图标 。

(4) 创建文本，在文本框中输入所需文本。

(5) 设定文本格式，在上方框中【格式化】命令里根据所需图纸格式，对注释文本格式进行修改，格式包括字体大小、样式等，如图 8-43 所示。

说明：单击【注释】对话框【引线】区域中的图标 ✓，出现文本的引导线，拖动引导线的箭头，再调整注释文本位置，可创建带有引导线的注释文本，结果如图 8-44 所示。

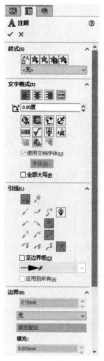

图 8-42　【注释】属性管理器

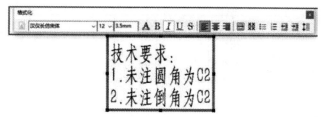

图 8-43　添加注释示意图

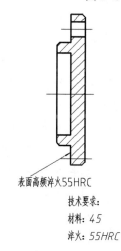

图 8-44　添加带有引导线的注释文本

8.10.2　表面粗糙度

表面粗糙度表示零件表面加工的程度。可以按国标的要求设定零件表面粗糙度，包括基本符号、去除材料、不去除材料等。

(1) 单击【表面粗糙度符号】按钮，出现【表面粗糙度】属性管理器，单击【符号布局】按钮，在对应的切削加工粗糙度要求框中输入表面粗糙度值为"Ra3.2"，如图 8-45 所示。

(2) 此时移动鼠标指针靠近需标注的表面，表面粗糙度符号会根据表面位置自动调整角度，单击【确定】图标☑，完成标注，如图 8-46 所示。

图 8-45　【表面粗糙度】属性管理器

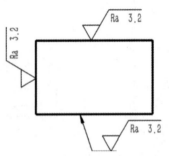

图 8-46　表面粗糙度标注示意图

8.10.3　几何公差

(1) 在工程图中可以添加几何公差，包括设定几何公差的代号、公差值、原则等内容，同时可以为同一要素生成不同的几何公差。

(2) 单击【形位公差】按钮，出现【形位公差】属性管理器，在其中设置引线样式(一般选中【引线】及【垂直引线】)，如图 8-47 所示。

(3) 移动鼠标指针可以将框格放到合适位置，如图 8-48 所示，然后双击方框，会弹出【公差代号】对话框，在弹出对话框中设定公差值，如图 8-49 所示。

(4) 单击【确定】按钮完成几何公差设定，如图 8-50 所示。

说明：如果需要添加基准，单击【添加基准】按钮，系统弹出【Datum】对话框，如图 8-51 所示，输入基准字母后，单击【完成】按钮即可。

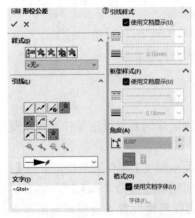

图 8-47　【形位公差】属性管理器

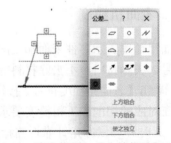

图 8-48　确定位置与【公差代号】对话框

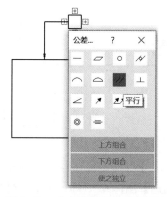

图 8-49 【公差代号】对话框

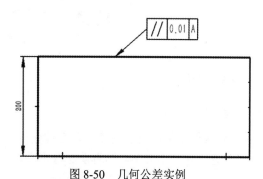

图 8-50 几何公差实例

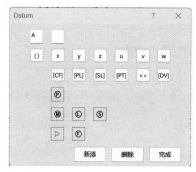

图 8-51 【Datum】基准对话框

8.10.4 基准符号

(1) 单击【基准特征】按钮,出现【基准特征】属性管理器,如图 8-52 所示。SolidWorks 2022 默认的基准符号不符合新国标的规定,因此需要进行以下设定:

(2) 取消选中【引线】选项组中的【使用文件样式】复选框。

(3) 选中【方形】及【实三角形】。选择要标注基准的位置,单击【确认】拖动基准符号预览,单击【确认】,单击【确定】图标 ✔,完成基准特征,如图 8-53 所示。

图 8-52 【基准特征】属性管理器

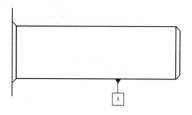

图 8-53 基准实例

8.11　装配工程图

8.11.1　零件编号

1. 自动零件序号

(1) 单击【注解】面板上的【自动零件序号】按钮，弹出【自动零件序号】属性管理器，如图 8-54 所示，选择主视图，然后设定相关参数，单击【确定】图标 ✓，即可生成零件序号。

图 8-54　【自动零件序号】属性管理器

(2) 拖动每一个序号，可以调整位置，双击每一个数字，可以修改数字顺序，结果如图 8-55 所示。

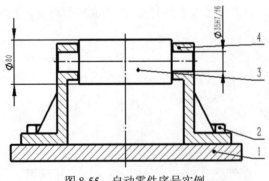

图 8-55　自动零件序号实例

2. 手动零件序号

如果使用【自动零件序号】命令生成的序号不完整或者错误较多，可以使用手动零件序号逐个添加。单击【注解】面板上的【零件序号】按钮，弹出【零件序号】属性管理器，拖动鼠标安放序号，单击【确定】图标 ✓，即可手动生成零件序号。

8.11.2 零件明细表

明细表是装配工程图设计中不可缺少的部分，不同的用户可以根据自己的需要设计自己的明细表。

SolidWorks 2022 支持用 Excel 等软件制作的表格，篇幅所限，这里就不介绍了。下面利用 SolidWorks 2022 自带的明细表模板来简单介绍明细表的生成。

(1) 选择【注解】面板→【表格】→【材料明细表】命令，在绘图区单击【主视图】按钮，然后在【材料明细表】属性管理器中单击【表格模板】按钮，选中其中的【bom-standard】模板件。

(2) 选中【附加到定位点】复选框，如图 8-56 所示，单击【确定】图标 ✔，即可生成符合国标的材料明细表。

图 8-56 【材料明细表】属性管理器

(3) 直接填写明细表内的内容或者利用【属性链接】自动添加内容。使用【注释】命令相关技术要求，即可完成一张完整的装配工程图了，如图 8-57 所示。

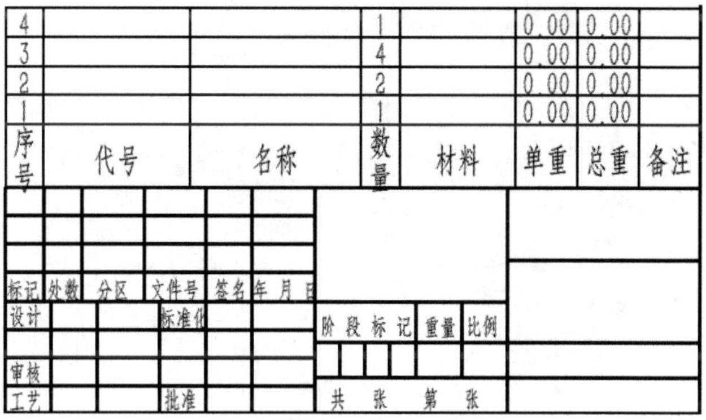

图 8-57 材料明细表实例

8.12 实例——创建电机座工程图

本例将以图 8-58 所示的电机座模型为例，介绍从零件图到工程图的转换，以及工程图视图的创建，帮助用户熟悉绘制工程图的步骤与方法。

图 8-58   电机座三维图

具体操作步骤如下：

(1) 进入 SolidWorks 2022，选择菜单栏中的【文件】→【新建】命令，或者单击【快速访问】工具栏中的【新建】按钮，在弹出的【新建 SOLIDWORKS 文件】对话框中，单击【工程图】按钮，新建工程图文件。

(2) 此时在图形编辑窗口左侧会出现如图 8-59 所示的【模型视图】属性管理器，单击【浏览】按钮，在弹出的【打开】对话框中选择需要转换工程图视图的零件【电机座】，单击【打开】按钮，在图形编辑窗口中出现矩形图框。展开【模型视图】属性管理器中的【方向】选项组，选择【右视】，并在图纸中合适位置放置视图，如图 8-60 所示。

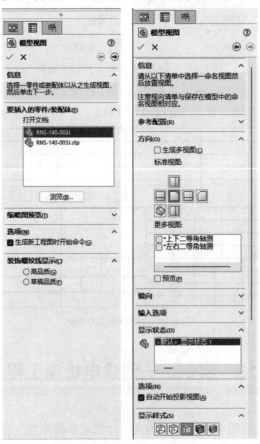

图 8-59   【模型视图】属性管理器

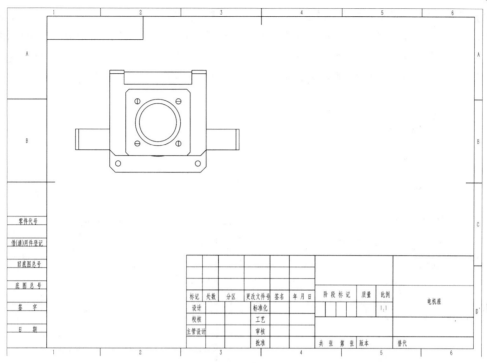

图 8-60　零件右视图

（3）在工具栏中单击【注解】按钮，在此工具栏中根据实际要求，选择【智能尺寸】、【表面粗糙度符号】、【中心符号线】、【中心线】等功能，如图 8-61 所示。标注对应的尺寸注释，如图 8-62 所示。

图 8-61　菜单属性栏

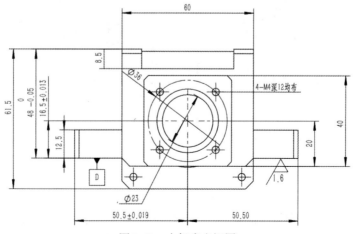

图 8-62　电机座右视图

（4）选择菜单栏中的【插入】→【工程图视图】→【剖面视图】命令，或者单击【工

程图】控制面板中的【剖面视图】图标 ⃕，会出现【剖面视图辅助】属性管理器，如图 8-63
所示。单击【对齐】按钮，同时在视图中确定剖切线位置，并向外拖动放置生成的剖面视
图。最后在属性管理器中设置各参数，在【名称】文本框 ⃕ 输入剖面号 A，取消【文档
字体】复选框的勾选。单击【确定】图标 ✓，这时会出现剖面视图，如图 8-64 所示。

图 8-63　【剖面视图辅助】属性管理器

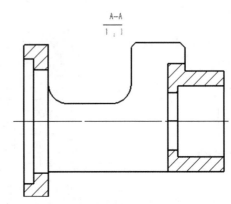

图 8-64　电机座剖面视图

（5）在工具栏中点击【注解】按钮，在此工具栏中根据实际要求，选择【智能尺寸】、【表
面粗糙度】、【中心符号线】、【中心线】等功能，将该剖面视图标注对应的注释，如图 8-65
所示。

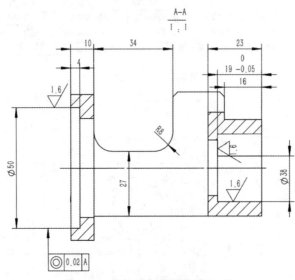

图 8-65　电机座剖面视图(带尺寸)

（6）单击右侧的【视图调色板】，依次选中【主视图】、【右视图】、【俯视图】，选中后将
生成的视图拖至左侧图纸中，并根据实际情况采用【旋转】命令，将生成视图调至实际样式。

（7）在工具栏中单击【注解】按钮，在此工具栏中根据实际要求，选择【智能尺寸】、【表

面粗糙度】、【中心符号线】、【中心线】等功能，将上述视图标注对应的注释，如图 8-66 所示。

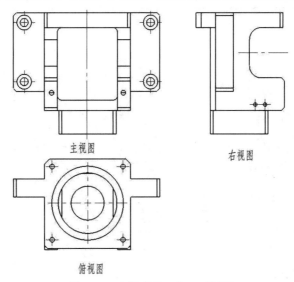

主视图　　　　　　　　　　右视图

俯视图

图 8-66　电机座后、左、下视图

(8) 用鼠标右键单击工程图图纸的空白区域，或用鼠标右键单击 FeatureManager 设计树的【图纸 1】图标 ▤。

(9) 在弹出的快捷菜单中选择【编辑图纸格式】命令。

(10) 双击标题栏中的文字，即可修改文字。同时在【注释】属性管理器的【文字格式】选项组中可以修改对齐方式、文字旋转角度和字体等属性，如图 8-67 所示。

							6061				
						表面处理	铸色阳极				
标记	处数	分区	更改文件号	签名	年 月 日	GB/T1804-2000p1执行				电机座	
设计			标准化			版本	类型	数量	比例		
校核			工艺			A	/	8	1:1	RMS-140-003J	
主管设计			审核								
			批准			共 1 张　第 1 张					

图 8-67　标题栏视图

(11) 单击菜单栏中的【注释】按钮，在图纸左下角添加技术说明，如图 8-68 所示。

零部件名称		楼角倒钝，未标注倒角3×45°			6061					
底图总号		未标注公差等级按照IT12	标记	处数 分区	更改文件号 签名 年 月 日	GB/T1804-2000p执行			电机座	
签字			设计		标准化	版本	类型 数量 比例			
总期			校核		工艺	A	/ 8 1:1	RMS-140-003J		
			主管设计		审核					
					批准	共 1 张　第 1 张				

图 8-68　技术说明视图

(12) 最后完成一张工程图，如图 8-69 所示。

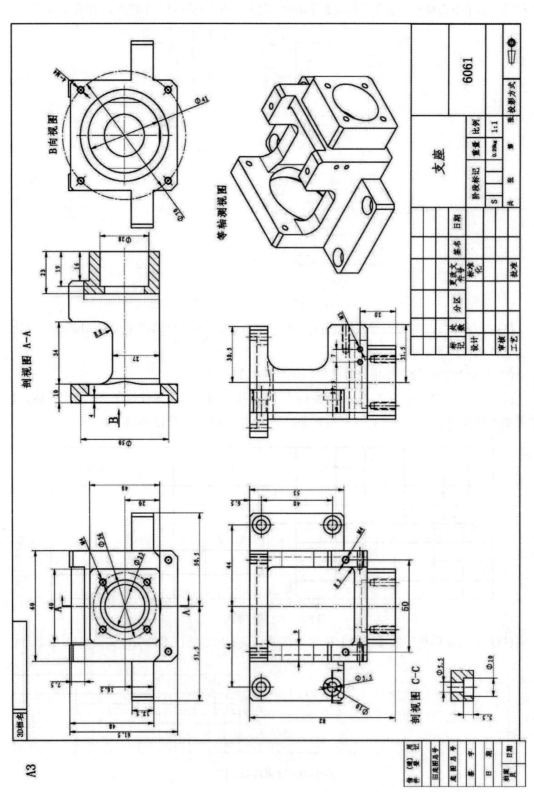

图 8-69 完整工程图视图

(13) 单击菜单栏中的【保存】图标 💾，选择【另存为】命令，在弹出的菜单中选择【*.pdf】格式，将制作的工程图保存为 PDF 格式，如图 8-70 所示。也可以将文件保存为【*.dwg】格式，方法类似。此工程图即绘制完成。

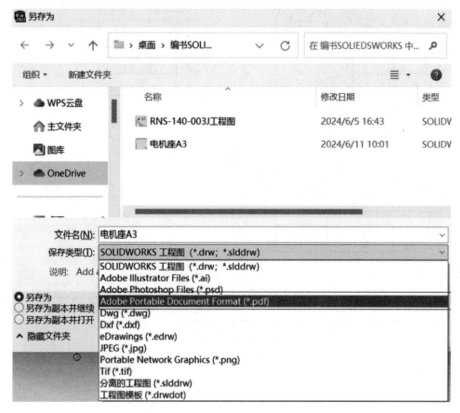

图 8-70 图纸导出 PDF 示意图

本 章 小 结

本章介绍了工程图制图的基本知识，主要包括工程图的绘制方法、定义图纸格式、模型视图的绘制、编辑工程视图以及视图操作等，通过本章的介绍，用户能够深入理解 SolidWorks 2022 的工程图设计的基本操作、功能应用和高级技巧，从而能够熟练掌握工程图制作与设计。

习 题

1. 如何改变视图的比例？
2. 完成图 8-71 所示的零件工程图。

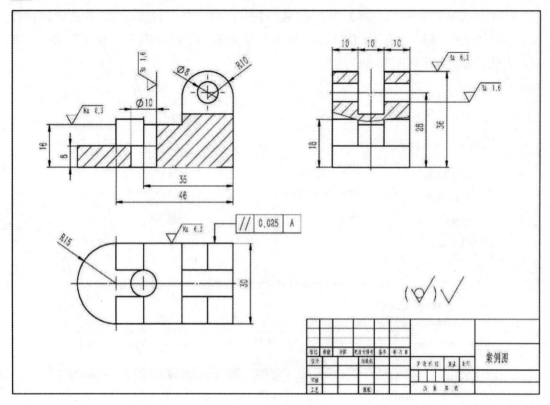

图 8-71　工程图练习

第 9 章　钣 金 设 计

知识要点

- 钣金设计基础知识；
- 钣金生成特征；
- 钣金编辑特征。

本章导读

　　钣金是针对金属薄板(通常在 6 mm 以下)的一种综合冷加工工艺，包括剪、冲/切/复合、折、焊接、铆接、拼接、成型(如汽车车身)等。其显著的特征就是同一零件厚度一致。

　　钣金零件是一种比较特殊的实体模型，通常有折弯、褶边、法兰、转折、圆角等结构，还需要展开、折叠等操作，SolidWorks 2022 为满足这些需求提供了丰富的钣金命令。

　　钣金设计模块是 SolidWorks 2022 的核心应用模块之一，它提供了将钣金设计与加工过程进行数字化模拟的功能，具有较强的工艺特点。SolidWorks 2022 的钣金功能拥有独特的用户自定义特征库，因此能大大提高设计速度，简化设计过程。

9.1　基 本 术 语

1. 折弯系数

　　折弯系数是沿材料中性轴所测量的圆弧长度。在生成折弯时，可以键入数值给任何一个钣金折弯指定明确的折弯系数。

2. 折弯扣除

　　折弯扣除，通常是指回退量，也是一种用简单算法来描述钣金折弯的过程。在生成折弯时，可以通过键入数值给任何钣金折弯指定明确的折弯扣除。

3. K 因子

　　K 因子代表中立板相对于钣金零件厚度的位置的比率。

4. 折弯系数表

SolidWorks 2022 提供了钣金规格表，钣金规格表是用于指导钣金加工的重要文档，它包含了各种钣金零件在加工过程中所需的规格数据，如折弯系数、材料厚度、K 因子等，以确保零件的精确制作。钣金弯折系数表如表 9-1 所示。

表 9-1　钣金折弯系数表

半径/mm	厚度/mm							
	0.50	1.00	1.20	1.50	1.60	2.00	2.50	3.00
0.20	0.49	0.61	0.68	0.76	0.79	0.91	1.06	1.21
0.30	0.69	0.77	0.83	0.92	0.95	1.07	1.22	1.37
0.40	0.86	0.99	1.02	1.07	1.11	1.46	1.37	1.52
0.50	1.04	1.18	1.23	1.27	1.29	1.69	1.53	1.72
0.60	1.21	1.37	1.41	1.48	1.49	1.56	1.69	1.97
0.80	1.56	1.73	1.79	1.87	1.88	1.96	2.05	2.43
1.00	1.88	2.09	2.15	2.23	2.26	2.36	2.46	2.54

9.2　简单钣金特征

9.2.1　法兰特征

1. 基体法兰

【基体法兰】特征是钣金零件的第一个特征，该特征建立后，系统就会将该零件标记为钣金零件，折弯也将被添加到适当位置。【基体法兰】属性管理器如图 9-1 所示，常用选项介绍如下：

【厚度】：设置钣金厚度。

【反向】：以反方向加厚草图。

【半径】：钣金折弯处的半径。

建立基体法兰特征的具体操作流程如下：

(1) 编辑生成一个标准的草图，该草图可以是单一开环、单一闭环或多重封闭轮廓的草图，如图 9-2 所示。

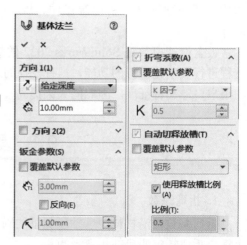

图 9-1　【基体法兰】属性管理器

(2) 单击【钣金】工具栏中的【基体法兰/薄片】按钮或选择【插入】→【钣金】→【基体法兰】菜单命令，弹出【信息】对话框，选择实例素材的矩形面板，进入【基体法兰】属性管理器。

(3) 在【钣金参数】选项组中，将厚度设置为"3.00 mm"，【折弯系数】下的 K 因子设

置为 "0.5"，【自动切释放槽】设置为 "矩形"，比例设置为 "0.5"，单击【确定】图标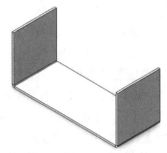，生成基体法兰特征，如图 9-3 所示。

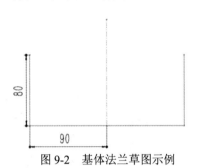

图 9-2　基体法兰草图示例

图 9-3　基体法兰示例

2. 边线法兰

单击【钣金】工具栏中的【边线法兰】按钮或选择【插入】→【钣金】→【边线法兰】菜单命令，弹出【边线-法兰 1】属性管理器，如图 9-4 所示。【边线法兰】常用选项介绍如下：

【选择边线】：在图形区域中选择边线。

【编辑法兰轮廓】：编辑轮廓草图。

【半径】：钣金折弯处的半径。

【缝隙距离】：设置缝隙数值。

【法兰角度】：设置角度数值。

【选择面】：为法兰角度选择参考面。

【长度终止条件】：选择终止条件。

【长度】：设置长度数值。

【法兰位置】：包括【材料在内】、【材料在外】、【折弯在外】、【虚拟交点折弯】、【与折弯相切】。

【裁剪侧边折弯】：移除临近折弯多余部分。

【等距】：生成等距法兰。

图 9-4　【边线-法兰 1】属性管理器

生成边线法兰特征的操作步骤如下：

（1）生成一个基体钣金件，打开【边线-法兰 1】属性管理器，并在图形区选择要放置特征的边线。

（2）在【法兰参数】选项组中，选择【边线】为基体法兰的 4 条边线，勾选【使用默认半径】,【缝隙距离】输入为"1.00 mm"。

（3）在【角度】选项组中，设置角度为"90.00 度"；在【法兰长度】选项组中，选择【给定深度】,【长度】设置为"50.00 mm"；在【法兰位置】选项组中，选择【材料在外】,剩下的保持默认设置，单击【确定】图标 ✓,生成边线法兰特征，如图 9-5 所示。

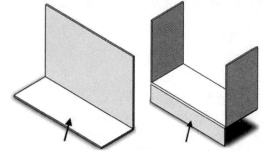

图 9-5   边线法兰示例

9.2.2 褶边特征

【褶边】命令可将褶边添加到钣金零件的所选边线上。如图 9-6 所示，其属性管理器常见选项如下：

【边线】：在图形区域中选择需要添加褶边的边线。

【编辑褶边宽度】：在图像区域编辑褶边宽度。

【材料在里】：褶边的材料在内侧。

【材料在外】：褶边的材料在外侧。

【类型和大小】：包括【闭环】、【开环】、【撕裂形】、【滚扎】，其分别对应效果图如图 9-7 所示。

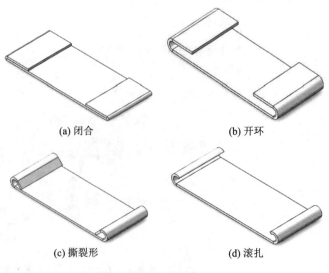

(a) 闭合   (b) 开环

(c) 撕裂形   (d) 滚扎

图 9-6 【褶边 1】属性管理器

图 9-7   褶边特征类型

生成褶边特征的具体操作流程如下：

(1) 单击【钣金】工具栏中的【褶边】图标或选择【插入】→【钣金】→【褶边】菜单命令，弹出【褶边 1】属性管理器，如图 9-6 所示。

(2) 在【边线】选项组中，选择边线为需要添加的侧边，然后选择【折弯在外】，在【类型和大小】选项组下选择【开环】，在【长度】中输入"10.00 mm"，【距离】中输入"10.00 mm"，其他的保持默认设置，单击【确定】图标✔，生成褶边特征，如图 9-8 所示。

图 9-8　生成褶边示例

9.2.3　绘制的折弯特征

使用【绘制的折弯】特征可在钣金零件处于折叠状态时将折弯线添加到零件中，还可将折弯线的尺寸标注到其他折叠的几何体中。

绘制折弯特征的具体操作流程如下：

(1) 单击【钣金】工具栏中的【绘制的折弯】按钮或选择【插入】→【钣金】→【绘制的折弯】菜单命令，弹出【绘制的折弯】管理器，如图 9-9 所示，选择固定面，进入草图绘制状态。在草图工具栏中，单击【直线】按钮，绘制一条直线，单击【退出草图】按钮，如图 9-10 所示。

图 9-9　【绘制的折弯】属性管理器

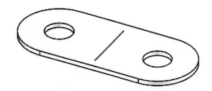

图 9-10　绘制草图

(2) 进入【绘制的折弯】属性管理器，在【折弯参数】选项组下选择【固定面】为图 9-11 中箭头所示的平面，【折弯位置】选择【折弯中心线】，【折弯角度】中输入"90.00 度"，勾选使用默认半径，单击【确定】图标✔，生成绘制的折弯特征，如图 9-12 所示。

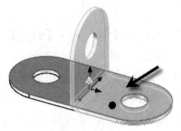

图 9-11   选择固定面

图 9-12   生成绘制折弯

9.3   复杂钣金特征

9.3.1   闭合角特征

用户可以在钣金法兰之间添加闭合角。【闭合角】特征是在钣金特征之间添加材料，如图 9-13 所示，【闭合角】属性管理器中常用的选项如下：

【要延伸的面】：选择一个或多个平面。

【边角类型】：可以选择边角类型，包括【对接】、【重叠】、【欠重叠】。

【缝隙距离】：设置缝隙数值。

【重叠/欠重叠比率】：设置比率数值。

生成闭合角特征的具体操作流程如下：

(1) 用基体法兰和斜接法兰生成一个钣金零件，如图 9-14 所示。

(2) 单击【钣金】工具栏中【边角】下的三角形，选择【闭合角】，或者选择【插入】→【钣金】→【闭合角】菜单命令，弹出【闭合角】属性管理器，如图 9-13 所示。

(3) 在【要延伸的面】选项组中，选择【要延伸的面】为实例的侧面，【要匹配的面】会自动匹配，如图 9-14 所示；【边角类型】选择【对接】，【缝隙距离】输入"0.10 mm"，其余保持默认设置，单击【确定】图标，生成闭合角特征，如图 9-15 所示。

图 9-13   【闭合角】属性管理器

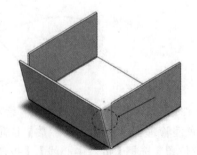

图 9-14   选择要延伸的面

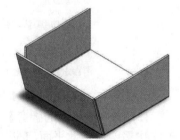

图 9-15   闭合角操作示例

9.3.2 转折特征

【转折】特征是通过从草图线生成两个折弯而将材料添加到钣金零件上。【转折】属性管理器中常用选项介绍如下：

【外部等距】：等距距离按照外部尺寸来计算。

【内部等距】：等距距离按照内部尺寸来计算。

【总尺寸】：等距距离按照总尺寸来计算。

【折弯中心线】：草图作为折弯的中心线。

【材料在内】：折弯后材料在草图以内。

【材料在外】：折弯后材料在草图以外。

【折弯向外】：折弯根与草图对齐。

生成转折特征的具体操作流程如下：

(1) 在要生成转折的钣金零件的面上绘制一条直线草图，如图 9-16 所示。

(2) 单击【钣金】工具栏中的【转折】按钮或选择【插入】→【钣金】→【转折】菜单命令，弹出【转折】属性管理器，如图 9-17 所示。

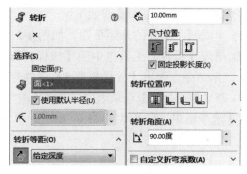

图 9-16 直线草图绘制　　　　　　　　图 9-17 【转折】属性管理器

(3) 在要转折的钣金零件上选择一个固定面，如图 9-18 中箭头所示。

(4) 在【转折等距】选项组中，选择【给定深度】，等距距离输入"10.00 mm"，尺寸位置选择【外部等距】；在【转折位置】选项组中选择【折弯中心线】；在【转折角度】选项组中输入"90.00 度"，单击【确定】图标，生成转折特征，如图 9-19 所示。

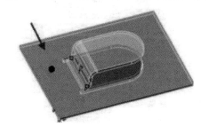

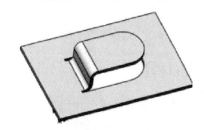

图 9-18　选择固定面　　　　　　　　　图 9-19　转折示例

9.3.3 放样折弯特征

在钣金零件中可以生成放样的折弯。放样的折弯同放样特征一样，使用放样连接的两个草图，【放样折弯 1】属性管理器如图 9-20 所示。

图 9-20　【放样折弯 1】属性管理器

【放样折弯 1】属性管理器中常用的选项如下：

【弦公差】：设置圆弧与线性线段之间的最大距离。

【折弯数】：设置应用到每个变换的折弯数。

【线段长度】：指定线段最大长度。

【弧角】：指定相邻线段最大角度。

生成放样折弯的操作流程如下：

(1) 生成两个单独的开环草图，如图 9-21 所示。

(2) 单击【钣金】工具栏中的【放样折弯】按钮或选择【插入】→【钣金】→【放样折弯】菜单命令，弹出【放样折弯 1】属性管理器。

(3) 在【制造方法】选项组中，选择【成型】；在【轮廓】选项组中，选择两个草图；在【厚度】选项组中，输入厚度"1.00 mm"，单击【确定】按钮，生成放样折弯特征如图 9-22 所示。

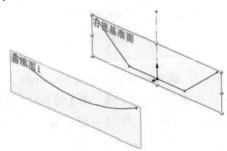

图 9-21　放样折弯草图绘制

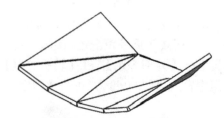

图 9-22　放样折弯示意图

9.3.4　切口特征

【切口】特征是生成一个沿所选模型边线的断口。

生成切口特征的具体操作流程如下：

(1) 生成一个具有相邻平面且厚度一致的零件，这些相邻平面形成一条或多条线性边线。

(2) 单击【钣金】工具栏中的【切口】按钮或选择【插入】→【钣金】→【切口】菜单命令，弹出【切口 2】属性管理器，如图 9-23 所示。

(3) 在【切口参数】选项组中，选择【要切口的边线】为实例素材壳体的转折接口处，【切口缝隙】输入"5.00 mm"，单击【确定】图标✓，生成切口特征，如图 9-24 所示。

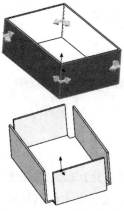

图 9-23　【切口 2】属性管理器　　　　图 9-24　切口特征示例

9.3.5　展开钣金折弯

使用【展开】工具可在钣金零件中展开一个或多个折弯。【展开】属性管理器中常用的选项如下：

【固定面】🖥️：在图形区域中选择一个不因为特征而移动的面。

【要展开的折弯】📇：选择一个或多个折弯。

展开钣金折弯的操作流程如下：

(1) 单击【钣金】工具栏中的【展开】按钮或者选择【插入】→【钣金】→【展开】菜单命令，弹出【展开】属性管理器，如图 9-25 所示。

(2) 在【选择】选项组中，选择【固定面】为实例的俯视面，然后选择【要展开的折弯】，单击【收集所有折弯】，此时会自动收集折弯，单击【确定】图标✓，生成折弯展开特征如图 9-26 所示。

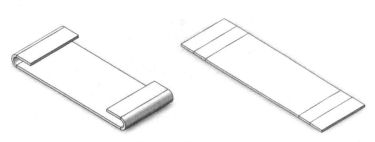

图 9-25　【展开】属性管理器　　　　图 9-26　折弯展开示例

9.3.6　断裂边角/边角剪裁特征

【断裂边角】工具用于从钣金零件的边线或面切除材料。

断开边角的具体操作流程如下：

(1) 单击【钣金】工具栏中的【断裂边角】按钮或选择【插入】→【钣金】→【断裂

边角】菜单命令，弹出【断裂边角】属性管理器，如图 9-27、图 9-28 所示。

图 9-27　【断裂边角】属性管理器(倒角)　　　图 9-28　【断裂边角】属性管理器(圆角)

(2) 在【选择】选项组中，选择断开的边角边线或法兰面，此时在图形区中显示断开边角的预览，单击【确定】图标✓，生成断裂边角特征。图 9-29 为添加倒角，图 9-30 为添加圆角。

图 9-29　添加倒角示例　　　　　　　　　图 9-30　添加圆角示例

【边角剪裁】的作用是在展开的平板钣金件的边角添加释放槽。

边角剪裁的具体操作流程如下：

(1) 单击【钣金】工具栏中的【边角剪裁】按钮或者选择【插入】→【钣金】→【边角剪裁】菜单命令，弹出【边角-剪裁 2】属性管理器，如图 9-31 所示。

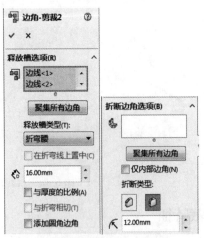

图 9-31　【边角-剪裁 2】属性管理器(边角剪裁)

(2) 在【选择】选项组中，选择断开的边角边线或法兰面，此时在图形区中显示断开边角的预览，单击【确定】图标✓，生成边角剪裁特征，如图 9-32 所示。

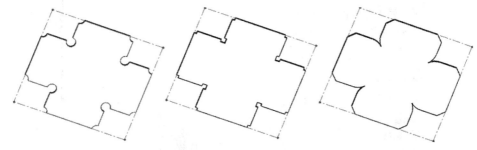

图 9-32　边角剪裁示例

9.4　综合实例——外壳综合案例

本节以外壳钣金为例来介绍完整钣金的创建过程，其三维图如图 9-33 所示。

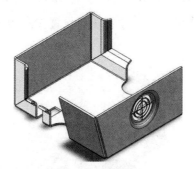

图 9-33　外壳钣金示意图

(1) 首先在【上视基准面】上绘制草图，如图 9-34 所示，该草图用于建立钣金零件中的第一个基体法兰特征。

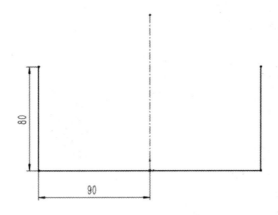

图 9-34　基体法兰草图示意图

(2) 使用绘制的草图建立基体法兰，【基体-法兰 1】管理器如图 9-35 所示，给定法兰的厚度为 "3.00 mm"，给定钣金的默认折弯系数为【K 因子】，使用默认数值 "0.5"。单击【确认】图标，完成基体法兰，如图 9-36 所示。

图 9-35　【基体-法兰 1】属性管理器

图 9-36　基体法兰生成

（3）在基体法兰地平面上建立草图，如图 9-37 所示，完成后退出草图，单击【切除-拉伸】按钮，选择【完全贯穿】选项，属性管理器设置如图 9-38 所示，形成基体实物如图 9-39 所示。

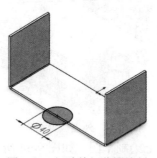

图 9-37　切除特征草图绘制

图 9-38　【切除-拉伸 1】属性管理器

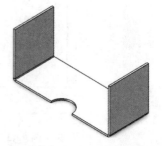

图 9-39　切除-拉伸基体法兰

（4）选中基体法兰的地面，单击【斜接法兰】按钮，选中 3 条边线，按图 9-40 设置参数，单击【确认】图标✓，完成斜接法兰的建立，如图 9-41 所示。

图 9-40　【斜接法兰 1】属性管理器

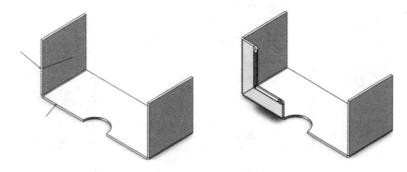

图 9-41　斜接法兰特征建立

(5) 单击【镜向】特征,选中【镜向面】为【前视基准面】,【要镜向的实体】选中【斜接法兰 1】,完成镜向,如图 9-42 所示。

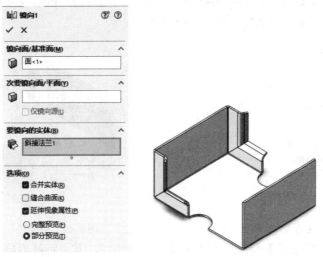

图 9-42　镜向特征

(6) 单击【展开】特征，按图 9-43 所示填入信息，选中基体底面为【固定面】，【要展开的折弯】中选中【斜接折弯 4】，展开后的图形如图 9-44 所示。

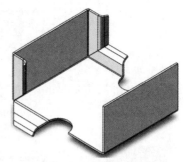

图 9-43　【展开 1】属性管理器　　　　　图 9-44　展开特征示意图

(7) 在基体法兰地平面上建立草图，如图 9-45 所示，完成后退出草图，单击【切除-拉伸】，选中【完全贯穿】，属性管理器设置如图 9-46 所示，形成基体实物如图 9-47 所示。

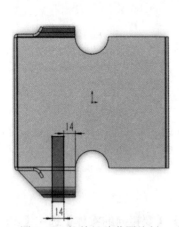

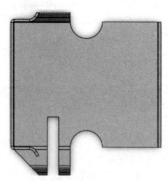

图 9-45　拉伸切除草图绘制　　图 9-46　【切除-拉伸 2】属性管理器　　图 9-47　拉伸切除特征

(8) 单击【折叠】命令，如图 9-48 所示，【固定面】选择底面，【要折叠的折弯】中选中【斜接折弯 4】，折叠后的图形如图 9-49 所示。

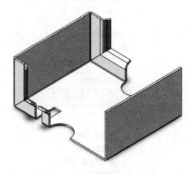

图 9-48　【折叠 1】属性管理器　　　　　图 9-49　折叠特征建立

(9) 单击【边线-法兰】特征，选中需要添加的边线，其中特征内属性管理器设置如图 9-50 所示，完成图形建立如图 9-51 所示。

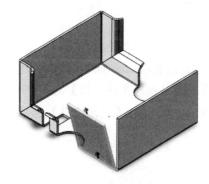

图 9-50　【边线-法兰 2】属性管理器　　　　　　　图 9-51　边线-法兰特征

(10) 单击【闭合角】按钮，选中边线，其中特征内属性管理器设置如图 9-52 所示，完成图形建立如图 9-53 所示。

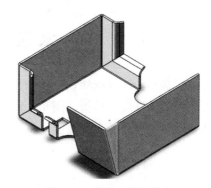

图 9-52　【闭合角】属性管理器　　　　　　　　　图 9-53　闭合角特征建立

(11) 单击【任务窗格】中的【设计库】按钮，在打开的设计库中选择【forming tools】(成形工具)选项，如图 9-54 所示；按图 9-55 中箭头所指，鼠标指针移至【circular emboss】

(圆形压印)处，按住鼠标左键拖至边线法兰处。

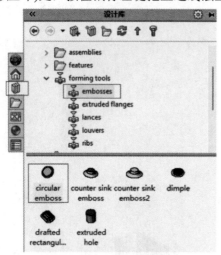

图 9-54　设计库中的成形工具

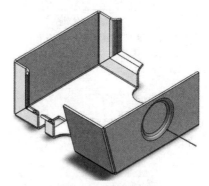

图 9-55　圆形压印

(12) 选择箭头所指面作为草图面，绘制图 9-56 所示的草图。单击特征面板上的【通风口】按钮，系统弹出【通风口】属性管理器，【边界】选择 $\phi40$ 圆，【筋】选择两直线，【翼梁】选择 $\phi30$、$\phi20$ 圆，【填充边界】选择 $\phi10$ 圆，单击【确定】图标✓，生成的通风口如图 9-57 所示。

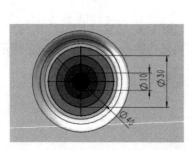

图 9-56　完成压印(通风口草图)

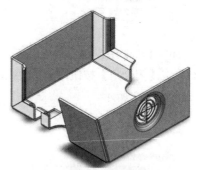

图 9-57　完成钣金绘制

本 章 小 结

本章介绍了钣金设计基础知识、钣金生成特征、钣金编辑特征等基本属性，重点讲解了钣金折弯、褶边、法兰、转折、圆角、展开、折叠等操作，通过系统的学习和实践，用户可以熟练掌握钣金设计的各项技能，从而在实际工作中提高效率、提升产品质量。

习　　题

1. 对于【斜接法兰】特征，起始/结束处等距指的是什么？

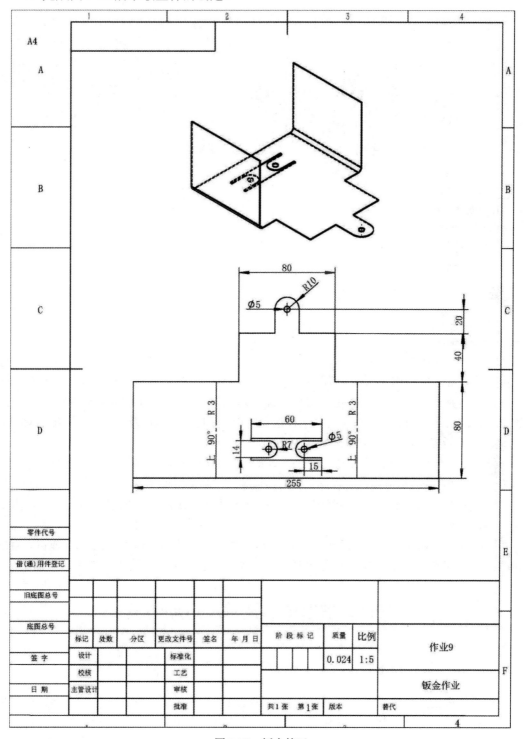

2. 完成图 9-58 所示钣金件的创建。

图 9-58　钣金练习

第 10 章 运 动 仿 真

知识要点

- 运动仿真及动画；
- 动画向导；
- 动画。

本章导读

SolidWorks 2022 除了用户常用的零件图、装配图、钣金图和工程图应用模块以外，还包括其他丰富的应用模块，例如运动仿真、静力分析等。通过运动算例功能，用户可以快速、简单地完成机构的仿真运动及动画设计。运动算例不仅可以模拟图形的运动及装配体中部件的直观属性，还可以实现装配体运动的模拟、物理模拟以及 SOLIDWORKSMotion (运动仿真分析模块)，并可以生成基于 Windows 的 avi 视频文件。

(1) 装配体运动：通过添加马达进行驱动来控制装配体的运动，或者决定装配体在不同时间的外观。通过设定键码点，可以确定装配体运动从一个位置跳到另一个位置所需要的顺序。

(2) 物理模拟：用于模拟装配体上的某些物理特性效果，包括模拟马达、弹簧、阻尼及引力在装配体上的效应。

(3) Motion Manager(运动管理器)：用于模拟和分析，并输出模拟单元(力、弹簧、阻尼和摩擦等)在装配体上的效应，它是更高一级的模拟，包含所有在物理模拟中可用的工具。

10.1　虚拟样机技术及运动仿真

10.1.1　虚拟样机技术

虚拟样机技术是建立在计算机上的原型系统或子系统模型，它在一定程度上具有与物理样机相当的功能真实度，可以利用虚拟样机代替物理样机来对其候选设计的各种特性进行测试和评价，例如自然界广泛存在的 4 种物理场：温度场、电磁场、结构(位移、应力、应变)场、流场。

不同的工程所应用的物理场不同，各物理场所使用的公式、理论和仿真软件也不一样。

SolidWorks 2022 除了可以进行三维建模设计，也可进行关键零件的简单力学分析(Simulition 模块)。

总之，采用虚拟样机技术可对装配体进行机构运动时的姿态进行模拟、对是否干涉进行验证，并且通过动画可更全面地表现三维实体的装配过程以及更直观地展示产品本身。

10.1.2 数字化功能样机及机械系统动力学分析

数字化功能样机可对装配模型进行运动仿真，其主要方法是，首先利用自动或手动的方式指定固定件和运动件，然后根据装配关系定义各关节的运动特性，最后在此基础上进行运动仿真。

在 SolidWorks 2022 中，运动仿真动画是通过定义运动算例的方法来实现的。运动算例是装配体模型运动的图形模拟。除了运动还可以将诸如光源和相机透视图之类的视觉属性融合到运动算例中。

运动算例不更改装配体模型及其属性。它们通过动画模拟模型规定的运动，用户可使用 SolidWorks 2022 配合在建模运动时约束零部件在装配体中的运动。

在运动算例中，一般使用 Motion Manager(运动管理器)来管理动画，其为基于时间线的界面，包括以下运动算例工具。

1. 动画

可使用动画来动态模拟装配体的运动。

(1) 添加马达来驱动装配体中一个或多个零件的运动。

(2) 使用设定键码点在不同时间规定装配体零部件的位置，动画使用插值来定义键码点之间装配体零部件的运动。

2. 基本运动

使用基本运动在装配体上模仿马达、弹簧、接触以及引力，基本运动在计算运动时考虑到质量。基本运动计算相当快，所以用户可将之用于生成使用基于物理模拟的演示性动画。

3. 运动分析

运动分析可在 SolidWorks Premium 的 SolidWorks Motion 插件中使用。可使用运动分析在装配体上精确模拟和分析运动单元的效果(包括力、弹簧、阻尼及摩擦)。运动分析可使用计算能力强大的动力求解器，在计算中要考虑材料属性、质量及惯性。

使用 SolidWorks 2022 进行动力学模拟可以帮助工程师预测和理解机械系统的运动行为。通过建立模型、添加运动驱动元素、定义接触、添加约束、定义材料属性、设置初始条件、运行计算、分析结果等步骤，可以准确模拟实际系统的动力学行为。分析和优化仿真结果有助于改进设计和提高系统性能。随着 SolidWorks 软件的不断发展和改进，动力学模拟的方法与流程也将不断完善。

10.2 SolidWorks Motion 2022 的启动

SolidWorks 2022 可以方便地实现旋转展示、爆炸等动画效果。下面简单介绍 SolidWorks

Motion 2022 启动的操作步骤。

(1) 启动 SolidWorks 2022 软件，单击【标准】工具栏中的【打开】按钮，弹出【打开】属性管理器，选择"凸轮推杆机构.SLDASM"文件；单击【打开】按钮，在图形区域中显示出模型，再单击界面下方的【运动算例】按钮，再单击【动画向导】 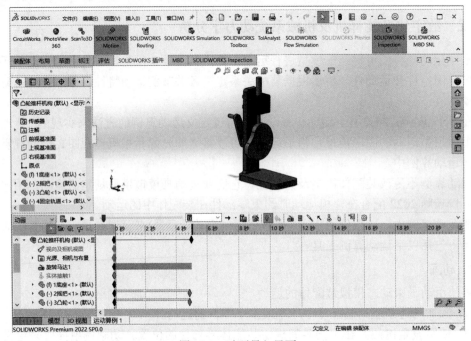 图标，如图 10-1 所示。

图 10-1　动画导入界面

(2) 弹出【选择动画类型】对话框，如图 10-2 所示，选择【旋转模型】选项，单击【下一页】按钮。

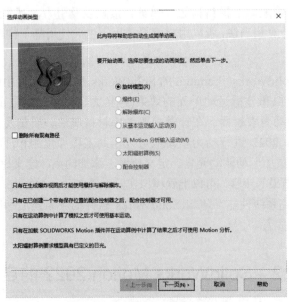

图 10-2　【选择动画类型】对话框

(3) 弹出【选择-旋转轴】对话框，如图 10-3 所示，设定【选择-旋转轴】为【Y 轴】，【旋转次数】为"1",选中【顺时针】选项,单击【下一页】按钮。

图 10-3   【选择-旋转轴】对话框

(4) 设定好动画时间长度、开始时间后单击【完成】按钮,如图 10-4 所示。

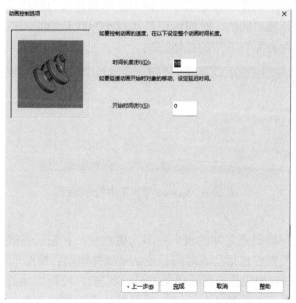

图 10-4   【动画控制选项】对话框

10.3   Motion Manager 界面介绍

Motion Manager 界面(图 10-5)由如下几部分组成。

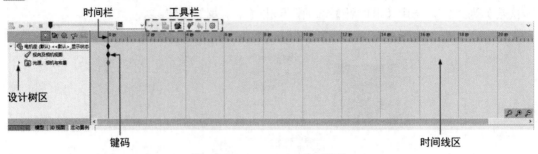

图 10-5　Motion Manager 界面

1. 时间栏

时间线区域中的黑色竖直线即为时间栏，它表示动画的当前时间，如图 10-5 所示。通过定位时间栏，可以显示动画中当前时间对应的模型的更改。

定位时间栏有以下 3 种方法：

(1) 单击时间线上对应的时间栏，模型会显示当前时间的更改。

(2) 可以拖动选中的时间栏到时间线上的任意位置。

(3) 选中某一时间栏，按一次空格键时间栏会沿时间线往后移动一个时间增量。

2. 时间线

时间线是用来设定和编辑动画时间的标准界面，它可以显示出运动算例中动画的时间和类型，如图 10-6 所示。从图中可以观察到时间线区被竖直的网格线均匀分开，并且竖直的网格线和时间标识是相对应的。时间标识是从 00:00:00 开始的，竖直网格线之间的距离可以通过单击运动算例界面右下角的按钮控制。

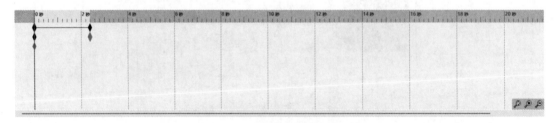

图 10-6　Motion 界面图中的时间线

3. 更改栏

在时间线上，连接键码点之间的水平栏即为更改栏，它表示在键码点之间的一段时间内所发生的更改。更改内容包括动画时间长度、零部件运动、模拟单元属性、视图定向(如缩放、旋转)和视像属性(如颜色外观或视图的显示状态)。根据实体的不同，更改栏使用不同的颜色来区别零部件和类型的不同更改。系统默认更改栏的颜色如下：

(1) 驱动运动：蓝色。

(2) 从动运动：黄色。

(3) 爆炸运动：橙色。

(4) 外观：粉红色。

4. 键码点与关键点

时间线上的 ◆ 图标称为键码，键码所在的位置称为键码点，关键位置上的键码点称为关键点。在进行键码操作时，须注意以下事项。

(1) 拖动装配体的键码(顶层)，只更改运动算例的持续时间。

(2) 所有的关键点都可以复制、粘贴。

(3) 除 00:00:00 时间标记处的关键点外，其他部分都可以剪切和删除。

(4) 按住 Ctrl 键可以同时选中多个关键点。

10.4 运 动 单 位

10.4.1 马达

马达是通过模拟各种马达类型的效果而在装配体中移动零部件的运动算例单元。在装配体的算例中单击【马达】图标 🔧(Motion Manager 工具栏)，从而激活马达，进入【马达】属性管理器，如图 10-7 所示。

1. 马达类型

【旋转马达】 C：指定旋转马达。

【线性马达(驱动器)】 →：指定线性马达。

【路径配合马达】 ✔(仅限 Motion 分析)：为装配体中选定的路径配合指定实体沿路径移动时的位移、速度或加速度。

2. 零部件/方向

【马达位置】 🗊：选取定位马达的特征。

【反转方向】 ↗：反转运动方向。

【马达方向】：选择用来定义马达方向轴的特征，例如面或边线。

【零部件】 🐾：选择运动的参照零部件。

图 10-7 【马达】属性管理器

下面以实例的方式介绍齿轮啮合机构采用马达完成运动仿真的方法和过程。

(1) 打开【齿轮】文件，如图 10-8 所示。单击装配体面板中的【新建运动算例】图标 🔧，此时在下方会出现【Motion Manager】工具栏，如图 10-9 所示。

图 10-8 齿轮啮合机构

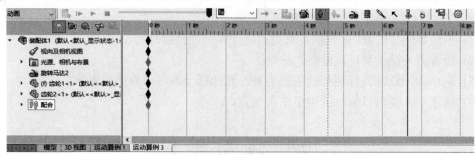

图 10-9　【Motion Manager】工具栏

(2) 单击【马达】图标 🐾，在【马达】属性管理器中，如图 10-10 所示，单击【旋转马达】图标 🔃，对应的【马达位置】选择图 10-8 中的齿轮中顶隙；单击【反转方向】图标 ↗ 切换为顺时针，在【运动】选项组中，单击【零部件】后再单击图形，会出现旋转的方向，如图 10-11 所示；根据实例要求，选择相应的速度、方向，然后单击【确定】图标 ✓，完成马达的设置。

图 10-10　【马达】属性管理器　　　　　　　　图 10-11　选择方向

(3) 在【Motion Manager】工具栏中用鼠标右键单击持续时间键，然后单击【编辑关键点时间】，在【编辑时间】对话框中编辑时间；时间设定完成后，单击【从头播放】，完成马达的设置，如图 10-12 所示。

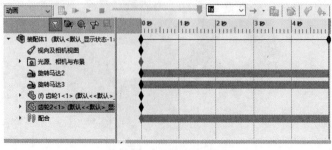

图 10-12　时间设定完成

10.4.2 弹簧

弹簧为通过模拟各种弹簧类型的效果而绕装配体移动零部件的模拟单元。单击【弹簧】
图标 彐(Motion Manager 工具栏)激活弹簧，进入【弹簧】属性管理器，具体如图 10-13 所示。

图 10-13　【弹簧】属性管理器

1. 弹簧的类型

【线性弹簧】→(仅限基本运动和运动分析)：代表沿特定方向在一定距离内两个零部件
之间作用的力。

(1) 根据两个零部件之间的距离计算弹簧力。

(2) 将力应用到选取的第一个零件。

(3) 沿所选取的第二个零件的视线应用相等且相反的力。

【扭转弹簧】↻(仅限运动分析)：代表作用于两个零部件之间的扭转力。

(1) 指定轴根据两个零件之间的角度计算弹簧力矩。

(2) 指定轴将力矩应用到选取的第一个零件。

(3) 将相等和相反的反作用力矩应用到选取的第二个零件。

2. 弹簧参数

【线性弹簧选择框】：列举定义弹簧端点的特征组。

【扭转弹簧第一个选择框】：列举定义弹簧一个端点和扭转方向的特征。只选取第二个特征更改扭转方向。

【扭转弹簧第二个选择框】：列举定义弹簧的第二个(可选)特征。将该选择保留为空白以将弹簧附加到地面。

【弹簧力表达式指数】：基于弹簧的函数表达式。

【弹簧常数】：基于弹簧的函数表达式。

【自由长度】(线性弹簧)：基于弹簧的函数表达式。初始距离为当前在图形区域中显示的零件之间的长度。

【自由角】(扭转弹簧)：根据弹簧的函数表达式，指定在不承载时扭转弹簧端点之间的角度。

10.4.3 引力

引力(仅限基本运动和运动分析)是通过插入模拟引力而绕装配体移动零部件的模拟单元。单击【引力】图标 ，激活【引力】属性管理器，具体如图 10-14 所示。

【方向参考】为引力指定，可以选择如下：

(1) 一个面而并行于法线定位引力。

(2) 一条边线而并行于边线定位引力。

(3) X、Y 或 Z 在装配体参考物中以选定的方向定位引力。

【数字引力值】：指定数字引力值，默认为标准引力。

图 10-14 【引力】属性管理器

10.4.4 阻尼

单击【阻尼】图标 ，激活【阻尼】属性管理器，具体如图 10-15 所示。

图 10-15 【阻尼】属性管理器

1. 阻尼类型

【线性阻尼】→(仅限运动分析)：代表沿特定方向以一定距离在两个零件之间作用的力。可在两个零件上指定阻尼的位置。

(1) 根据两个零件位置之间的相对速度计算阻尼力。

(2) 对选择的第一个零件作用实体应用作用力。

(3) 沿所选取的第二个零件反作用实体应用相等且相反的反作用力。

【扭转阻尼】↻(仅限运动分析)：绕某特定轴在两个零部件之间应用的旋转阻尼。运动分析算例：

(1) 绕指定轴根据两个零件之间的角速度计算弹簧力矩。

(2) 绕指定轴将作用力矩应用到选取的第一个零件。

(3) 将相等和相反的反作用力矩应用到选取的第二个零件。

2. 阻尼参数

【线性阻尼选择框】：列举定义阻尼端点的特征组。

【扭转阻尼第一个选择框】：列举定义阻尼一个端点和扭转方向的特征。只选取第二个特征更改扭转方向。

【扭转阻尼第二个选择框】：列举定义阻尼的第二个(可选)特征。将该选择保留为空白以将阻尼附加到地面。

【阻尼力表达式指数】：基于阻尼的函数表达式。

【阻尼常数】：基于阻尼的函数表达式。

10.4.5 力

力/扭矩(Property Manager)，即对任何方向的面、边线、参考点、顶点和横梁应用均匀分布的力、力矩或扭矩，以供在结构算例中使用。

可以通过以下两种方法激活【力/扭矩】属性管理器，如图 10-16 所示。

(1) 单击 Simulation CommandManager 上的向下箭头，然后单击【力】图标↓。

(2) 在 Simulation 算例树中用鼠标右键单击【外部载荷】，然后单击【力】图标↓或【力矩】图标🔩。

其中【方向】的两种选择类型如下：

【只有作用力】↓：如果已选择力和法向，则可以选择面。对于钣金零件，侧面的法向力将转移到壳体边线。如果选择力并选定方向，则可选择面、边缘、顶点或力的参考点。参考点必须位于模型边界内。如果选择力矩，则只能选择面。

【作用力与反作用力】⊥：选择用于指定所选载荷方向的实体。有效的实体取决于以下载荷类型：

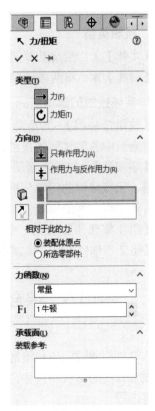

图 10-16 【力/扭矩】属性管理器

(1) 如果鼠标右键单击【外部载荷】并选择【力】，可以为方向选择面、边缘、平面或轴。

(2) 如果鼠标右键单击【外部载荷】并选择【扭矩】，可以选择参考轴、边缘或圆柱面。

10.4.6　接触

可以在运动算例中定义接触，以防止零件在运动过程中彼此穿透。单击【接触】 图标激活【接触】属性管理器，如图 10-17 所示。

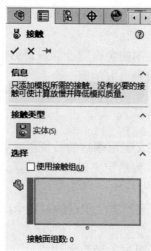

图 10-17　【接触】属性管理器

1. 接触类型

【实体】 ：给运动算例在移动零部件之间添加三维接触。

【曲线】 ：将两条接触曲线之间的二维接触添加到运动算例中。

2. 实体接触的选择

【使用接触组】：为运动分析算例启用接触组选择。使用接触组进行运动分析时，软件会忽略组中各零件间的接触，只考虑两组之间每对零部件组合之间的接触。

【零部件】：列举在运动分析算例中考虑到其接触的选定零部件，在清除使用接触组时可用。无接触组的运动分析会忽略选择集之外零部件之间的接触，只考虑到选定零部件所有可能对组之间的接触。

【组 1 零部件】：在第一个接触组中列举选定的零部件，只有在选中使用接触组时可用。

【组 2 零部件】：在第二个接触组中列举选定的零部件，只有在选中使用接触组时可用。

10.5　综合实例——分析凸轮机构运动仿真

凸轮机构通过凸轮和滚滑两个关键元件进行定义，需要注意的是凸轮与滚滑这两个元件必须有真实的形状和尺寸。下面以图 10-18 所示模型为例，说明一个凸轮机构运动动画的创建过程。

(1) 打开对应文件，运行装配环境，凸轮机构模型如图 10-18 所示。

(2) 添加配合。在下拉菜单中选择【配合】命令，系统弹出【配合】属性管理器，如图 10-19 所示。

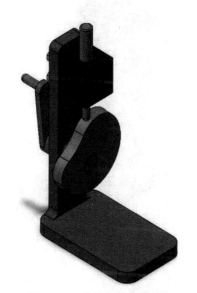

图 10-18　凸轮机构三维图

图 10-19　【配合】属性管理器

(3) 单击【配合】属性管理器，选择【机械】→【配合类型】中的【凸轮】命令，选择凸轮的轮廓表面和推杆的顶点，如图 10-20 所示。

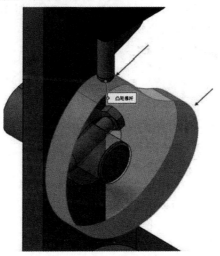

图 10-20　机械配合选取示意图

(4) 添加马达。单击下方的【运动算例】选项卡，将运动算例界面展开。在运动算例工具栏中【动画】下拉列表中选择【基本运动】选项，单击【马达】图标 🐌，在【马达】属性管理器中的【运动】下拉列表中选择【等速】，调整转速值为 "20RPM"，其他采用系统默认设置值。在【马达】对话框中单击【确定】图标 ✓，完成马达的添加，如图 10-21所示。

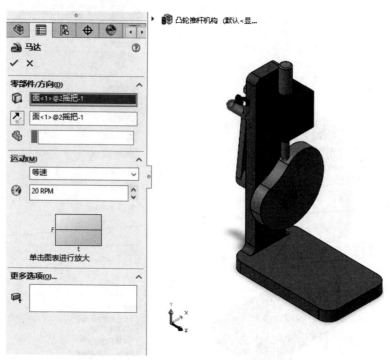

图 10-21　马达添加示意图

(5) 在运动算例界面工具栏中单击图标 ▶，可以观察动画效果，如图 10-22 所示。

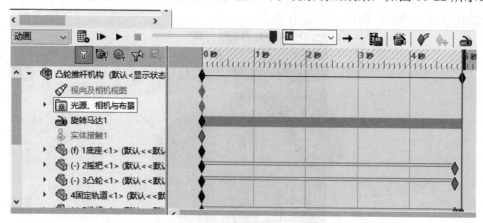

图 10-22　动画时间示意图

(6) 运动算例创建完毕。选择下拉菜单【文件】中的【另存为】命令，保存模型。如图10-23 所示为运动状态的凸轮机构。

图 10-23　凸轮机构动画示意图

本 章 小 结

本章介绍了动画仿真的基本知识，主要包括 Motion Manager 界面介绍和运动单元，包括马达、弹簧、引力等。本章通过综合实例详细讲解了凸轮机构仿真动画的设计过程，使读者进一步熟悉 SolidWorks 2022 中的动画操作方法。

习　　题

1. 简述阻尼的类型。
2. 创建如图 10-24 所示的模型，并实现绕 Y 轴顺时针旋转 1 次的动画。

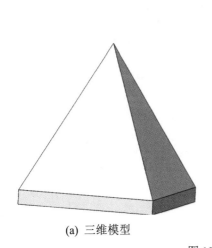

(a) 三维模型　　　　　　　　　　　　　　(b) 工程图

图 10-24　动画练习模型

参 考 文 献

[1] 赵罘，杨晓晋，赵楠. SolidWorks 2022 中文版机械设计从入门到精通. 北京：人民邮电出版社，2022.

[2] 杨正. SolidWorks 2023 实用教程. 西安：西安电子科技大学出版社，2023.

[3] 段辉，马海龙，汤爱君，等. SolidWorks 2022 基础与实例教程. 北京：机械工业出版社，2023.

[4] 赵建国，李怀正. SolidWorks 2020 三维设计及工程图应用. 北京：电子工业出版社，2020.

[5] 张云杰，郝利剑. SOLIDWORKS 2021 中文版基础入门一本通. 北京：电子工业出版社，2021.

[6] 张忠林，李立全. SolidWorks 2022 三维建模基础与实例教程. 北京：机械工业出版社，2023.

[7] 张莹，宋晓梅. SOLIDWORKS 中文版基础教程. 北京：人民邮电出版社，2022.

[8] CAD/CAM/CAE 技术联盟. SolidWorks 2016 中文版机械设计从入门到精通. 北京：清华大学出版社，2017.

[9] 梁秀娟，井晓翠. SolidWorks 2018 中文版机械设计基础与实例教程. 北京：机械工业出版社，2020.

[10] 北京兆迪科技有限公司. SolidWorks 快速入门教程 2017 版. 北京：机械工业出版社，2018.